土木工程毕业设计指导

吴文勇　李　静　主编

中国建筑工业出版社

图书在版编目（CIP）数据

土木工程毕业设计指导 / 吴文勇，李静主编. —北
京：中国建筑工业出版社，2023.1
ISBN 978-7-112-28271-5

Ⅰ.①土…　Ⅱ.①吴…②李…　Ⅲ.①土木工程－毕
业设计－高等学校－教学参考资料②土木工程－毕业设计
－高等学校－教学参考资料　Ⅳ.①TU

中国版本图书馆 CIP 数据核字（2022）第 240523 号

土木工程是一门实践性很强的学科，毕业设计是学生综合提升所学知识的重要环
节。本书从设计院大量的实际工程中选取了一些典型案例，指导教师可参考和自行编
辑适合学生的毕业设计题目及任务书，快速实现一人一题。本书分为七章，主要内容
包括：土木工程毕业设计一般要求；框架结构毕业设计任务书汇总；框架-剪力墙结构
毕业设计任务书汇总；剪力墙结构毕业设计任务书汇总；结构设计手算计算方法和考
察要点；毕业设计答辩指导；相关工具软件操作流程。

本书可供高等学校土木工程及相关专业师生参考使用。

责任编辑：辛海丽　郭　栋
责任校对：李辰馨

土木工程毕业设计指导

吴文勇　李　静　主编

*

中国建筑工业出版社出版、发行（北京海淀三里河路9号）
各地新华书店、建筑书店经销
北京龙达新润科技有限公司制版
北京建筑工业印刷厂印刷

*

开本：787毫米×1092毫米　1/16　印张：17¼　字数：431千字
2023年1月第一版　　2023年1月第一次印刷
定价：**56.00**元
ISBN 978-7-112-28271-5
（40234）

参编人员名单

主   编: 吴文勇　深圳市广厦科技有限公司
　　　　　李　静　华南理工大学

副 主 编: 苏恒强　广东省建筑设计研究院有限公司
　　　　　吴佩珊　深圳市广厦科技有限公司
　　　　　肖　南　浙江大学

参编教师（按姓氏笔画排序）:

于超成	韶关学院	吕艳梅	华南农业大学
马　巍	安徽建筑大学	任凤鸣	广州大学
马天忠	兰州理工大学	任永忠	兰州工业学院
马肖彤	北方民族大学	刘　芳	吉林建筑大学
王　舜	沈阳大学	刘　健	新疆农业大学
王永胜	兰州理工大学	刘云平	南通大学
王亚军	兰州大学	刘立平	重庆大学
王成刚	合肥工业大学	刘剑飞	河南理工大学
王海东	湖南大学	齐玉军	南京工业大学
王培军	山东大学	汤保新	扬州大学
王静峰	合肥工业大学	孙爱琴	合肥学院
王震宇	哈尔滨工业大学	牟瑛娜	大连海洋大学
孔德文	贵州大学	芦　燕	天津大学
邓夕胜	西南石油大学	李　晗	郑州航空工业管理学院
卢红霞	嘉兴南湖学院	李　辉	宁波大学
史庆轩	西安建筑科技大学	李友彬	贵州大学
包　超	宁夏大学	李文雄	华南农业大学
台双良	哈尔滨工业大学	李正农	湖南大学
吉中亮	九江职业大学	李旭红	福州大学
吉植强	烟台大学	李琮琦	扬州大学
尧国皇	深圳信息职业技术学院	吴　长	兰州理工大学
曲成平	青岛理工大学	吴忠铁	西北民族大学

宋小软	北方工业大学	姚 军	合肥学院
张 华	河海大学	秦卫红	东南大学
张 谦	青海大学	袁 康	石河子大学
张志强	东南大学	袁志军	南昌大学
张耀庭	华中科技大学	贾冬云	安徽工业大学
陆 华	北方民族大学	徐 琎	浙江科技学院
陆承铎	苏州科技大学	高 峰	济南大学
陈 东	安徽建筑大学	高忠虎	西北民族大学
陈水龙	郑州商学院	唐国庆	沈阳大学
陈红嫒	福州大学	黄 莹	广西大学
陈晓洪	金陵科技学院	黄翼卓	福州大学
罗爱忠	贵州工程应用技术学院	盛 叶	福州农业大学
金 杰	聊城大学	崔利富	大连民族大学
周万清	三峡大学	崔维久	青岛理工大学
庞雪飞	湛江科技学院	樊海涛	烟台大学
孟凡丽	浙江工业大学	潘 毅	西南交通大学
赵 军	郑州大学	潘钦峰	福建工程学院
赵传凯	青岛理工大学	薛 文	浙江科技学院
赵全斌	山东建筑大学	薛明琛	聊城大学
段朝程	江西科技师范大学	魏 静	江苏建筑职业技术学院
侯 炜	华侨大学		

序　言

　　土木工程是一门实践性很强的学科，其毕业设计作为学生毕业前综合提升所学知识的学习环节，重要性是不言而喻的。但长期以来，学生的毕业设计内容和要求很难满足用人单位的标准，原因主要有：（1）大多指导教师的教学思维固化，不能及时掌握行业前沿和实际发展，如楼梯刚度的影响、无梁楼盖、空心楼板、防水板等都是或曾经是工程常用的结构形式或考虑的因素，但学生毕业设计很少涉及；（2）设计题目的教学内容、难度、工作量等相差较大，如目前大部分毕业设计题目为钢筋混凝土框架结构设计，但钢筋混凝土剪力墙结构已经是一种常用的结构类型，毕业设计很少涉及，究其原因主要是框架结构设计较简单且便于手算，而剪力墙结构设计不太容易实现手算；（3）结构设计 BIM 化和装配式结构设计是当前行业的热点，符合国家战略需要，是今后发展的重要方向，但将其内容反映在毕业设计中的学校很少。此外，毕业设计通常要求一人一题，指导教师每年编制毕业设计任务书也是一个较大的负担。

　　针对当前我国高校土木工程专业毕业设计中存在的问题，我们编写了这本毕业设计指导书。本书不同于当前使用的大多数毕业设计指导书，编者从设计院大量的实际工程中选取了一些真实设计项目，指导教师可依据本书中的项目进行适当修改，提出适合学生的毕业设计题目和任务书。为方便指导教师使用，本书搭配广厦土木工程创新实践型毕业设计系统，教师可在系统中按设定的建筑层高、地点、跨度等参数，随机变化设计条件，自动生成毕业设计题目和任务书，方便指导教师能快速实现一人一题。

　　本书并不打算以毕业设计实例来详细讲解设计原理和步骤，这些在现有教材中已有较多的讲解。本书将从工程实践的角度，从学生走上工作岗位所需掌握的一些必要技能出发，增加一些新颖的毕业设计内容，特别是第五章给出了手算时一些计算要点的具体做法。如对钢筋混凝土框架结构设计，不需要进行一榀框架的传统手工计算内容，可基于设计软件的中间计算结果，采用手工计算结构某个节点的承载力设计内容。再如有的设计内容虽然计算繁琐，但采用简单编程就可以解决计算繁琐且便于考察的问题，振型分解中的矩阵计算就是一个很好的例子。本书中毕业设计的这种做法适合当前新特色教学，值得推广。

　　在当前大变革时代背景下，信息化、智能化、大数据技术等对基础设施建设产生了极大的影响，学生应该具有较强的数据挖掘、提炼、处理和分析的能力，这不仅是继续深造读研、做研究的学生应具备的能力，对有志于从事工程实际的工程技术人员，这种能力同样重要。因此本书对利用工具进行绘图、计算等方面也做了必要的讲解。

　　虽然编者做了很多努力，但由于时间紧迫、经验不足，加之本书内容毕竟是对毕业设计改革的一种尝试，因此书中难免有很多错误和不足，在此真挚地欢迎大家多提宝贵意见，以便进一步改进。

　　最后，感谢对本书写作给予大力支持的各位高校教师、工程技术人员。

目 录

第一章 土木工程毕业设计一般要求

本章将介绍毕业设计任务书的整体内容，包括案例图纸、毕业设计进度安排以及毕业设计所需准备的资料。其中"题目特点与毕业设计建议""毕业设计资料"以及"设计要求及内容"将根据实际工程例题分别制定不同的毕业设计方案，详见第二章～第四章第二、三、四项。其余部分为每个毕业设计任务书共有的、相同的内容，在本章列出。

一、题目特点与毕业设计建议

此项内容将根据实际工程例题提出工程项目特点，以及对该项目用于毕业设计题目的一些建议。工程项目特点包括工程特点说明、工程难度分析、工程项目分析等。对毕业设计题目的建议内容包括调整难度的方法、计算内容补充、建筑漫游视频制作。

二、毕业设计资料

1. 工程概况
此项内容将根据实际工程案例进行说明。
2. 岩土工程勘察报告数据
按实际工程案例所提供的地质勘察资料为准。
3. 材料
钢筋选用 HPB300、HRB400、HRB500 级；混凝土强度等级自行选用。

三、设计要求及内容

在所给建筑施工图基础上，完成结构模型的建立、结构计算、构件设计、楼屋盖设计、基础设计、结构施工图的绘制以及结构 BIM 模型的建立。在表 1-1 "难度"一列当中，"★"表示高难度，"☆"表示中难度，无符号则表示低难度。

毕业设计题目难度示例   表 1-1

	内　容	难度	参考计算方法
1	结构平面布置和初选构件截面尺寸		
2	建筑 BIM 模型		
3	建立结构计算模型		
4	结构整体分析		

续表

	内　　容	难度	参考计算方法
5	重力荷载代表值计算		
6	结构动力特性计算		
7	水平作用计算		
8	工况内力计算		
9	内力调整及组合		
10	构件设计		
11	楼板设计		
12	楼梯设计		
13	基础设计		
14	绘制施工图		
15	装配式设计		
16	编写设计说明书		
17	设计成果		

四、其他设计要求

（1）所采用"标准"的版本号，必须是正在使用的版本号，例如：《混凝土结构设计规范》GB 50010—2010（2015 年版）。若采用的版本号有错误，答辩不通过。

（2）各工况内力需给出弯矩图、剪力图及轴力图。

（3）注意"风荷载"计算公式的正确性。

（4）"参考文献"除经典书籍年限可以早些，其他教材类与规范类等均应为近期出版（建议 2014 年之后出版，参考书与规范时间应协调）。

（5）格式方面请严格按本校本科论文撰写规范。

（6）外文摘要完整、准确、通顺、清晰、简洁，英文翻译不少于 3000 个字符。

五、毕业设计进度安排（表1-2）

毕业设计安排及时间要求　　　　　　　　　　　表 1-2

序号	内容	时间	负责人	备注
1	结构设计软件学习		指导教师	请指导教师根据学生完成程度予以记录，可作为最后成绩评定的一个参考
2	完成任务书第1～3部分		指导教师	请指导教师保持与本组同学的联系，让学生假期也可以进行毕业设计
3	完成第4部分		指导教师	请指导教师安排进度并检查学生的进度情况
4	完成第5～11部分		指导教师	请指导教师安排进度并检查学生的进度情况
5	完成第12～14部分		指导教师	请指导教师安排进度并检查学生的进度情况

续表

序号	内容	时间	负责人	备注
6	完成第 15 部分		指导教师	请指导教师安排进度并检查学生的进度情况
7	完成第 16 部分		指导教师	于×月×日前将设计说明书和图纸送给评阅教师
8	评阅教师评阅		指导教师	评阅教师给出评阅成绩分值;指导教师给出学生平时成绩分值,指导教师根据学生的进展情况决定学生是否可以参加毕业设计答辩
9	修改并整理毕业设计资料,将完整的设计说明书及打印的正式施工图(PDF 格式)交给指导教师准备答辩		指导教师	具体答辩事宜另行通知
10	答辩		全体指导教师	

六、毕业设计参考文献

[1] 尚守平. 结构抗震设计 [M]. 2 版. 北京: 高等教育出版社, 2010.

[2] 沈蒲生. 混凝土结构设计 [M]. 北京: 高等教育出版社, 2007.

[3] 汪新. 高层建筑框架−剪力墙结构设计 [M]. 北京: 中国建筑工业出版社, 2013.

[4] 钱稼茹, 赵作周, 纪晓东. 高层建筑结构设计 [M]. 北京: 中国建筑工业出版社, 2021.

[5] 高层建筑混凝土结构技术规程: JGJ 3—2010 [S]. 北京: 中国建筑工业出版社, 2011.

[6] 建筑抗震设计规范: GB 50011—2010 [S]. 北京: 中国建筑工业出版社, 2016.

[7] 建筑结构荷载规范: GB 50009—2012 [S]. 北京: 中国建筑工业出版社, 2012.

[8] 混凝土结构设计规范: GB 50010—2010 [S]. 北京: 中国建筑工业出版社, 2015.

[9] 建筑地基基础设计规范: GB 50007—2011 [S]. 北京: 中国建筑工业出版社, 2012.

[10] 建筑桩基技术规范: JGJ 94—2008 [S]. 北京: 中国建筑工业出版社, 2008.

[11] 建筑结构制图标准: GB/T 50105—2010 [S]. 北京: 中国建筑工业出版社, 2010.

[12] 建筑边坡工程技术规范: GB 50330—2013 [S]. 北京: 中国建筑工业出版社, 2014.

[13] 钢筋混凝土异形柱结构技术规程: JGJ 149—2017 [S]. 北京: 中国建筑工业出版社, 2017.

[14] 建筑结构可靠性设计统一标准: GB 50068—2018 [S]. 北京: 中国建筑工业出版社, 2018.

[15] 工程结构通用规范: GB 55001—2021 [S]. 北京: 中国建筑工业出版社, 2021.

[16] 建筑与市政工程抗震通用规范: GB 55002—2021 [S]. 北京: 中国建筑工业出版社, 2021.

[17] 建筑与市政地基基础通用规范: GB 55003—2021 [S]. 北京: 中国建筑工业出版社, 2021.

[18] 组合结构通用规范: GB 55004—2021 [S]. 北京: 中国建筑工业出版社, 2021.

[19] 木结构通用规范: GB 55005—2021 [S]. 北京: 中国建筑工业出版社, 2021.

[20] 钢结构通用规范: GB 55006—2021 [S]. 北京: 中国建筑工业出版社, 2021.

[21] 砌体结构通用规范: GB 55007—2021 [S]. 北京: 中国建筑工业出版社, 2021.

[22] 混凝土结构通用规范: GB 55008—2021 [S]. 北京: 中国建筑工业出版社, 2021.

[23] 混凝土结构施工图平面整体表示方法制图规则和构造详图(22G101—1). 北京: 中国建筑标准设计研究院, 2022.

[24] 国振喜, 张树义. 实用建筑结构静力计算手册 [M]. 北京: 机械工业出版社, 2009.

　　为方便计，本书将《建筑抗震设计规范》GB 50011—2010 简称为《抗规》，将《建筑结构荷载规范》GB 50009—2012 简称为《荷规》，将《高层建筑混凝土结构技术规程》JGJ 3—2010 简称为《高规》，将《混凝土结构设计规范》GB 50010—2010 简称为《混规》，将《建筑地基基础设计规范》GB 50007—2011 简称为《基础规范》，将《砌体结构设计规范》GB 50003—2011 简称为《砌规》，将《混凝土异形柱结构技术规程》JGJ 149—2017 简称为《异形柱规程》，将《建筑边坡工程技术规范》GB 50330—2013 简称为《坡规》。

第二章 框架结构毕业设计任务书汇总

第一节 办公楼设计案例

一、案例图纸（图 2-1）

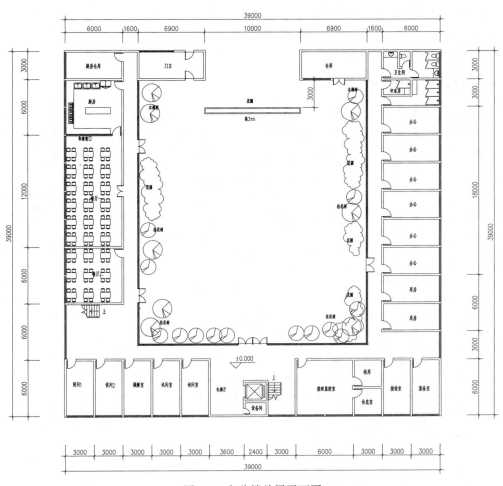

图 2-1 办公楼首层平面图

二、题目特点和毕业设计建议

考虑到此办公楼为 3 层框架结构，对于本科生毕业设计来说，难度不够。因此在计算要求中可添加一些内容，例如将考虑楼梯抗震的模型和不考虑楼梯抗震的模型分别计算，讨论楼梯对抗震计算的影响，及最后设计应包络取值。

此外虽然此模型简单，但原始图纸提供了地形图以及一个 SketchUp 建筑模型，很适合在毕业设计中按 BIM 来设计。

三、毕业设计资料

1. 工程概况

本工程为 3 层钢筋混凝土框架结构办公楼，建筑物地点为广东省深圳市龙岗区；设防烈度为 7 度，设计基本地震加速度值为 0.1g，设计地震分组为第二组，Ⅱ类场地。

该项目主体结构所有楼层层高 3m，无电梯间及地下室。

2. 岩土工程勘察报告数据

按实际工程案例所提供的地勘资料为准。

3. 材料

钢筋选用 HPB300、HRB400、HRB500 级；混凝土强度等级自行选用。

四、设计要求及内容

在所给建筑施工图基础上，完成结构模型的建立、结构计算、构件设计、楼屋盖设计、基础设计、结构施工图的绘制以及结构 BIM 模型的建立。在表 2-1 "难度" 一列当中，"★"表示高难度，"☆"表示中难度，无符号则表示低难度。具体要求如下。

毕业设计要求及建议难度 表 2-1

设计内容		难度	参考计算方法
1. 结构平面布置和初选构件截面尺寸	(1)根据建筑平面图,按使用方便、结构合理的原则进行结构体系的平面布置和竖向布置		
	(2)自行选择材料强度等级;根据结构设计的基本规定,结合经验以及简化计算方法初选构件截面尺寸		
2. 建筑 BIM 模型	(1)建筑 BIM 模型需要包含柱、梁、板、墙、门、窗等构件,构件表面应具有基本的装饰材料属性	★	采用 Revit 自带命令构建建筑构件,并指定各构件的材质、绘制场地等
	(2)填充墙、门、窗等建筑构件的尺寸信息依据建筑施工图,柱、梁、板、剪力墙等结构构件的尺寸信息采用第 1 条预估的几何尺寸		
	(3)结构构件的截面尺寸和平面位置应具有参数化特征,可根据结构设计成果快速对其进行修正		
	(4)在结构设计完毕之后对建筑 BIM 模型中的结构构件尺寸进行修正		
3. 建立结构计算模型	(1)采用正向设计方法,直接建立结构 BIM 模型,该模型可直接用于计算和调整	★	采用 GSRevit 构建结构构件
	(2)采用常规结构计算软件建立结构计算模型,该模型可用于计算和调整		
	(3)在结构施工图完成后,针对结构 BIM 模型补充结构构件的钢筋信息(保护层厚度、纵筋信息、箍筋信息等)		

设计内容		难度	参考计算方法
4. 结构整体分析	(1)根据电算结果,分析《抗规》3.4.3-1 条扭转位移比	☆	采用广厦结构 CAD 通用有限元分析计算后输出的文本结果
	(2)根据电算结果,分析《抗规》5.2.5 条剪重比		
	(3)根据电算结果,分析《抗规》3.4.3-2 条刚度比		
	(4)根据电算结果,分析振型参与有效质量系数		
	(5)根据电算结果,分析《混规》第 11.4.16 条、《抗规》第 6.3.7 条轴压比		
5. 重力荷载代表值计算	(1)统计楼屋面荷载、各层重力荷载代表值	☆	详见第五章第二节
	(2)电算给出"恒+0.5活"组合下的竖向支座反力		
6. 结构动力特性计算	(1)绘制结构动力特性计算简图,计算结构刚度矩阵 K(可根据电算的刚度和质量数据)	★	"能量法求解自振周期"过程详见第五章第五节。"雅可比矩阵法求解自振周期"过程详见第五章第六节
	(2)手算整体结构沿某个方向的自振周期		
	(3)电算给出前 3~5 阶模态的自振周期和振型		
	(4)对比分析两个计算结果		
7. 水平作用计算	(1)采用电算的自振周期计算水平地震作用和风荷载,风荷载计算需要考虑风振系数	★	"底部剪力法求解地震作用"过程详见第五章第四节。"振型分解反应谱法求解地震作用"详见第五章第七节。"风荷载计算"详见第五章第八节
	(2)给出电算的水平地震和风荷载作用下的基底剪力		
	(3)比较两个计算结果,分析误差产生的原因,若结果相差较大,采用新的电算模型证实产生差异的原因		
8. 工况内力计算	(1)选取某一角柱,根据电算结果,绘制各荷载工况的内力图(轴力、剪力、弯矩图)	☆	
	(2)选取某一角柱,根据电算配筋值选筋,并做双向验算	★	
	(3)选取某一局部平面框架(包含边柱),按 D 值法手算这榀框架的静力内力,根据电算结果,绘制各荷载工况的内力(轴力、剪力、弯矩)图	☆	详见第五章第三节
	(4)针对所选取的局部平面框架,绘制其在恒荷载和活荷载作用下的受荷图,并计算每根梁所受分布荷载的合力	☆	详见第五章第九节
	(5)该结构可以选取出一整榀框架,绘制出受荷图后,采用 SAP2000 等软件计算该榀框架的内力	★	
	(6)选取某柱上端节点,根据电算结果,验算节点在恒、活荷载作用下的单工况内力平衡	☆	详见第五章第十节
9. 内力调整及组合	(1)给出规范所要求的所有内力调整信息,对选定的局部框架以及角柱进行内力调整,并进行内力组合	☆	详见第五章第十一节
	(2)将手算的内力组合结果和电算结果比较,若有差异说明原因		
10. 构件设计	(1)分别选取 1~2 根梁、柱,按最不利内力组合手算截面配筋(要满足构造要求)	☆	详见第五章第十二节
	(2)给出电算的配筋计算结果		
	(3)比较手算、电算结果,分析误差产生的原因		
11. 楼板设计	(1)选取 1~2 块矩形楼板,手算配筋(要满足构造要求),并满足构造要求	☆	详见第五章第十三节、第十四节
	(2)给出电算的配筋计算结果		
	(3)比较手算、电算结果,分析误差产生的原因		

7

设计内容		难度	参考计算方法
12. 楼梯设计	(1)手动设计并计算楼梯,不考虑楼梯参与结构整体分析	☆	详见第五章第十六节第一项
	(2)楼梯需参与结构整体分析	★	详见第五章第十六节第二项
	(3)手算楼梯并将手算配筋结果与电算配筋结果取包络	☆	
	(4)选取一个楼梯,绘制楼梯的施工图	☆	
13. 基础设计	(1)按照独立基础设计,根据计算修正后的地基承载力特征值初步选型	☆	详见第五章第十五节第一项
	(2)对基础承台进行地基承载力计算、基础抗冲切验算等		
	(3)对独立基础进行配筋计算并绘制施工图		
	(4)对独立基础进行抗浮设计		
	(5)根据土层资料电算并验算沉降		
14. 绘制施工图	(1)图纸目录	☆	采用广厦自动成图系统,自动生成施工图纸并进行修改,同时手工补充目录、说明、图框等
	(2)结构设计说明,可以和图纸目录在一张图		
	(3)基础结构平面布置及大样图,基础说明		
	(4)标准层结构平面图		
	(5)选定轴线框架梁、柱配筋图		
	(6)选定层的梁平法施工图,并填写梁表		
	(7)选定轴线的柱填写柱表		
15. 编写设计说明书	(1)设计说明书应包括中英文摘要、目录、正文、参考文献、致谢等基本内容,格式满足毕业设计说明书规定要求,层次清楚,表达适当,重点突出,字迹端正,文字通顺,计算正确,图表清晰		
	(2)设计说明书包含任务书所描述的所有内容,若设计书要求了 BIM 设计,则 BIM 模型部分主要应说明建筑 BIM 模型和结构 BIM 模型建模的关键步骤及成果		
16. 设计成果	(1)修正后的建筑 BIM 模型及漫游视频	★	建筑模型可用 Revit、SketchUp 等软件进行制作;漫游视频可用 Enscape、SketchUp、Lumion 进行制作
	(2)结构 BIM 模型	★	采用 GSRevit 进行制作
	(3)施工模型及展示视频	★	采用 Navisworks 进行制作
	(4)结构施工图	☆	采用 GSPlot 生成结构施工图
	(5)设计说明书	☆	

第二节　学校教学楼设计案例

一、案例图纸（图 2-2）

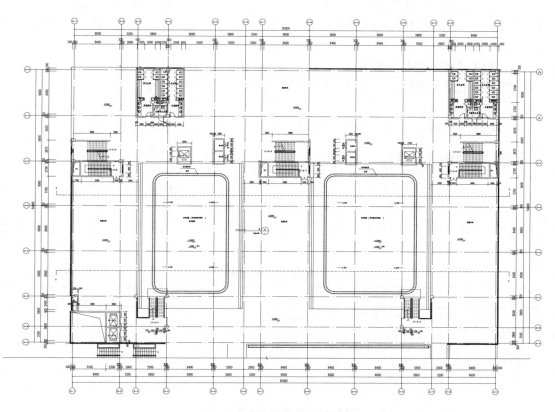

图 2-2　教学楼首层平面图

二、题目特点和毕业设计建议

本题目为中小学教学楼，乙类建筑，按照《建筑抗震设计规范》GB 50011—2010 抗震设防等级应提高一度设计。同时，框架结构要考虑楼梯对整体结构的抗震影响。结构布置比较规则，设计难度为中偏低。

本设计的一个难点为模型中空，不完全满足楼层无限刚条件，特别是走廊一侧较为薄弱，因此指导教师可要求有能力的学生在按楼板无限刚条件完成结构设计后，按全楼弹性楼板计算，与无限刚结果取包络计算。指导教师可在出题时对中空周边的构件要求学生做无限刚和弹性楼板结果对比，以强化无限刚设计的概念和前提条件。

三、毕业设计资料

1. 工程概况

本工程为 7 层钢筋混凝土混合框架结构教学楼，建筑物地点为广东省深圳市龙岗区；设防烈度为 7 度，设计基本地震加速度值为 0.1g，设计地震分组为第二组，Ⅱ类场地。

该项目为混凝土柱钢梁结构，地面以上使用了工字钢。主体结构有一层地下室，其层高为 5.4m，首层层高 3.5m，二层至四层层高 3.4m，五层及六层层高分别为 3.5m 和 3.53m，无电梯间。

2. 岩土工程勘察报告数据

按实际工程案例所提供的地质勘察资料为准。

3. 材料

钢筋选用 HPB300、HRB400、HRB500 级；混凝土强度等级自行选用。

四、设计要求及内容

在所给建筑施工图基础上，完成结构模型的建立、结构计算、构件设计、楼屋盖设计、基础设计、结构施工图的绘制以及结构 BIM 模型的建立。在表 2-2 "难度" 一列当中，"★" 表示高难度，"☆" 表示中难度，无符号则表示低难度。具体要求如下。

设计要求及建议难度   表 2-2

设计内容		难度	参考计算方法
1. 结构平面布置和初选构件截面尺寸	(1)根据建筑平面图,按使用方便、结构合理的原则进行结构体系的平面布置和竖向布置		
	(2)对于平面内有大开洞等情况可适当分缝,以满足楼板平面无限刚假定		
	(3)自行选择材料强度等级;根据结构设计的基本规定,结合经验以及简化计算方法初选构件截面尺寸		
2. 建筑 BIM 模型	(1)建筑 BIM 模型需要包含柱、梁、板、墙、门、窗等构件,构件表面应具有基本的装饰材料属性	★	采用 Revit 自带命令构建建筑构件,并指定各构件的材质、绘制场地等
	(2)填充墙、门、窗等建筑构件的尺寸信息依据建筑施工图,柱、梁、板、剪力墙等结构构件的尺寸信息采用第 1 条预估的几何尺寸		
	(3)结构构件的截面尺寸和平面位置应具有参数化特征,可根据结构设计成果快速对其进行修正		
	(4)在结构设计完毕之后对建筑 BIM 模型中的结构构件尺寸进行修正		
3. 建立结构计算模型	(1)采用正向设计方法,直接建立结构 BIM 模型,该模型可直接用于计算和调整	★	采用 GSRevit 构建结构构件
	(2)采用常规结构计算软件建立结构计算模型,该模型可用于计算和调整		
	(3)在结构施工图完成后,针对结构 BIM 模型补充结构构件的钢筋信息(保护层厚度、纵筋信息、箍筋信息等)		

设计内容		难度	参考计算方法
4. 结构整体分析	(1)根据电算的周期和振型,分析《高规》3.4.5条	☆	采用广厦结构CAD通用有限元分析计算后输出的文本结果
	(2)根据电算结果,分析《高规》3.4.5条扭转位移比		
	(3)根据电算结果,分析《高规》4.3.12条剪重比		
	(4)结合手算和电算结果,验算并分析各层的刚重比	★	详见第五章第一节
	(5)根据电算结果,分析《高规》3.5.2条刚度比	☆	采用广厦结构CAD通用有限元分析计算后输出的文本结果
	(6)根据电算结果,分析《高规》3.5.3条剪承比		
	(7)根据电算结果,分析《高规》3.7.3条层间位移		
	(8)根据电算结果,分析振型参与有效质量系数		
	(9)根据电算结果,分析《高规》6.4.2条轴压比		
5. 重力荷载代表值计算	(1)统计楼屋面荷载、各层重力荷载代表值	☆	详见第五章第二节
	(2)电算给出"恒+0.5活"组合下的竖向支座反力		
6. 结构动力特性计算	(1)绘制结构动力特性计算简图,计算结构刚度矩阵K(可根据电算的刚度和质量数据)	★	"能量法求解自振周期"过程详见第五章第五节。"雅可比矩阵法求解自振周期"过程详见第五章第六节
	(2)手算整体结构沿某一方向的自振周期		
	(3)电算给出前3~5阶模态的自振周期和振型		
	(4)对比分析两个计算结果		
7. 水平作用计算	(1)采用电算的自振周期计算水平地震作用和风荷载,风荷载计算需要考虑风振系数	★	"振型分解反应谱法求解地震作用"详见第五章第七节。"风荷载计算"详见第五章第八节
	(2)给出电算的水平地震和风荷载作用下的基底剪力		
	(3)比较两个计算结果,分析误差产生的原因,若结果相差较大,采用新的电算模型证实产生差异的原因		
8. 工况内力计算	(1)选取某一角柱,根据电算结果,绘制各荷载工况的内力(轴力、剪力、弯矩)图	☆	
	(2)选取某一角柱,根据电算配筋值选筋,并做双向验算	★	
	(3)选取某一局部平面框架(包含边柱),按D值法手算这榀框架的静力内力,根据电算结果,绘制各荷载工况的内力(轴力、剪力、弯矩)图	☆	详见第五章第三节
	(4)针对所选取的局部平面框架,绘制其在恒荷载和活荷载作用下的受荷图,并计算每根梁所受分布荷载的合力	☆	详见第五章第九节
	(5)该结构可以选出一整榀框架,绘制出受荷图后,采用SAP2000等软件计算该榀框架的内力	★	
	(6)选取某柱上端节点,根据电算结果,验算节点在恒、活荷载作用下的单工况内力平衡	☆	详见第五章第十节
9. 内力调整及组合	(1)给出规范所要求的所有内力调整信息,对选定的局部框架以及角柱进行内力调整,并进行内力组合	☆	详见第五章第十一节
	(2)将手算的内力组合结果和电算结果比较,若有差异说明原因		
10. 构件设计	(1)分别选取1~2根梁、柱,按最不利内力组合手算截面配筋(要满足构造要求)	☆	详见第五章第十二节
	(2)给出电算的配筋计算结果		
	(3)比较手算、电算结果,分析误差产生的原因		

设计内容		难度	参考计算方法
11. 楼板设计	(1)楼板符合平面无限刚假定	☆	详见第五章第十三、十四节
	(2)选取1~2块矩形楼板,手算配筋(要满足构造要求),并满足构造要求		
	(3)选取1~2块地下室顶板,手算配筋(要满足构造要求),并满足构造要求		
	(4)给出电算的配筋计算结果		
	(5)比较手算、电算结果,分析误差产生的原因		
12. 楼梯设计	(1)手动设计并计算楼梯,不考虑楼梯参与结构整体分析	☆	详见第五章第十六节第一项
	(2)楼梯需参与结构整体分析	★	详见第五章第十六节第二项
	(3)手算楼梯并将手算配筋结果与电算配筋结果取包络	☆	
	(4)选取一个楼梯,绘制楼梯的施工图	☆	
13. 基础设计	(1)按桩基础设计,根据地质条件和上部结构荷载情况确定基础的类型、确定桩的直径	☆	详见第五章第十五节第二项
	(2)给定单桩承载力,根据电算结果中的底层柱内力确定桩数及布桩		
	(3)电算完成桩基础承载力验算,进行承台截面设计;若布置了基础梁,则计算基础梁		
	(4)选取1根桩,手算桩的配筋,并验算单桩承载力是否满足要求		
	(5)按照独立基础设计,根据计算修正后的地基承载力特征值初步选型		详见第五章第十五节第一项
	(6)对基础承台进行地基承载力计算、基础抗冲切验算等		
	(7)对独立基础进行配筋计算并绘制施工图		
	(8)对独立基础进行抗浮设计		
	(9)根据土层资料电算并验算沉降		
14. 绘制施工图	(1)图纸目录	☆	采用广厦自动成图系统,自动生成施工图纸并进行修改,同时手工补充目录、说明、图框等
	(2)结构设计说明,可以和图纸目录在一张图		
	(3)基础结构平面布置及大样图,基础说明		
	(4)标准层结构平面图		
	(5)选定轴线框架梁、柱配筋图		
	(6)选定层的梁平法施工图,并填写梁表		
	(7)选定轴线的柱填写柱表		
15. 编写设计说明书	(1)设计说明书应包括中英文摘要、目录、正文、参考文献、致谢等基本内容,格式满足毕业设计说明书规定要求,层次清楚,表达适当,重点突出,字迹端正,文字通顺,计算正确,图表清晰		
	(2)设计说明书包含任务书所描述的所有内容,若设计书要求了BIM设计,则BIM模型部分主要应说明建筑BIM模型和结构BIM模型建模的关键步骤及成果		

续表

设计内容		难度	参考计算方法
16. 设计成果	(1)修正后的建筑 BIM 模型及漫游视频	★	建筑模型可用 Revit、SketchUp 等软件进行制作;漫游视频可用 Enscape、Sketch-Up、Lumion 进行制作
	(2)结构 BIM 模型	★	采用 GSRevit 进行制作
	(3)施工模型及展示视频	★	采用 Navisworks 进行制作
	(4)结构施工图	☆	采用 GSPlot 生成结构施工图
	(5)设计说明书	☆	

第三节　医院医技楼的设计案例

一、案例图纸（图 2-3）

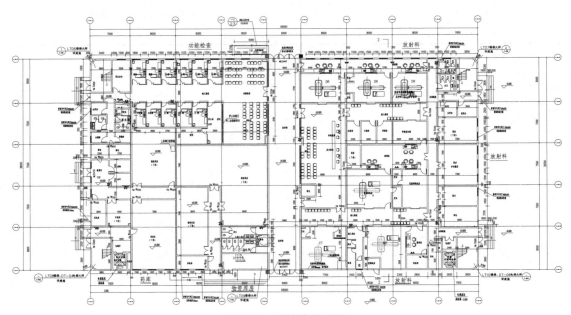

图 2-3　医技楼平面图

二、题目特点和毕业设计建议

本工程取自某地区医院的医技楼部分，体型为规则的 3 层框架结构，题目难度中等偏易。需要增加难度的教师，可要求学生同时做出建筑设计，即要求学生自行布置药房、库房、物质库房、各种检查室及配备的卫生间等，并可做出 BIM 模型及三维漫游。

作为乙类建筑，医院应提高一度设计；同时作为框架结构，楼梯对整体结构的抗震影响不可忽略。

三、毕业设计资料

1. 工程概况

本工程为 3 层钢筋混凝土框架结构医技楼，建筑物地点为广东省肇庆市怀集县；设防烈度为 7 度，设计基本地震加速度值为 0.05g，设计地震分组为第二组，Ⅱ 类场地。

主体结构首层层高 5.5m，其余楼层层高 4.5m，无电梯间，无地下室。

2. 岩土工程勘察报告数据

按实际工程案例所提供的地质勘察资料为准。

3. 材料

钢筋选用 HPB300、HRB400、HRB500 级；混凝土强度等级自行选用。

四、设计要求及内容

在所给建筑施工图基础上，完成结构模型的建立、结构计算、构件设计、楼屋盖设计、基础设计、结构施工图的绘制以及结构 BIM 模型的建立。在表 2-3 "难度" 一列当中，"★" 表示高难度，"☆" 表示中难度，无符号则表示低难度。具体要求如下。

设计要求及建议难度　　　　　　　　　　　　　　　　　　　　　　　表 2-3

内容		难度	参考计算方法
1. 结构平面布置和初选构件截面尺寸	(1)要求按 3 层设计总建筑面积 7500m² 左右医技楼，绘制建筑图(或做 BIM 模型)。其中输液库房、物质库房，中西药房每层分别不少于 300m²，其他部分主要为功能检查区、患者等候检查区、配套办公室、卫生间、通道等。功能检查区指心电图、B 超、彩超、核磁共振等检查区域，具体可调查真实医院的实际设置情况		
	(2)根据建筑平面图，按使用方便、结构合理的原则进行结构体系的平面布置和竖向布置		
	(3)自行选择材料强度等级；根据结构设计的基本规定，结合经验以及简化计算方法初选构件截面尺寸		
2. 建筑 BIM 模型	(1)建筑 BIM 模型需要包含柱、梁、板、墙、门、窗等构件，构件表面应具有基本的装饰材料属性	★	采用 Revit 自带命令构建建筑构件，并指定各构件的材质、绘制场地等
	(2)填充墙、门、窗等建筑构件的尺寸信息依据建筑施工图，柱、梁、板、剪力墙等结构构件的尺寸信息采用第 1 条预估的几何尺寸		
	(3)结构构件的截面尺寸和平面位置应具有参数化特征，可根据结构设计成果快速对其进行修正		
	(4)在结构设计完毕之后对建筑 BIM 模型中的结构构件尺寸进行修正		
3. 建立结构计算模型	(1)采用正向设计方法，直接建立结构 BIM 模型，该模型可直接用于计算和调整	★	采用 GSRevit 构建结构构件
	(2)采用常规结构计算软件建立结构计算模型，该模型可用于计算和调整		
	(3)在结构施工图完成后，针对结构 BIM 模型补充结构构件的钢筋信息(保护层厚度、纵筋信息、箍筋信息等)		
4. 结构整体分析	(1)根据电算结果，分析《抗规》3.4.3 条扭转位移比	☆	采用广厦结构 CAD 通用有限元分析计算后输出的文本结果
	(2)根据电算结果，分析《抗规》5.2.5 条剪重比		
	(3)根据电算结果，分析《抗规》3.4.3-2 条刚度比		
	(4)根据电算结果，分析振型参与有效质量系数		
	(5)根据电算结果，分析《混规》第 11.4.16 条、《抗规》第 6.3.7 条轴压比		

内容		难度	参考计算方法
5. 重力荷载代表值计算	(1)统计楼屋面荷载、各层重力荷载代表值	☆	详见第五章第二节
	(2)电算给出"恒+0.5活"组合下的竖向支座反力		
6. 结构动力特性计算	(1)绘制结构动力特性计算简图,计算结构刚度矩阵 K(可根据电算的刚度和质量数据)	★	"能量法求解自振周期"过程详见第五章第五节。"雅可比矩阵法求解自振周期"过程详见第五章第六节
	(2)手算整体结构沿某个方向的自振周期		
	(3)电算给出前3~5阶模态的自振周期和振型		
	(4)对比分析两个计算结果		
7. 水平作用计算	(1)采用电算的自振周期计算水平地震作用和风荷载,风荷载计算需要考虑风振系数	★	"底部剪力法求解地震作用"过程详见第五章第四节。"振型分解反应谱法求解地震作用"详见第五章第七节。"风荷载计算"详见第五章第八节
	(2)给出电算的水平地震和风荷载作用下的基底剪力		
	(3)比较两个计算结果,分析误差产生的原因,若结果相差较大,采用新的电算模型证实产生差异的原因		
8. 工况内力计算	(1)选取某一角柱,根据电算结果,绘制各荷载工况的内力(轴力、剪力、弯矩)图	☆	
	(2)选取某一角柱,根据电算配筋值选筋,并做双向验算	★	
	(3)选取某一局部平面框架(包含边柱),按D值法手算这榀框架的静力内力,根据电算结果,绘制各荷载工况的内力(轴力、剪力、弯矩)图	☆	详见第五章第三节
	(4)针对所选取的局部平面框架,绘制其在恒荷载和活荷载作用下的受荷图,并计算每根梁所受分布荷载的合力	☆	详见第五章第九节
	(5)该结构可以选取出一整榀框架,绘制出受荷图后,采用SAP2000等软件计算该榀框架的内力	★	
	(6)选取某柱上端节点,根据电算结果,验算节点在恒、活荷载作用下的单工况内力平衡	☆	详见第五章第十节
9. 内力调整及组合	(1)给出规范所要求的所有内力调整信息,对选定的局部框架以及角柱进行内力调整,并进行内力组合	☆	详见第五章第十一节
	(2)将手算的内力组合结果和电算结果比较,若有差异说明原因		
10. 构件设计	(1)分别选取1~2根梁、柱,按最不利内力组合手算截面配筋(要满足构造要求)	☆	详见第五章第十二节
	(2)给出电算的配筋计算结果		
	(3)比较手算、电算结果,分析误差产生的原因		
11. 楼板设计	(1)楼板符合平面无限刚假定	☆	详见第五章第十三节、第十四节
	(2)选取1~2块矩形楼板,手算配筋(要满足构造要求),并满足构造要求		
	(3)给出电算的配筋计算结果		
	(4)比较手算、电算结果,分析误差产生的原因		
12. 楼梯设计	(1)手动设计并计算楼梯,不考虑楼梯参与结构整体分析	☆	详见第五章第十六节第一项
	(2)楼梯需参与结构整体分析	★	详见第五章第十六节第二项
	(3)手算楼梯并将手算配筋结果与电算配筋结果取包络	☆	
	(4)选取一个楼梯,绘制楼梯的施工图	☆	

内容		难度	参考计算方法
13. 基础设计	(1)按照独立基础设计,根据计算修正后的地基承载力特征值初步选型	☆	详见第五章第十五节第一项
	(2)对基础承台进行地基承载力计算、基础抗冲切验算等		
	(3)对独立基础进行配筋计算并绘制施工图		
	(4)对独立基础进行抗浮设计		
	(5)根据土层资料电算并验算沉降		
14. 绘制施工图	(1)图纸目录	☆	采用广厦自动成图系统,自动生成施工图纸并进行修改,同时手工补充目录、说明、图框等
	(2)结构设计说明,可以和图纸目录在一张图		
	(3)基础结构平面布置及大样图,基础说明		
	(4)标准层结构平面图		
	(5)选定轴线框架梁、柱配筋图		
	(6)选定层的梁平法施工图,并填写梁表		
	(7)选定轴线的柱填写柱表		
15. 编写设计说明书	(1)设计说明书应包括中英文摘要、目录、正文、参考文献、致谢等基本内容,格式满足毕业设计说明书规定要求,层次清楚,表达适当,重点突出,字迹端正,文字通顺,计算正确,图表清晰		
	(2)设计说明书包含任务书所述的所有内容,若设计书要求了 BIM 设计,则 BIM 模型部分主要应说明建筑 BIM 模型和结构 BIM 模型建模的关键步骤及成果		
16. 设计成果	(1)修正后的建筑 BIM 模型及漫游视频	★	建筑模型可用 Revit、SketchUp 等软件进行制作;漫游视频可用 Enscape、SketchUp、Lumion 进行制作
	(2)结构 BIM 模型	★	采用 GSRevit 进行制作
	(3)施工模型及展示视频	★	采用 Navisworks 进行制作
	(4)结构施工图	☆	采用 GSPlot 生成结构施工图
	(5)设计说明书	☆	

第四节 医院门诊楼设计案例

一、案例图纸（图 2-4）

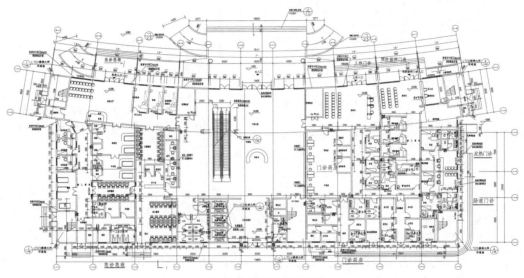

图 2-4 门诊楼平面图

二、题目特点和毕业设计建议

本工程取自某地区医院的门诊楼部分，框架结构5层，属于多高层结构，题目难度中等偏难。楼体布置呈现一定的弧线，且中间楼梯部分中空，不完全满足楼层无限刚要求，因此指导教师可要求有能力的学生在做完按楼板无限刚设计后，再按全楼弹性楼板计算，与无限刚结果取包络计算。教师在出题时对中空周边的构件要求学生做无限刚和弹性楼板结果对比，以强化无限刚设计的概念和前提条件。

作为乙类建筑，医院应提高一度设计；同时作为框架结构，楼梯对整体结构的抗震影响不可忽略。

三、毕业设计资料

1. 工程概况

本工程为5层钢筋混凝土框架结构门诊楼，建筑物地点为广东省肇庆市怀集县；设防烈度为7度，设计基本地震加速度值为 0.05g，设计地震分组为第二组，Ⅱ类场地。

主体结构无地下室，首层层高 5.5m，二层至四层层高 4.5m，设有电梯间，其余层高为 3.3m，无地下室。

2. 岩土工程勘察报告数据

按实际工程案例所提供的地质勘察资料为准。

3. 材料

钢筋选用 HPB300、HRB400、HRB500 级；混凝土强度等级自行选用。

四、设计要求及内容

在所给建筑施工图基础上，完成结构模型的建立、结构计算、构件设计、楼屋盖设计、基础设计、结构施工图的绘制以及结构 BIM 模型的建立。在表 2-4"难度"一列当中，"★"表示高难度，"☆"表示中难度，无符号则表示低难度。具体要求如下。

设计要求及建议难度   表 2-4

内容		难度	参考计算方法
1. 结构平面布置和初选构件截面尺寸	(1)根据建筑平面图,按使用方便、结构合理的原则进行结构体系的平面布置和竖向布置		
	(2)对于平面内有大开洞等情况可适当分缝,以满足楼板平面无限刚假定		
	(3)自行选择材料强度等级;根据结构设计的基本规定,结合经验以及简化计算方法初选构件截面尺寸		
2. 建筑BIM模型	(1)建筑 BIM 模型需要包含柱、梁、板、墙、门、窗等构件,构件表面应具有基本的装饰材料属性	★	采用 Revit 自带命令构建建筑构件,并指定各构件的材质、绘制场地等
	(2)填充墙、门、窗等建筑构件的尺寸信息依据建筑施工图,柱、梁、板、剪力墙等结构构件的尺寸信息采用第 1 条预估的几何尺寸		
	(3)结构构件的截面尺寸和平面位置应具有参数化特征,可根据结构设计成果快速对其进行修正		
	(4)在结构设计完毕之后对建筑 BIM 模型中的结构构件尺寸进行修正		
3. 建立结构计算模型	(1)采用正向设计方法,直接建立结构 BIM 模型,该模型可直接用于计算和调整	★	采用 GSRevit 构建结构构件
	(2)采用常规结构计算软件建立结构计算模型,该模型可用于计算和调整		
	(3)在结构施工图完成后,针对结构 BIM 模型补充结构构件的钢筋信息(保护层厚度、纵筋信息、箍筋信息等)		
4. 结构整体分析	(1)根据电算结果,分析《抗规》3.4.3 条扭转位移比	☆	采用广厦结构 CAD 通用有限元分析计算后输出的文本结果
	(2)根据电算结果,分析《抗规》5.2.5 条剪重比		
	(3)根据电算结果,分析《抗规》3.4.3-2 条刚度比		
	(4)根据电算结果,分析振型参与有效质量系数		
	(5)根据电算结果,分析《混规》第 11.4.16 条、《抗规》第 6.3.7 条轴压比		
5. 重力荷载代表值计算	(1)统计楼屋面荷载、各层重力荷载代表值	☆	详见第五章第二节
	(2)电算给出"恒+0.5 活"组合下的竖向支座反力		
6. 结构动力特性计算	(1)绘制结构动力特性计算简图,计算结构刚度矩阵 K (可根据电算的刚度和质量数据)	★	"能量法求解自振周期"过程详见第五章第五节。 "雅可比矩阵法求解自振周期"过程详见第五章第六节
	(2)手算整体结构沿某个方向的自振周期		
	(3)电算给出前 3~5 阶模态的自振周期和振型		
	(4)对比分析两个计算结果		

续表

	内容		难度	参考计算方法
7. 水平作用计算	(1)采用电算的自振周期计算水平地震作用和风荷载,风荷载计算需要考虑风振系数		★	"底部剪力法求解地震作用"过程详见第五章第四节。 "振型分解反应谱法求解地震作用"详见第五章第七节。 "风荷载计算"详见第五章第八节
	(2)给出电算的水平地震和风荷载作用下的基底剪力			
	(3)比较两个计算结果,分析误差产生的原因,若结果相差较大,采用新的电算模型证实产生差异的原因			
8. 工况内力计算	(1)选取某一角柱,根据电算结果,绘制各荷载工况的内力图(轴力、剪力、弯矩图)		☆	
	(2)选取某一角柱,根据电算配筋值选筋,并做双向验算		★	
	(3)选取某一局部平面框架(包含边柱),按 D 值法手算这榀框架的静力内力,根据电算结果,绘制各荷载工况的内力(轴力、剪力、弯矩)图		☆	详见第五章第三节
	(4)针对所选取的局部平面框架,绘制其在恒荷载和活荷载作用下的受荷图,并计算每根梁所受分布荷载的合力		☆	详见第五章第九节
	(5)该结构可以选取出一整榀框架,绘制出受荷图后,采用 SAP2000 等软件计算该榀框架的内力		★	
	(6)选取某柱上端节点,根据电算结果,验算节点在恒、活荷载作用下的单工况内力平衡		☆	详见第五章第十节
9. 内力调整及组合	(1)给出规范所要求的所有内力调整信息,对选定的局部框架以及角柱进行内力调整,并进行内力组合		☆	详见第五章第十节
	(2)将手算的内力组合结果和电算结果比较,若有差异说明原因			
10. 构件设计	(1)分别选取1~2根梁、柱,按最不利内力组合手算截面配筋(要满足构造要求)		☆	详见第五章第十二节
	(2)给出电算的配筋计算结果			
	(3)比较手算、电算结果,分析误差产生的原因			
11. 楼板设计	(1)楼板符合平面无限刚假定		☆	详见第五章第十三节、第十四节
	(2)选取1~2块矩形楼板,手算配筋(要满足构造要求),并满足构造要求			
	(3)给出电算的配筋计算结果			
	(4)比较手算、电算结果,分析误差产生的原因			
12. 楼梯设计	(1)手动设计并计算楼梯,不考虑楼梯参与结构整体分析		☆	详见第五章第十六节第一项
	(2)楼梯需参与结构整体分析		★	详见第五章第十六节第二项
	(3)手算楼梯并将手算配筋结果与电算配筋结果取包络		☆	
	(4)选取一个楼梯,绘制楼梯的施工图		☆	
13. 基础设计	(1)按照独立基础设计,根据计算修正后的地基承载力特征值初步选型		☆	详见第五章第十五节第一项
	(2)对基础承台进行地基承载力计算、基础抗冲切验算等			
	(3)对独立基础进行配筋计算并绘制施工图			
	(4)对独立基础进行抗浮设计			
	(5)根据土层资料电算并验算沉降			

内容		难度	参考计算方法
14. 绘制施工图	(1)图纸目录	☆	采用广厦自动成图系统,自动生成施工图纸并进行修改,同时手工补充目录、说明、图框等
	(2)结构设计说明,可以和图纸目录在一张图		
	(3)基础结构平面布置及大样图,基础说明		
	(4)标准层结构平面图		
	(5)选定轴线框架梁、柱配筋图		
	(6)选定层的梁平法施工图,并填写梁表		
	(7)选定轴线的柱填写柱表		
15. 编写设计说明书	(1)设计说明书应包括中英文摘要、目录、正文、参考文献、致谢等基本内容,格式满足毕业设计说明书规定要求,层次清楚,表达适当,重点突出,字迹端正,文字通顺,计算正确,图表清晰		
	(2)设计说明书包含任务书所描述的所有内容,若设计书要求了 BIM 设计,则 BIM 模型部分主要应说明建筑 BIM 模型和结构 BIM 模型建模的关键步骤及成果		
16. 设计成果	(1)修正后的建筑 BIM 模型及漫游视频	★	建筑模型可用 Revit、SketchUp 等软件进行制作;漫游视频可用 Enscape、Sketch-Up、Lumion 进行制作
	(2)结构 BIM 模型	★	采用 GSRevit 进行制作
	(3)施工模型及展示视频	★	采用 Navisworks 进行制作
	(4)结构施工图	☆	采用 GSPlot 生成结构施工图
	(5)设计说明书	☆	

第三章 框架-剪力墙结构毕业设计任务书汇总

第一节 学校宿舍楼设计案例

一、案例图纸（图 3-1）

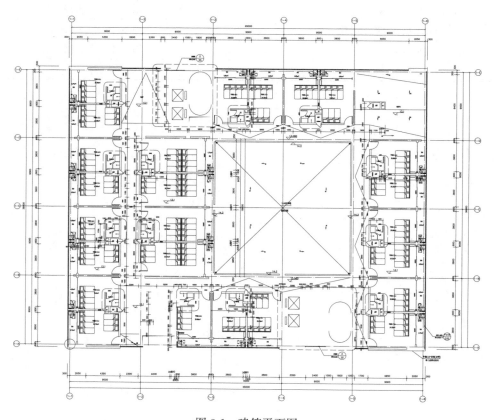

图 3-1 建筑平面图

二、题目特点和毕业设计建议

本工程为 15 层高层结构，题目难度中等偏难。结构布置较规则，但中空开洞。结构若按框架设计，有可能抗震不足，故原始模型中在不少地方补充了抗震墙。另外，图中楼梯间、电梯间也可部分考虑剪力墙布置，按照框架-剪力墙结构设计。

指导教师在出题时对中空周边的构件要求学生做无限刚和弹性楼板结果对比，以强化无限刚设计的概念和前提条件。

三、毕业设计资料

1. 工程概况

本工程为 15 层钢筋混凝土框架-剪力墙结构宿舍楼，建筑物地点为广东省深圳市龙岗区；设防烈度为 7 度，设计基本地震加速度值为 0.1g，设计地震分组为第二组，II 类场地。

主体结构首层层高 4.5m，二层及三层层高 4.0m，其余楼层层高为 3.3m，顶层设有电梯间，其高度为 5.2m，该项目有一层地下室。

2. 岩土工程勘察报告数据

按实际工程案例所提供的地质勘察资料为准。

3. 材料

钢筋选用 HPB300、HRB400、HRB500 级；混凝土强度等级自行选用。

四、设计要求及内容

在所给建筑施工图基础上，完成结构模型的建立、结构计算、构件设计、楼屋盖设计、基础设计、结构施工图的绘制以及结构 BIM 模型的建立。在表 3-1 "难度" 一列当中，"★"表示高难度，"☆"表示中难度，无符号则表示低难度。具体要求如下。

设计要求及建议难度 表 3-1

内容		难度	参考计算方法
1. 结构平面布置和初选构件截面尺寸	(1)根据建筑平面图，按使用方便、结构合理的原则进行结构体系的平面布置和竖向布置		
	(2)对于平面内有大开洞等情况可适当分缝，以满足楼板平面无限刚假定		
	(3)自行选择材料强度等级；根据结构设计的基本规定，结合经验以及简化计算方法初选构件截面尺寸		
2. 建筑 BIM 模型	(1)建筑 BIM 模型需要包含柱、梁、板、墙、门、窗等构件，构件表面应具有基本的装饰材料属性	★	采用 Revit 自带命令构建建筑构件，并指定各构件的材质、绘制场地等
	(2)填充墙、门、窗等建筑构件的尺寸信息依据建筑施工图，柱、梁、板、剪力墙等结构构件的尺寸信息采用第 1 条预估的几何尺寸		
	(3)结构构件的截面尺寸和平面位置应具有参数化特征，可根据结构设计成果快速对其进行修正		
	(4)在结构设计完毕之后对建筑 BIM 模型中的结构构件尺寸进行修正		

内容		难度	参考计算方法
3. 建立结构计算模型	(1)采用正向设计方法,直接建立结构 BIM 模型,该模型可直接用于计算和调整		
	(2)采用常规结构计算软件建立结构计算模型,该模型可用于计算和调整	★	采用 GSRevit 构建结构构件
	(3)在结构施工图完成后,针对结构 BIM 模型补充结构构件的钢筋信息(保护层厚度、纵筋信息、箍筋信息等)		
4. 结构整体分析	(1)根据电算的周期和振型,分析《高规》3.4.5 条		
	(2)根据电算结果,分析《高规》3.4.5 条扭转位移比		
	(3)根据电算结果,分析《高规》4.3.12 条剪重比		
	(4)结合手算和电算结果,验算并分析各层的刚重比		
	(5)根据电算结果,分析《高规》3.5.2 条刚度比	☆	采用广厦结构 CAD 通用有限元分析计算后输出的文本结果
	(6)根据电算结果,分析《高规》3.5.3 条剪承比		
	(7)根据电算结果,分析《高规》3.7.3 条层间位移		
	(8)根据电算结果,分析振型参与有效质量系数		
	(9)根据电算结果,分析《高规》6.4.2 条轴压比		
5. 重力荷载代表值计算	(1)计算楼屋面荷载、各层重力荷载代表值	☆	详见第五章第二节
	(2)电算给出"恒+0.5 活"组合下的竖向支座反力		
6. 结构动力特性计算	(1)绘制结构动力特性计算简图,计算结构刚度矩阵 K(可根据电算的刚度和质量数据)		"能量法求解自振周期"过程详见第五章第五节。
	(2)手算整体结构沿某个方向的自振周期	★	
	(3)电算给出前 3~5 阶模态的自振周期和振型		"雅克比矩阵法求解自振周期"过程详见第五章第六节
	(4)对比分析两个计算结果		
7. 水平作用计算	(1)采用电算的自振周期计算水平地震作用和风荷载,风荷载计算需要考虑风振系数		"振型分解反应谱法求解地震作用"详见第五章第七节。
	(2)给出电算的水平地震和风荷载作用下的基底剪力	★	
	(3)比较两个计算结果,分析误差产生的原因,若结果相差较大,采用新的电算模型证实产生差异的原因		"风荷载计算"详见第五章第八节
8. 工况内力计算	(1)选取某一角柱,根据电算结果,绘制各荷载工况的内力(轴力、剪力、弯矩)图	☆	
	(2)选取某一角柱,根据电算配筋值选筋,并做双向验算	★	
	(3)选取某一局部平面框架(包含边柱),按 D 值法手算这榀框架的静力内力,根据电算结果,绘制各荷载工况的内力(轴力、剪力、弯矩)图	☆	详见第五章第三节
	(4)针对所选取的局部平面框架,绘制其在恒荷载和活荷载作用下的受荷图,并计算每根梁所受分布荷载的合力	☆	详见第五章第九节
	(5)该结构可以选取出一整榀框架,绘制出受荷图后,采用 SAP2000 等软件计算该榀框架的内力	★	
	(6)选取某柱上端节点,根据电算结果,验算节点在恒、活荷载作用下的单工况内力平衡	☆	详见第五章第十节
	(7)选取 1~2 片剪力墙,取电算结果中构件调整前的静力工况内力和动力工况内力	☆	剪力墙无法手算出工况内力时,可直接选用广厦软件调整前的工况内力,进行后续手算组合内力及配筋等
	(8)选取 1~2 根梁,取电算结果中构件调整前的静力工况内力和动力工况内力		

内容		难度	参考计算方法
9. 内力调整及组合	(1)给出规范所要求的所有内力调整信息,对选定的局部框架以及角柱进行内力调整,并进行内力组合	☆	详见第五章第十节、第十一节第二项
	(2)给出规范所要求的所有内力调整信息,对选定的剪力墙手算内力调整,并手算内力组合		详见第五章第十一节第一项
	(3)给出规范所要求的所有内力调整信息,对选定的梁手算内力调整,并手算内力组合		详见第五章第十一节第三项
	(4)将手算的内力组合结果和电算结果比较,若有差异说明原因		
10. 构件设计	(1)分别选取1~2根梁、柱,按最不利内力组合手算截面配筋(要满足构造要求)	☆	详见第五章第十二节
	(2)分别选取1~2根梁、剪力墙,按最不利内力组合手算截面配筋(要满足构造要求)		
	(3)给出电算的配筋计算结果		
	(4)比较手算、电算结果,分析误差产生的原因		
11. 楼板设计	(1)楼板符合平面无限刚假定	☆	详见第五章第十三、十四节
	(2)选取1~2块矩形楼板,手算配筋(要满足构造要求),并满足构造要求		
	(3)给出电算的配筋计算结果		
	(4)比较手算、电算结果,分析误差产生的原因		
12. 楼梯设计	(1)手动设计并计算楼梯,不考虑楼梯参与结构整体分析	☆	详见第五章第十六节第一项
	(2)楼梯需参与结构整体分析	★	详见第五章第十六节第二项
	(3)手算楼梯并将手算配筋结果与电算配筋结果取包络	☆	
	(4)选取一个楼梯,绘制楼梯的施工图	☆	
13. 基础设计	(1)按桩基础设计,根据地质条件和上部结构荷载情况确定基础的类型、确定桩的直径	☆	详见第五章第十五节第二项
	(2)给定单桩承载力,根据电算结果中底层柱内力确定桩数及布桩		
	(3)电算完成桩基础承载力验算、进行承台截面设计;若布置了基础梁,则计算基础梁		
	(4)选取1根桩,手算桩的配筋,并验算单桩承载力是否满足要求		
	(5)按照独立基础设计,根据计算修正后的地基承载力特征值初步选型		详见第五章第十五节第一项
	(6)对基础承台进行地基承载力计算、基础抗冲切验算等		
	(7)对独立基础进行配筋计算并绘制施工图		
	(8)对独立基础进行抗浮设计		
	(9)按弹性地基梁基础或筏板基础进行设计		详见第五章第十五节第三、四项
	(10)电算输出基础承载力验算、冲切剪切验算等结果		
	(11)绘制地梁施工图或筏板施工图		
	(12)根据土层资料电算并验算沉降		

内容		难度	参考计算方法
14. 绘制施工图	(1)图纸目录	☆	采用广厦自动成图系统,自动生成施工图纸并进行修改,同时手工补充目录、说明、图框等
	(2)结构设计说明,可以和图纸目录在一张图		
	(3)基础结构平面布置及大样图,基础说明		
	(4)标准层结构平面图		
	(5)选定轴线框架梁、柱配筋图		
	(6)选定层的梁平法施工图,并填写梁表		
	(7)选定轴线的柱填写柱表		
15. 编写设计说明书	(1)设计说明书应包括中英文摘要、目录、正文、参考文献、致谢等基本内容,格式满足毕业设计说明书规定要求,层次清楚,表达适当,重点突出,字迹端正,文字通顺,计算正确,图表清晰		
	(2)设计说明书包含任务书所描述的所有内容,若设计书要求了 BIM 设计,则 BIM 模型部分主要应说明建筑 BIM 模型和结构 BIM 模型建模的关键步骤及成果		
16. 设计成果	(1)修正后的建筑 BIM 模型及漫游视频	★	建筑模型可用 Revit、SketchUp 等软件进行制作;漫游视频可用 Enscape、Sketch-Up、Lumion 进行制作
	(2)结构 BIM 模型	★	采用 GSRevit 进行制作
	(3)施工模型及展示视频	★	采用 Navisworks 进行制作
	(4)结构施工图	☆	采用 GSPlot 生成结构施工图
	(5)设计说明书	☆	

第二节 医院住院楼设计案例

一、案例图纸（图3-2）

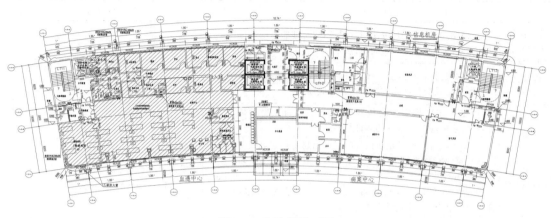

图 3-2 住院楼平面图

二、题目特点和毕业设计建议

本工程取自某地区医院的住院区部分，原模型为11层高层结构，结构类型为框架-剪力墙。设计师为了控制结构的扭转，在长条形结构的两侧加了较长的抗震墙。题目难度中等。作为毕业设计题目，指导教师可不控制结构类型，学生先按框架结构设计，调整不下来时再引导学生学习解决办法。

作为乙类建筑，医院应提高一度设计；同时，结构的主体应为框架，故应考虑楼梯对整体结构的抗震影响。

三、毕业设计资料

1. 工程概况

本工程为11层钢筋混凝土框架-剪力墙结构医院，建筑物地点为广东省肇庆市怀集县；设防烈度为7度，设计基本地震加速度值为0.05g，设计地震分组为第二组，Ⅱ类场地。

主体结构首层层高5.5m，二层至四层高4.5m，其余楼层层高3.9m，设有电梯间，其层高为5.1m，无地下室。

2. 岩土工程勘察报告数据

按实际工程案例所提供的地质勘察资料为准。

3. 材料

钢筋选用HPB300、HRB400、HRB500级；混凝土强度等级自行选用。

四、设计要求及内容

在所给建筑施工图基础上，完成结构模型的建立、结构计算、构件设计、楼屋盖设计、基础设计、结构施工图的绘制以及结构 BIM 模型的建立。在表 3-2"难度"一列当中，"★"表示高难度，"☆"表示中难度，无符号则表示低难度。具体要求如下。

设计要求及建议难度   表 3-2

内容		难度	参考计算方法
1. 结构平面布置和初选构件截面尺寸	(1)根据建筑平面图，按使用方便、结构合理的原则进行结构体系的平面布置和竖向布置		
	(2)自行选择材料强度等级；根据结构设计的基本规定，结合经验以及简化计算方法初选构件截面尺寸		
2. 建筑BIM模型	(1)建筑 BIM 模型需要包含柱、梁、板、墙、门、窗等构件，构件表面应具有基本的装饰材料属性	★	采用 Revit 自带命令构建建筑构件，并指定各构件的材质、绘制场地等
	(2)填充墙、门、窗等建筑构件的尺寸信息依据建筑施工图，柱、梁、板、剪力墙等结构构件的尺寸信息采用第 1 条预估的几何尺寸		
	(3)结构构件的截面尺寸和平面位置应具有参数化特征，可根据结构设计成果快速对其进行修正		
	(4)在结构设计完毕之后对建筑 BIM 模型中的结构构件尺寸进行修正		
3. 建立结构计算模型	(1)采用正向设计方法，直接建立结构 BIM 模型，该模型可直接用于计算和调整	★	采用 GSRevit 构建结构构件
	(2)采用常规结构计算软件建立结构计算模型，该模型可用于计算和调整		
	(3)在结构施工图完成后，针对结构 BIM 模型补充结构构件的钢筋信息（保护层厚度、纵筋信息、箍筋信息等）		
4. 结构整体分析	(1)根据电算的周期和振型，分析《高规》3.4.5 条	☆	采用广厦结构 CAD 通用有限元分析计算后输出的文本结果
	(2)根据电算结果，分析《高规》3.4.5 条扭转位移比		
	(3)根据电算结果，分析《高规》4.3.12 条剪重比		
	(4)结合手算和电算结果，验算并分析各层的刚重比		
	(5)根据电算结果，分析《高规》3.5.2 条刚度比		
	(6)根据电算结果，分析《高规》3.5.3 条剪承比		
	(7)根据电算结果，分析《高规》3.7.3 条层间位移		
	(8)根据电算结果，分析振型参与有效质量系数		
	(9)根据电算结果，分析《高规》6.4.2 条轴压比		
5. 重力荷载代表值计算	(1)统计楼屋面荷载、各层重力荷载代表值	☆	详见第五章第二节
	(2)电算给出"恒＋0.5 活"组合下的竖向支座反力		
6. 结构动力特性计算	(1)绘制结构动力特性计算简图，计算结构刚度矩阵 K（可根据电算的刚度和质量数据）	★	"能量法求解自振周期"过程详见第五章第五节。"雅可比矩阵法求解自振周期"过程详见第五章第六节
	(2)手算整体结构沿某个方向的自振周期		
	(3)电算给出前 3～5 阶模态的自振周期和振型		
	(4)对比分析两个计算结果		

续表

内容		难度	参考计算方法
7. 水平作用计算	(1)采用电算的自振周期计算水平地震作用和风荷载，风荷载计算需要考虑风振系数	★	"振型分解反应谱法求解地震作用"详见第五章第七节。 "风荷载计算"详见第五章第八节
	(2)给出电算的水平地震和风荷载作用下的基底剪力		
	(3)比较两个计算结果，分析误差产生的原因，若结果相差较大，采用新的电算模型证实产生差异的原因		
8. 工况内力计算	(1)选取某一角柱，根据电算结果，绘制各荷载工况的内力(轴力、剪力、弯矩)图	☆	
	(2)选取某一角柱，根据电算配筋值选筋，并做双向验算	★	
	(3)选取某一局部平面框架(包含边柱)，按D值法手算这榀框架的静力内力，根据电算结果，绘制各荷载工况的内力(轴力、剪力、弯矩)图	☆	详见第五章第三节
	(4)针对所选取的局部平面框架，绘制其在恒荷载和活荷载作用下的受荷图，并计算每根梁所受分布荷载的合力	☆	详见第五章第九节
	(5)该结构可以选出一整榀框架，绘制出受荷图后，采用SAP2000等软件计算该榀框架的内力	★	
	(6)选取某柱上端节点，根据电算结果，验算节点在恒、活荷载作用下的单工况内力平衡	☆	
	(7)选取1~2片剪力墙，取电算结果中构件调整前的静力工况内力和动力工况内力	☆	剪力墙无法手算出工况内力时可直接选用广厦软件调整前的工况内力，进行后续手算组合内力及配筋等
	(8)选取1~2根梁，取电算结果中构件调整前的静力工况内力和动力工况内力		
9. 内力调整及组合	(1)给出规范所要求的所有内力调整信息，对选定的局部框架以及角柱进行内力调整，并进行内力组合	☆	详见第五章第十节、第十一节第二项
	(2)给出规范所要求的所有内力调整信息，对选定的剪力墙手算内力调整，并手算内力组合		详见第五章第十一节第一项
	(3)给出规范所要求的所有内力调整信息，对选定的梁手算内力调整，并手算内力组合		详见第五章第十一节第三项
	(4)将手算的内力组合结果和电算结果比较，若有差异说明原因		
10. 构件设计	(1)分别选取1~2根梁、柱，按最不利内力组合手算截面配筋(要满足构造要求)	☆	详见第五章第十二节
	(2)分别选取1~2根梁、剪力墙，按最不利内力组合手算截面配筋(要满足构造要求)		
	(3)给出电算的配筋计算结果		
	(4)比较手算、电算结果，分析误差产生的原因		
11. 楼板设计	(1)楼板符合平面无限刚假定	☆	详见第五章第十三、十四节
	(2)选取1~2块矩形楼板，手算配筋(要满足构造要求)，并满足构造要求		
	(3)给出电算的配筋计算结果		
	(4)比较手算、电算结果，分析误差产生的原因		
12. 楼梯设计	(1)手动设计并计算楼梯，不考虑楼梯参与结构整体分析	☆	详见第五章第十六节第一项
	(2)楼梯需参与结构整体分析	★	详见第五章第十六节第二项
	(3)手算楼梯并将手算配筋结果与电算配筋结果取包络	☆	
	(4)选取一个楼梯，绘制楼梯的施工图	☆	

续表

内容		难度	参考计算方法
13. 基础设计	(1)按桩基础设计,根据地质条件和上部结构荷载情况确定基础的类型、确定桩的直径	☆	详见第五章第十五节第二项
	(2)给定单桩承载力,根据电算结果中底层柱内力确定桩数及布桩		
	(3)电算完成桩基础承载力验算、进行承台截面设计;若布置了基础梁,则计算基础梁		
	(4)选取1根桩,手算桩的配筋,并验算单桩承载力是否满足要求		
	(5)按照独立基础设计,根据计算修正后的地基承载力特征值初步选型		详见第五章第十五节第一项
	(6)对基础承台进行地基承载力计算、基础抗冲切验算等		
	(7)对独立基础进行配筋计算并绘制施工图		
	(8)对独立基础进行抗浮设计		
	(9)按弹性地基梁基础或筏板基础进行设计		详见第五章第十五节第三、四项
	(10)电算输出基础承载力验算、冲切剪切验算等结果		
	(11)绘制地梁施工图或筏板施工图		
	(12)根据土层资料电算并验算沉降		
14. 绘制施工图	(1)图纸目录	☆	采用广厦自动成图系统,自动生成施工图纸并进行修改,同时手工补充目录、说明、图框等
	(2)结构设计说明,可以和图纸目录在一张图		
	(3)基础结构平面布置及大样图,基础说明		
	(4)标准层结构平面图		
	(5)选定轴线框架梁、柱配筋图		
	(6)选定层的梁平法施工图,并填写梁表		
	(7)选定轴线的柱填写柱表		
15. 编写设计说明书	(1)设计说明书应包括中英文摘要、目录、正文、参考文献、致谢等基本内容,格式满足毕业设计说明书规定要求,层次清楚,表达适当,重点突出,字迹端正,文字通顺,计算正确,图表清晰		
	(2)设计说明书包含任务书所描述的所有内容,若设计书要求了 BIM 设计,则 BIM 模型部分主要应说明建筑 BIM 模型和结构 BIM 模型建模的关键步骤及成果		
16. 设计成果	(1)修正后的建筑 BIM 模型及漫游视频	★	建筑模型可用 Revit、SketchUp 等软件进行制作;漫游视频可用 Enscape、Sketch-Up、Lumion 进行制作
	(2)结构 BIM 模型	★	采用 GSRevit 进行制作
	(3)施工模型及展示视频	★	采用 Navisworks 进行制作
	(4)结构施工图	☆	采用 GSPlot 生成结构施工图
	(5)设计说明书	☆	

第三节　某企业总部设计案例

一、案例图纸（图3-3）

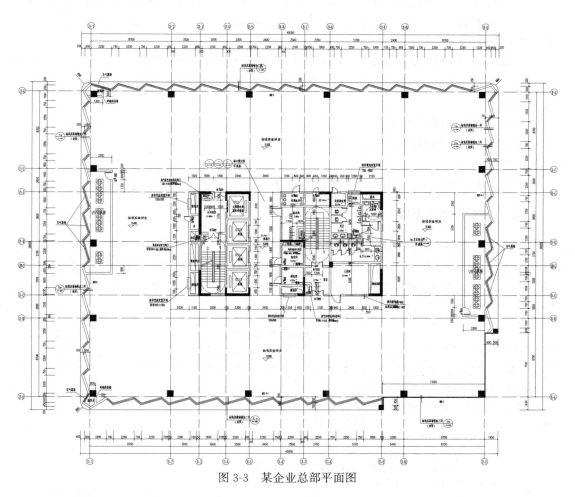

图3-3　某企业总部平面图

二、题目特点和毕业设计建议

本工程为某地区办公楼，原模型为典型的框架-剪力墙结构，12层，地面以上约45m，属于高层结构。两层地下室约10m，基础采用桩基础加防水板，是近年来比较典型的基础形式。题目难度为中等。教师在出题时，可选择部分能力强的学生设计防水板（可按无梁楼盖或者不采用无梁楼盖设计）；考虑到顶部两层为中空造型，不完全满足无限刚，以及按无限刚导荷风荷载的自动导风算法，可要求学生在这里自行设计。目的是掌握多方向工况（防水板有水、无水）下构件的包络计算，以及风荷载导荷的基本原理。此外，本工程原始资料提供了较多节点大样施工图。指导教师可让学生练习手画一两个。

作为框架-剪力墙结构，抗震设计中框架剪力调整的概念应该重点理解。

三、毕业设计资料

1. 工程概况

本工程为 12 层钢筋混凝土框架-剪力墙结构企业总部大楼，建筑物地点为广西壮族自治区钦州市钦南区；设防烈度为 7 度，设计基本地震加速度值为 0.1g，设计地震分组为第二组，Ⅱ类场地。

主体结构首层层高 6.6m，二层和三层层高分别为 4.6m 和 3.8m，其余楼层层高 4.2m，设有电梯间，其层高为 6.2m，有两层地下室，一层地下室高 5.8m，二层地下室高 3.8m。

2. 岩土工程勘察报告数据

按实际工程案例所提供的地质勘察资料为准。

3. 材料

钢筋选用 HPB300、HRB400、HRB500 级；混凝土强度等级自行选用。

四、设计要求及内容

在所给建筑施工图基础上，完成结构模型的建立、结构计算、构件设计、楼屋盖设计、基础设计、结构施工图的绘制以及结构 BIM 模型的建立。在表 3-3"难度"一列当中，"★"表示高难度，"☆"表示中难度，无符号则表示低难度。具体要求如下。

设计要求及建议难度   表 3-3

内容		难度	参考计算方法
1. 结构平面布置和初选构件截面尺寸	(1)根据建筑平面图，按使用方便、结构合理的原则进行结构体系的平面布置和竖向布置		
	(2)自行选择材料强度等级；根据结构设计的基本规定，结合经验以及简化计算方法初选构件截面尺寸		
2. 建筑 BIM 模型	(1)建筑 BIM 模型需要包含柱、梁、板、墙、门、窗等构件，构件表面应具有基本的装饰材料属性	★	采用 Revit 自带命令构建建筑构件，并指定各构件的材质、绘制场地等
	(2)填充墙、门、窗等建筑构件的尺寸信息依据建筑施工图，柱、梁、板、剪力墙等结构构件的尺寸信息采用第 1 条预估的几何尺寸		
	(3)结构构件的截面尺寸和平面位置应具有参数化特征，可根据结构设计成果快速对其进行修正		
	(4)在结构设计完毕之后对建筑 BIM 模型中的结构构件尺寸进行修正		
3. 建立结构计算模型	(1)采用正向设计方法，直接建立结构 BIM 模型，该模型可直接用于计算和调整	★	采用 GSRevit 构建结构构件
	(2)采用常规结构计算软件建立结构计算模型，该模型可用于计算和调整		
	(3)在结构施工图完成后，针对结构 BIM 模型补充结构构件的钢筋信息(保护层厚度、纵筋信息、箍筋信息等)		

内容		难度	参考计算方法
4. 结构整体分析	(1)根据电算的周期和振型,分析《高规》3.4.5条	☆	采用广厦结构CAD通用有限元分析计算后输出的文本结果
	(2)根据电算结果,分析《高规》3.4.5条扭转位移比		
	(3)根据电算结果,分析《高规》4.3.12条剪重比		
	(4)结合手算和电算结果,验算并分析各层的刚重比		
	(5)根据电算结果,分析《高规》3.5.2条刚度比		
	(6)根据电算结果,分析《高规》3.5.3条剪承比		
	(7)根据电算结果,分析《高规》3.7.3条层间位移		
	(8)根据电算结果,分析振型参与有效质量系数		
	(9)根据电算结果,分析《高规》6.4.2条轴压比		
5. 重力荷载代表值计算	(1)统计楼屋面荷载、各层重力荷载代表值	☆	详见第五章第二节
	(2)电算给出"恒+0.5活"组合下的竖向支座反力		
6. 结构动力特性计算	(1)绘制结构动力特性计算简图,计算结构刚度矩阵K(可根据电算的刚度和质量数据)	★	"能量法求解自振周期"过程详见第五章第五节。 "雅可比矩阵法求解自振周期"过程详见第五章第六节
	(2)手算整体结构沿某个方向的自振周期		
	(3)电算给出前3~5阶模态的自振周期和振型		
	(4)对比分析两个计算结果		
7. 水平作用计算	(1)采用电算的自振周期计算水平地震作用和风荷载,风荷载计算需要考虑风振系数	★	"振型分解反应谱法求解地震作用"详见第五章第七节。 "风荷载计算"详见第五章第八节
	(2)给出电算的水平地震和风荷载作用下的基底剪力		
	(3)比较两个计算结果,分析误差产生的原因,若结果相差较大,采用新的电算模型证实产生差异的原因		
8. 工况内力计算	(1)选取某一角柱,根据电算结果,绘制各荷载工况的内力(轴力、剪力、弯矩)图	☆	
	(2)选取某一角柱,根据电算配筋值选筋,并做双向验算	★	
	(3)选取某一局部平面框架(包含边柱),按D值法手算这榀框架的静力内力,根据电算结果,绘制各荷载工况的内力(轴力、剪力、弯矩)图	☆	详见第五章第三节
	(4)针对所选取的局部平面框架,绘制其在恒荷载和活荷载作用下的受荷图,并计算每根梁所受分布荷载的合力	☆	详见第五章第九节
	(5)该结构可以选取出一整榀框架,绘制出受荷图后,采用SAP2000等软件计算该榀框架的内力	★	
	(6)选取某柱上端节点,根据电算结果,验算节点在恒、活荷载作用下的单工况内力平衡	☆	详见第五章第十节
	(7)选取1~2片剪力墙,取电算结果中构件调整前的静力工况内力和动力工况内力	☆	剪力墙无法手算出工况内力时可直接选用广厦软件调整前的工况内力,进行后续手算组合内力及配筋等
	(8)选取1~2根梁,取电算结果中构件调整前的静力工况内力和动力工况内力		

内容		难度	参考计算方法
9. 内力调整及组合	(1)给出规范所要求的所有内力调整信息,对选定的局部框架以及角柱进行内力调整,并进行内力组合	☆	详见第五章第十节、第十一节第二项
	(2)给出规范所要求的所有内力调整信息,对选定的剪力墙手算内力调整,并手算内力组合		详见第五章第十一节第一项
	(3)给出规范所要求的所有内力调整信息,对选定的梁手算内力调整,并手算内力组合		详见第五章第十一节第三项
	(4)将手算的内力组合结果和电算结果比较,若有差异说明原因		
10. 构件设计	(1)分别选取1~2根梁、柱,按最不利内力组合手算截面配筋(要满足构造要求)	☆	详见第五章第十二节
	(2)分别选取1~2根梁、剪力墙,按最不利内力组合手算截面配筋(要满足构造要求)		
	(3)分别选取1~2根梁柱节点绘制施工大样图		
	(4)给出电算的配筋计算结果		
	(5)比较手算、电算结果,分析误差产生的原因		
11. 楼板设计	(1)楼板符合平面无限刚假定	☆	详见第五章第十三节、第十四节
	(2)选取1~2块矩形楼板,手算配筋(要满足构造要求),并满足构造要求		
	(3)选取1~2块地下室顶板,手算配筋(要满足构造要求),并满足构造要求		
	(4)考虑净高要求,要求一层地下室顶板按无梁楼盖进行设计		
	(5)给出电算的配筋计算结果		
	(6)比较手算、电算结果,分析误差产生的原因		
12. 楼梯设计	(1)手动设计并计算楼梯,不考虑楼梯参与结构整体分析	☆	详见第五章第十六节第一项
	(2)楼梯需参与结构整体分析	★	详见第五章第十六节第二项
	(3)手算楼梯并将手算配筋结果与电算配筋结果取包络	☆	
	(4)选取一个楼梯,绘制楼梯的施工图	☆	
13. 基础设计	(1)按桩基础设计,根据地质条件和上部结构荷载情况确定基础的类型、确定桩的直径	☆	详见第五章第十五节第二项
	(2)给定单桩承载力,根据电算结果中底层柱内力确定桩数及布桩		
	(3)电算完成桩基础承载力验算、进行承台截面设计;若布置了基础梁,则计算基础梁		
	(4)选取1根桩,手算桩的配筋,并验算单桩承载力是否满足要求		
	(5)按照独立基础设计,根据计算修正后的地基承载力特征值初步选型		详见第五章第十五节第一项
	(6)对基础承台进行地基承载力计算、基础抗冲切验算等		
	(7)对独立基础进行配筋计算并绘制施工图		
	(8)对独立基础进行抗浮设计		
	(9)按弹性地基梁基础或筏板基础进行设计		详见第五章第十五节第三、四项
	(10)电算输出基础承载力验算、冲切剪切验算等结果		
	(11)绘制地梁施工图或筏板施工图		
	(12)根据土层资料电算并验算沉降		

内容		难度	参考计算方法
14. 绘制施工图	(1)图纸目录	☆	采用广厦自动成图系统,自动生成施工图纸并进行修改,同时手工补充目录、说明、图框等
	(2)结构设计说明,可以和图纸目录在一张图		
	(3)基础结构平面布置及大样图,基础说明		
	(4)标准层结构平面图		
	(5)选定轴线框架梁、柱配筋图		
	(6)选定层的梁平法施工图,并填写梁表		
	(7)选定轴线的柱填写柱表		
15. 编写设计说明书	(1)设计说明书应包括中英文摘要、目录、正文、参考文献、致谢等基本内容,格式满足毕业设计说明书规定要求,层次清楚,表达适当,重点突出,字迹端正,文字通顺,计算正确,图表清晰		
	(2)设计说明书包含任务书所描述的所有内容,若设计书要求了 BIM 设计,则 BIM 模型部分主要应说明建筑 BIM 模型和结构 BIM 模型建模的关键步骤及成果		
16. 设计成果	(1)修正后的建筑 BIM 模型及漫游视频	★	建筑模型可用 Revit、SketchUp 等软件进行制作;漫游视频可用 Enscape、Sketch-Up、Lumion 进行制作
	(2)结构 BIM 模型	★	采用 GSRevit 进行制作
	(3)施工模型及展示视频	★	采用 Navisworks 进行制作
	(4)结构施工图	☆	采用 GSPlot 生成结构施工图
	(5)设计说明书	☆	

第四章 剪力墙结构毕业设计任务书汇总

第一节 高层住宅楼的设计案例

一、案例图纸（图 4-1）

二、题目特点和毕业设计建议

本工程为高层剪力墙结构。原模型地下 2 层，地上建筑高度约 150m，属于较高层结构，题目难度偏难。楼体布置呈品字形，属于典型的高层剪力墙住宅结构，因此这个题目很有实际意义。

本工程为装配式结构，梁板采用预制，可要求学生做完结构设计后进一步做装配深化设计。

三、毕业设计资料

1. 工程概况

本工程为 53 层钢筋混凝土剪力墙结构住宅楼，建筑物地点为广东省深圳市宝安区；设防烈度为 7 度，设计基本地震加速度值为 0.1g，设计地震分组为第二组，Ⅱ类场地。

主体结构首层层高 5.8m，二层层高为 5.6m，其余楼层层高 2.8m；设有电梯间，电梯间层高为 5.8m；有两层地下室，一层地下室高 3.8m，二层地下室高 3.9m。

2. 岩土工程勘察报告数据

按实际工程案例所提供的地质勘察资料为准。

3. 材料

钢筋选用 HPB300、HRB400、HRB500 级；混凝土强度等级自行选用。

四、设计要求及内容

在所给建筑施工图基础上，完成结构模型的建立、结构计算、构件设计、楼屋盖设计、基础设计、结构施工图的绘制以及结构 BIM 模型的建立。在表 4-1"难度"一列当中，"★"表示高难度，"☆"表示中难度，无符号则表示低难度。具体要求如下。

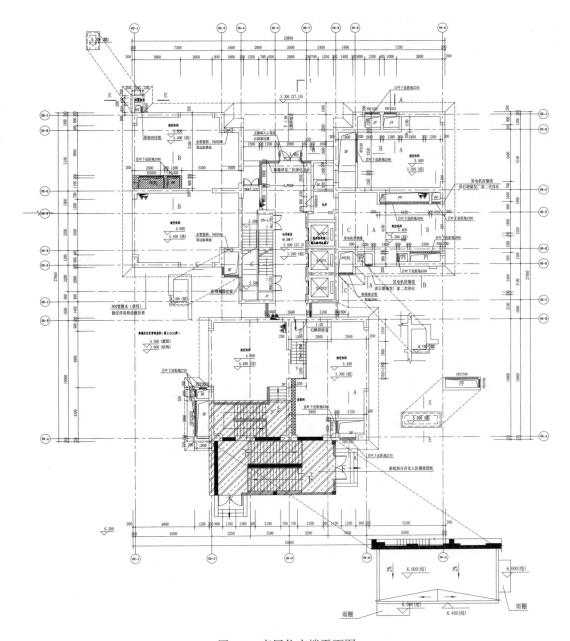

图 4-1　高层住宅楼平面图

设计要求及建议难度 表 4-1

	内容	难度	参考计算方法
1. 结构平面布置和初选构件截面尺寸	（1）根据建筑平面图，按使用方便、结构合理的原则进行结构体系的平面布置和竖向布置		
	（2）自行选择材料强度等级；根据结构设计的基本规定，结合经验以及简化计算方法初选构件截面尺寸		
2. 建筑 BIM 模型	（1）建筑 BIM 模型需要包含柱、梁、板、墙、门、窗等构件，构件表面应具有基本的装饰材料属性	★	采用 Revit 自带命令构建建筑构件，并指定各构件的材质、绘制场地等
	（2）填充墙、门、窗等建筑构件的尺寸信息依据建筑施工图，柱、梁、板、剪力墙等结构构件的尺寸信息采用第 1 条预估的几何尺寸		
	（3）结构构件的截面尺寸和平面位置应具有参数化特征，可根据结构设计成果快速对其进行修正		
	（4）在结构设计完毕之后对建筑 BIM 模型中的结构构件尺寸进行修正		
3. 建立结构计算模型	（1）采用正向设计方法，直接建立结构 BIM 模型，该模型可直接用于计算和调整	★	采用 GSRevit 构建结构构件
	（2）采用常规结构计算软件建立结构计算模型，该模型可用于计算和调整		
	（3）在结构施工图完成后，针对结构 BIM 模型补充结构构件的钢筋信息（保护层厚度、纵筋信息、箍筋信息等）		
4. 结构整体分析	（1）根据电算的周期和振型，分析《高规》3.4.5 条	☆	采用广厦结构 CAD 通用有限元分析计算后输出的文本结果
	（2）根据电算结果，分析《高规》3.4.5 条扭转位移比		
	（3）根据电算结果，分析《高规》4.3.12 条剪重比		
	（4）结合手算和电算结果，验算并分析各层的刚重比	★	详见第五章第一节
	（5）根据电算结果，分析《高规》3.5.2 条刚度比	☆	采用广厦结构 CAD 通用有限元分析计算后输出的文本结果
	（6）根据电算结果，分析《高规》3.5.3 条剪承比		
	（7）根据电算结果，分析《高规》3.7.3 条层间位移		
	（8）根据电算结果，分析振型参与有效质量系数		
	（9）根据电算结果，分析《高规》6.4.2 条轴压比		
5. 重力荷载代表值计算	（1）统计楼屋面荷载、各层重力荷载代表值	☆	详见第五章第二节
	（2）电算给出"恒＋0.5 活"组合下的竖向支座反力		
6. 结构动力特性计算	（1）绘制结构动力特性计算简图，计算结构刚度矩阵 K（可根据电算的刚度和质量数据）	★	"能量法求解自振周期"过程详见第五章第五节。"雅可比矩阵法求解自振周期"过程详见第五章第六节
	（2）手算整体结构沿某个方向的自振周期		
	（3）电算给出前 3～5 阶模态的自振周期和振型		
	（4）对比分析两个计算结果		
7. 水平作用计算	（1）采用电算的自振周期计算水平地震作用和风荷载，风荷载计算需要考虑风振系数	★	"振型分解反应谱法求解地震作用"详见第五章第七节。"风荷载计算"详见第五章第八节
	（2）给出电算的水平地震和风荷载作用下的基底剪力		
	（3）比较两个计算结果，分析误差产生的原因，若结果相差较大，采用新的电算模型证实产生差异的原因		

内容		难度	参考计算方法
8. 工况内力计算	(1)选取1～2片剪力墙,取电算结果中构件调整前的静力工况内力和动力工况内力	☆	剪力墙无法手算出工况内力时可直接选用广厦软件调整前的工况内力,进行后续手算组合内力及配筋等
	(2)选取1～2根梁,取电算结果中构件调整前的静力工况内力和动力工况内力		
9. 内力调整及组合	(1)给出规范所要求的所有内力调整信息,对选定的剪力墙手算内力调整,并手算内力组合	☆	详见第五章第十一节第一项
	(2)给出规范所要求的所有内力调整信息,对选定的梁手算内力调整,并手算内力组合		详见第五章第十一节第三项
	(3)将手算的内力组合结果和电算结果比较,若有差异说明原因		
10. 构件设计	(1)分别选取1～2根梁、剪力墙,按最不利内力组合手算截面配筋(要满足构造要求)	☆	详见第五章第十二节
	(2)给出电算的配筋计算结果		
	(3)比较手算、电算结果,分析误差产生的原因		
11. 楼板设计	(1)选取1～2块矩形楼板,手算配筋(要满足构造要求),并满足构造要求	☆	详见第五章第十三节、第十四节
	(2)选取1～2块地下室顶板,手算配筋(要满足构造要求),并满足构造要求		
	(3)给出电算的配筋计算结果		
	(4)比较手算、电算结果,分析误差产生的原因		
12. 楼梯设计	(1)手动设计并计算楼梯,不考虑楼梯参与结构整体分析	☆	详见第五章第十六节第一项
	(2)楼梯需参与结构整体分析	★	详见第五章第十六节第二项
	(3)手算楼梯并将手算配筋结果与电算配筋结果取包络	☆	
	(4)选取一个楼梯,绘制楼梯的施工图	☆	
13. 基础设计	(1)按桩基础设计,根据地质条件和上部结构荷载情况确定基础的类型、确定桩的直径	☆	详见第五章第十五节第二项
	(2)给定单桩承载力,根据电算结果中底层柱内力确定桩数及布桩		
	(3)电算完成桩基础承载力验算,进行承台截面设计;若布置了基础梁,则计算基础梁		
	(4)选取1根桩,手算桩的配筋,并验算单桩承载力是否满足要求		
	(5)按照独立基础设计,根据计算修正后的地基承载力特征值初步选型		详见第五章第十五节第一项
	(6)对基础承台进行地基承载力计算、基础抗冲切验算等		
	(7)对独立基础进行配筋计算并绘制施工图		
	(8)对独立基础进行抗浮设计		
	(9)按弹性地基梁基础或筏板基础进行设计		详见第五章第十五节第三、四项
	(10)电算输出基础承载力验算、冲切剪切验算等结果		
	(11)绘制地梁施工图或筏板施工图		
	(12)根据土层资料电算并验算沉降		

内容		难度	参考计算方法
14. 绘制施工图	(1)图纸目录	☆	采用广厦自动成图系统,自动生成施工图纸并进行修改,同时手工补充目录、说明、图框等
	(2)结构设计说明,可以和图纸目录在一张图		
	(3)基础结构平面布置及大样图,基础说明		
	(4)标准层结构平面图		
	(5)选定轴线框架梁、柱配筋图		
	(6)选定层的梁平法施工图,并填写梁表		
	(7)选定轴线的柱填写柱表		
15. 装配式深化设计	板按叠合板、梁按叠合梁选取一层进行深化设计,要求绘制板布置图和一块板和一根梁的加工图	☆	采用广厦 GSRevit 系统进行深化设计,绘制加工图
16. 编写设计说明书	(1)设计说明书应包括中英文摘要、目录、正文、参考文献、致谢等基本内容,格式满足毕业设计说明书规定要求,层次清楚,表达适当,重点突出,字迹端正,文字通顺,计算正确,图表清晰		
	(2)设计说明书包含任务书所描述的所有内容,若设计书要求了 BIM 设计,则 BIM 模型部分主要应说明建筑 BIM 模型和结构 BIM 模型建模的关键步骤及成果		
17. 设计成果	(1)修正后的建筑 BIM 模型及漫游视频	★	建筑模型可用 Revit、SketchUp 等软件进行制作;漫游视频可用 Enscape、SketchUp、Lumion 进行制作
	(2)结构 BIM 模型	★	采用 GSRevit 进行制作
	(3)施工模型及展示视频	★	采用 Navisworks 进行制作
	(4)结构施工图	☆	采用 GSPlot 生成结构施工图
	(5)设计说明书	☆	

第二节　某保障房设计案例 1

一、案例图纸（图 4-2）

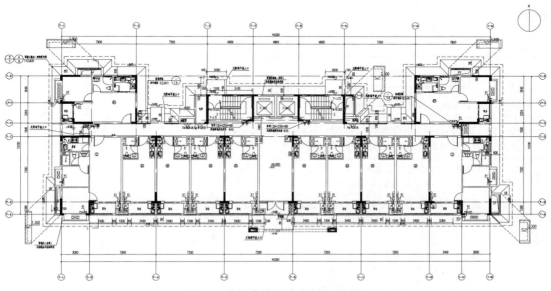

图 4-2　某保障房设计案例 1 平面图

二、题目特点和毕业设计建议

本工程为高层剪力墙结构。地面以上不包括塔楼为 9 层，建筑高度 29m，刚刚达到高层设计的要求，结构呈长条矩形布置，难度中等。

本工程为装配式结构，梁板采用预制，可要求学生做完结构设计后进一步做装配式深化设计。

三、毕业设计资料

1. 工程概况

本工程为 9 层钢筋混凝土剪力墙结构保障房，建筑物地点为广东省珠海市香洲区；设防烈度为 7 度，设计基本地震加速度值为 0.1g，设计地震分组为第三组，Ⅱ类场地。

主体结构层高均为 2.9m。设有电梯间和地下室，电梯间层高为 4.3m，地下室层高为 5.6m。

2. 岩土工程勘察报告数据

按实际工程案例所提供的地质勘察资料为准。

3. 材料

钢筋选用 HPB300、HRB400、HRB500 级；混凝土强度等级自行选用。

四、设计要求及内容

在所给建筑施工图基础上，完成结构模型的建立、结构计算、构件设计、楼屋盖设计、基础设计、结构施工图的绘制以及结构 BIM 模型的建立。在表 4-2 "难度" 一列当中，"★" 表示高难度，"☆" 表示中难度，无符号则表示低难度。具体要求如下。

设计要求及建议难度   表 4-2

内容		难度	参考计算方法
1. 结构平面布置和初选构件截面尺寸	(1)根据建筑平面图，按使用方便、结构合理的原则进行结构体系的平面布置和竖向布置		
	(2)自行选择材料强度等级；根据结构设计的基本规定，结合经验以及简化计算方法初选构件截面尺寸		
2. 建筑 BIM 模型	(1)建筑 BIM 模型需要包含柱、梁、板、墙、门、窗等构件，构件表面应具有基本的装饰材料属性	★	采用 Revit 自带命令建建筑构件，并指定各构件的材质、绘制场地等
	(2)填充墙、门、窗等建筑构件的尺寸信息依据建筑施工图，柱、梁、板、剪力墙等结构构件的尺寸信息采用第 1 条预估的几何尺寸		
	(3)结构构件的截面尺寸和平面位置应具有参数化特征，可根据结构设计成果快速对其进行修正		
	(4)在结构设计完毕之后对建筑 BIM 模型中的结构构件尺寸进行修正		
3. 建立结构计算模型	(1)采用正向设计方法，直接建立结构 BIM 模型，该模型可直接用于计算和调整	★	采用 GSRevit 构建结构构件
	(2)采用常规结构计算软件建立结构计算模型，该模型可用于计算和调整		
	(3)在结构施工图完成后，针对结构 BIM 模型补充结构构件的钢筋信息（保护层厚度、纵筋信息、箍筋信息等）		
4. 结构整体分析	(1)根据电算的周期和振型，分析《高规》3.4.5 条	☆	采用广厦结构 CAD 通用有限元分析计算后输出的文本结果
	(2)根据电算结果，分析《高规》3.4.5 条扭转位移比		
	(3)根据电算结果，分析《高规》4.3.12 条剪重比		
	(4)结合手算和电算结果，验算并分析各层的刚重比	★	详见第五章第一节
	(5)根据电算结果，分析《高规》3.5.2 条刚度比	☆	采用广厦结构 CAD 通用有限元分析计算后输出的文本结果
	(6)根据电算结果，分析《高规》3.5.3 条剪承比		
	(7)根据电算结果，分析《高规》3.7.3 条层间位移		
	(8)根据电算结果，分析振型参与有效质量系数		
	(9)根据电算结果，分析《高规》6.4.2 条轴压比		
5. 重力荷载代表值计算	(1)统计楼屋面荷载、各层重力荷载代表值	☆	详见第五章第二节
	(2)电算给出"恒＋0.5 活"组合下的竖向支座反力		

内容		难度	参考计算方法
6. 结构动力特性计算	(1)绘制结构动力特性计算简图,计算结构刚度矩阵 K(可根据电算的刚度和质量数据)	★	"能量法求解自振周期"过程详见第五章第五节。 "雅可比矩阵法求解自振周期"过程详见第五章第六节
	(2)手算整体结构沿某个方向的自振周期		
	(3)电算给出前 3~5 阶模态的自振周期和振型		
	(4)对比分析两个计算结果		
7. 水平作用计算	(1)采用电算的自振周期计算水平地震作用和风荷载,风荷载计算需要考虑风振系数	★	"振型分解反应谱法求解地震作用"详见第五章第七节。 "风荷载计算"详见第五章第八节
	(2)给出电算的水平地震和风荷载作用下的基底剪力		
	(3)比较两个计算结果,分析误差产生的原因,若结果相差较大,采用新的电算模型证实产生差异的原因		
8. 工况内力计算	(1)选取 1~2 片剪力墙,取电算结果中构件调整前的静力工况内力和动力工况内力	☆	剪力墙无法手算出工况内力时可直接选用广厦软件调整前的工况内力,进行后续手算组合内力及配筋等
	(2)选取 1~2 根梁,取电算结果中构件调整前的静力工况内力和动力工况内力		
9. 内力调整及组合	(1)给出规范所要求的所有内力调整信息,对选定的剪力墙手算内力调整,并手算内力组合	☆	详见第五章第十一节第一项
	(2)给出规范所要求的所有内力调整信息,对选定的梁手算内力调整,并手算内力组合		详见第五章第十一节第三项
	(3)将手算的内力组合结果和电算结果比较,若有差异说明原因		
10. 构件设计	(1)分别选取 1~2 根梁、1~2 片剪力墙,按最不利内力组合手算截面配筋(要满足构造要求)	☆	详见第五章第十二节
	(2)给出电算的配筋计算结果		
	(3)比较手算、电算结果,分析误差产生的原因		
11. 楼板设计	(1)选取 1~2 块矩形楼板,手算配筋(要满足构造要求),并满足构造要求	☆	详见第五章第十三、十四节
	(2)选取 1~2 块地下室顶板,手算配筋(要满足构造要求),并满足构造要求		
	(3)给出电算的配筋计算结果		
	(4)比较手算、电算结果,分析误差产生的原因		
12. 楼梯设计	(1)手动设计并计算楼梯,不考虑楼梯参与结构整体分析	☆	详见第五章第十六节第一项
	(2)楼梯需参与结构整体分析	★	详见第五章第十六节第二项
	(3)手算楼梯并将手算配筋结果与电算配筋结果取包络	☆	
	(4)选取一个楼梯,绘制楼梯的施工图	☆	
13. 基础设计	(1)按桩基础设计,根据地质条件和上部结构荷载情况确定基础的类型、确定桩的直径	☆	详见第五章第十五节第二项
	(2)给定单桩承载力,根据电算结果中底层柱内力确定桩数及布桩		
	(3)电算完成桩基础承载力验算、进行承台截面设计;若布置了基础梁,则计算基础梁		
	(4)选取 1 根桩,手算桩的配筋,并验算单桩承载力是否满足要求		

内容		难度	参考计算方法
13. 基础设计	(5)按照独立基础设计，根据计算修正后的地基承载力特征值初步选型	☆	详见第五章第十五节第一项
	(6)对基础承台进行地基承载力计算、基础抗冲切验算等		
	(7)对独立基础进行配筋计算并绘制施工图		
	(8)对独立基础进行抗浮设计		
	(9)按弹性地基梁基础或筏板基础进行设计		详见第五章第十五节第三、四项
	(10)电算输出基础承载力验算、冲切剪切验算等结果		
	(11)绘制地梁施工图或筏板施工图		
	(12)根据土层资料电算并验算沉降		
14. 绘制施工图	(1)图纸目录	☆	采用广厦自动成图系统，自动生成施工图纸并进行修改，同时手工补充目录、说明、图框等
	(2)结构设计说明，可以和图纸目录在一张图		
	(3)基础结构平面布置及大样图，基础说明		
	(4)标准层结构平面图		
	(5)选定轴线框架梁、柱配筋图		
	(6)选定层的梁平法施工图，并填写梁表		
	(7)选定轴线的柱填写柱表		
15. 装配式深化设计	板按叠合板、梁按叠合梁选取一层进行深化设计，要求绘制板布置图和一块板和一根梁的加工图	☆	采用广厦 GSRevit 系统进行深化设计，绘制加工图
16. 编写设计说明书	(1)设计说明书应包括中英文摘要、目录、正文、参考文献、致谢等基本内容，格式满足毕业设计说明书规定要求，层次清楚，表达适当，重点突出，字迹端正，文字通顺，计算正确，图表清晰		
	(2)设计说明书包含任务书所描述的所有内容，若设计书要求了 BIM 设计，则 BIM 模型部分主要应说明建筑 BIM 模型和结构 BIM 模型建模的关键步骤及成果		
17. 设计成果	(1)修正后的建筑 BIM 模型及漫游视频	★	建筑模型可用 Revit、SketchUp 等软件进行制作；漫游视频可用 Enscape、Sketch-Up、Lumion 进行制作
	(2)结构 BIM 模型	★	采用 GSRevit 进行制作
	(3)施工模型及展示视频	★	采用 Navisworks 进行制作
	(4)结构施工图	☆	采用 GSPlot 生成结构施工图
	(5)设计说明书	☆	

第三节　某保障房设计案例 2

一、案例图纸（图 4-3）

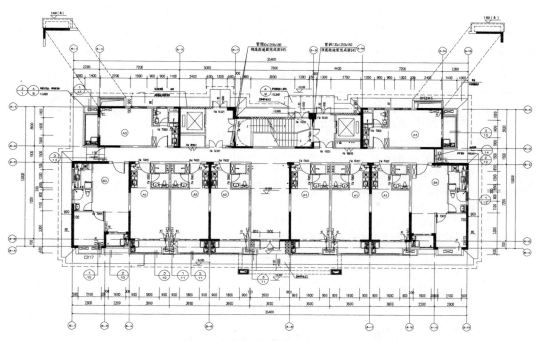

图 4-3　某保障房设计案例 2 平面图

二、题目特点和毕业设计建议

本工程为高层剪力墙结构。地面以上不包括塔楼为 22 层，建筑高度 63.8m，刚刚达到高层设计的要求，结构呈长条矩形布置，难度中等。

本工程为装配式结构，梁板采用预制，可要求学生做完结构设计后进一步做装配式深化设计。

本工程为公寓式保障房，两侧为一房一厅，中间为单房，较为简单，可考虑不提供建筑图，由学生自行完成建筑图设计。

三、毕业设计资料

1. 工程概况

本工程为 22 层钢筋混凝土剪力墙结构保障房，建筑物地点为广东省珠海市香洲区；设防烈度为 7 度，设计基本地震加速度值为 0.1g，设计地震分组为第三组，Ⅱ类场地。

主体结构层高均为 2.9m，设有电梯间，电梯间层高为 4.7m。设有地下室，地下室层高为 5.8m。

2. 岩土工程勘察报告数据

按实际工程案例所提供的地质勘察资料为准。

3. 材料

钢筋选用 HPB300、HRB400、HRB500 级；混凝土强度等级自行选用。

四、设计要求及内容

在所给建筑施工图基础上，完成结构模型的建立、结构计算、构件设计、楼屋盖设计、基础设计、结构施工图的绘制以及结构 BIM 模型的建立。在表 4-3 "难度" 一列当中，"★" 表示高难度，"☆" 表示中难度，无符号则表示低难度。具体要求如下。

设计要求及建议难度 表 4-3

内容		难度	参考计算方法
1. 结构平面布置和初选构件截面尺寸	(1)本工程为公寓式住宅,结构体型为长方形布置,单层建筑面积为 440~480m² 。要求单层至少布置 40m² 左右一房一厅 2 间,其余不小于 30m² 单间公寓若干,配齐厨卫小阳台。绘制建筑图		
	(2)根据建筑平面图,按使用方便、结构合理的原则进行结构体系的平面布置和竖向布置		
	(3)自行选择材料强度等级;根据结构设计的基本规定,结合经验以及简化计算方法初选构件截面尺寸		
2. 建筑 BIM 模型	(1)建筑 BIM 模型需要包含柱、梁、板、墙、门、窗等构件,构件表面应具有基本的装饰材料属性	★	采用 Revit 自带命令构建建筑构件,并指定各构件的材质、绘制场地等
	(2)填充墙、门、窗等建筑构件的尺寸信息依据建筑施工图,柱、梁、板、剪力墙等结构构件的尺寸信息采用第 1 条预估的几何尺寸		
	(3)结构构件的截面尺寸和平面位置应具有参数化特征,可根据结构设计成果快速对其进行修正		
	(4)在结构设计完毕后对建筑 BIM 模型中的结构构件尺寸进行修正		
3. 建立结构计算模型	(1)采用正向设计方法,直接建立结构 BIM 模型,该模型可直接用于计算和调整	★	采用 GSRevit 构建结构构件
	(2)采用常规结构计算软件建立结构计算模型,该模型可用于计算和调整		
	(3)在结构施工图完成后,针对结构 BIM 模型补充结构构件的钢筋信息(保护层厚度、纵筋信息、箍筋信息等)		
4. 结构整体分析	(1)根据电算的周期和振型,分析《高规》3.4.5 条	☆	采用广厦结构 CAD 通用有限元分析计算后输出的文本结果
	(2)根据电算结果,分析《高规》3.4.5 条扭转位移比		
	(3)根据电算结果,分析《高规》4.3.12 条剪重比		
	(4)结合手算和电算结果,验算并分析各层的刚重比		
	(5)根据电算结果,分析《高规》3.5.2 条刚度比	★	详见第五章第一节
	(6)根据电算结果,分析《高规》3.5.3 条剪承比	☆	采用广厦结构 CAD 通用有限元分析计算后输出的文本结果
	(7)根据电算结果,分析《高规》3.7.3 条层间位移		
	(8)根据电算结果,分析振型参与有效质量系数		
	(9)根据电算结果,分析《高规》6.4.2 条轴压比		

内容		难度	参考计算方法
5. 重力荷载代表值计算	(1)计算楼屋面荷载、各层重力荷载代表值	☆	详见第五章第二节
	(2)电算给出"恒+0.5活"组合下的竖向支座反力		
6. 结构动力特性计算	(1)绘制结构动力特性计算简图,计算结构刚度矩阵 K(可根据电算的刚度和质量数据)	★	"能量法求解自振周期"过程详见第五章第五节。 "雅可比矩阵法求解自振周期"过程详见第五章第六节
	(2)手算整体结构沿某个方向的自振周期		
	(3)电算给出前3~5阶模态的自振周期和振型		
	(4)对比分析两个计算结果		
7. 水平作用计算	(1)采用电算的自振周期计算水平地震作用和风荷载,风荷载计算需要考虑风振系数	★	"振型分解反应谱法求解地震作用"详见第五章第七节。 "风荷载计算"详见第五章第八节
	(2)给出电算的水平地震和风荷载作用下的基底剪力		
	(3)比较两个计算结果,分析误差产生的原因,若结果相差较大,采用新的电算模型证实产生差异的原因		
8. 工况内力计算	(1)选取1~2片剪力墙,取电算结果中构件调整前的静力工况内力和动力工况内力	☆	剪力墙无法手算出工况内力时可直接选用广厦软件调整前的工况内力,进行后续手算组合内力及配筋等
	(2)选取1~2根梁,取电算结果中构件调整前的静力工况内力和动力工况内力		
9. 内力调整及组合	(1)给出规范所要求的所有内力调整信息,对选定的剪力墙手算内力调整,并手算内力组合	☆	详见第五章第十一节第一项
	(2)给出规范所要求的所有内力调整信息,对选定的梁手算内力调整,并手算内力组合		详见第五章第十一节第三项
	(3)将手算的内力组合结果和电算结果比较,若有差异说明原因		
10. 构件设计	(1)分别选取1~2根梁、1~2片剪力墙,按最不利内力组合手算截面配筋(要满足构造要求)	☆	详见第五章第十二节
	(2)给出电算的配筋计算结果		
	(3)比较手算、电算结果,分析误差产生的原因		
11. 楼板设计	(1)选取1~2块矩形楼板,手算配筋(要满足构造要求),并满足构造要求	☆	详见第五章第十三节、第十四节
	(2)选取1~2块地下室顶板,手算配筋(要满足构造要求),并满足构造要求		
	(3)给出电算的配筋计算结果		
	(4)比较手算、电算结果,分析误差产生的原因		
12. 楼梯设计	(1)手动设计并计算楼梯,不考虑楼梯参与结构整体分析	☆	详见第五章第十六节第一项
	(2)楼梯需参与结构整体分析	★	详见第五章第十六节第二项
	(3)手算楼梯并将手算配筋结果与电算配筋结果取包络	☆	
	(4)选取一个楼梯,绘制楼梯的施工图	☆	

内容		难度	参考计算方法
13. 基础设计	(1)按桩基础设计,根据地质条件和上部结构荷载情况确定基础的类型、确定桩的直径	☆	详见第五章第十五节第二项
	(2)给定单桩承载力,根据电算结果中底层柱内力确定桩数及布桩		
	(3)电算完成桩基础承载力验算、进行承台截面设计;若布置了基础梁,则计算基础梁		
	(4)选取 1 根桩,手算桩的配筋,并验算单桩承载力是否满足要求		
	(5)按照独立基础设计,根据计算修正后的地基承载力特征值初步选型		详见第五章第十五节第一项
	(6)对基础承台进行地基承载力计算、基础抗冲切验算等		
	(7)对独立基础进行配筋计算并绘制施工图		
	(8)对独立基础进行抗浮设计		
	(9)按弹性地基梁基础或筏板基础进行设计		详见第五章第十五节第三、四项
	(10)电算输出基础承载力验算、冲切剪切验算等结果		
	(11)绘制地梁施工图或筏板施工图		
	(12)根据土层资料电算并验算沉降		
14. 绘制施工图	(1)图纸目录	☆	采用广厦自动成图系统,自动生成施工图纸并进行修改,同时手工补充目录、说明、图框等
	(2)结构设计说明,可以和图纸目录在一张图		
	(3)基础结构平面布置及大样图,基础说明		
	(4)标准层结构平面图		
	(5)选定轴线框架梁、柱配筋图		
	(6)选定层的梁平法施工图,并填写梁表		
	(7)选定轴线的柱填写柱表		
15. 装配式深化设计	板按叠合板、梁按叠合梁选取一层进行深化设计,要求绘制板布置图和一块板和一根梁的加工图	☆	采用广厦 GSRevit 系统进行深化设计,绘制加工图
16. 编写设计说明书	(1)设计说明书应包括中英文摘要、目录、正文、参考文献、致谢等基本内容,格式满足毕业设计说明书规定要求,层次清楚,表达适当,重点突出,字迹端正,文字通顺,计算正确,图表清晰		
	(2)设计说明书包含任务书所描述的所有内容,若设计书要求了 BIM 设计,则 BIM 模型部分主要应说明建筑 BIM 模型和结构 BIM 模型建模的关键步骤及成果		
17. 设计成果	(1)修正后的建筑 BIM 模型及漫游视频	★	建筑模型可用 Revit、SketchUp 等软件进行制作;漫游视频可用 Enscape、SketchUp、Lumion 进行制作
	(2)结构 BIM 模型	★	采用 GSRevit 进行制作
	(3)施工模型及展示视频	★	采用 Navisworks 进行制作
	(4)结构施工图	☆	采用 GSPlot 生成结构施工图
	(5)设计说明书	☆	

第四节　某住宅楼 1 号塔楼设计案例

一、案例图纸（图 4-4）

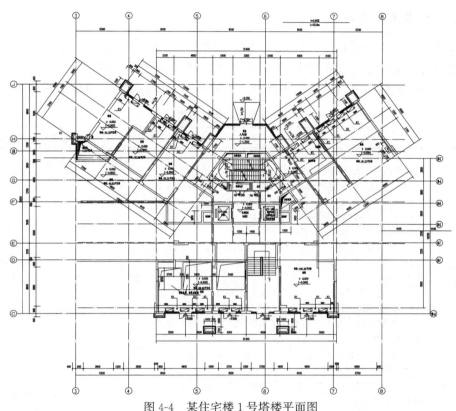

图 4-4　某住宅楼 1 号塔楼平面图

二、题目特点和毕业设计建议

本工程为高层剪力墙结构。建筑高度约 83m，楼体布置呈品字形，属于典型的普通高层结构，题目难度中等。但本工程为双塔结构的一个塔，若要提高难度可考虑将双塔一起设计，或两名学生一组设计。这样将分别设计两个塔，同时要考虑多塔带裙房协同设计，然后做一个基础设计。

三、毕业设计资料

1. 工程概况

本工程为 29 层钢筋混凝土剪力墙结构住宅楼，建筑物地点为广西壮族自治区贵港市港北区；设防烈度为 7 度，设计基本地震加速度值为 0.05g，设计地震分组为第二组，Ⅱ类场地。

主体结构首层层高为 6.4m，其余层高均为 2.9m。设有电梯间，电梯间层高为5.8m，地下室层高为 5.2m。地下室需做人防设计。

2. 岩土工程勘察报告数据

按实际工程案例所提供的地质勘察资料为准。

3. 材料

钢筋选用 HPB300、HRB400、HRB500 级；混凝土强度等级自行选用。

四、设计要求及内容

在所给建筑施工图基础上，完成结构模型的建立、结构计算、构件设计、楼屋盖设计、基础设计、结构施工图的绘制以及结构 BIM 模型的建立。在表 4-4 "难度" 一列当中，"★"表示高难度，"☆"表示中难度，无符号则表示低难度。具体要求如下。

设计要求及建议难度   表 4-4

内容		难度	参考计算方法
1. 结构平面布置和初选构件截面尺寸	(1)根据建筑平面图，按使用方便、结构合理的原则进行结构体系的平面布置和竖向布置		
	(2)自行选择材料强度等级；根据结构设计的基本规定，结合经验以及简化计算方法初选构件截面尺寸		
2. 建筑 BIM 模型	(1)建筑 BIM 模型需要包含柱、梁、板、墙、门、窗等构件，构件表面应具有基本的装饰材料属性	★	采用 Revit 自带命令构建建筑构件，并指定各构件的材质、绘制场地等
	(2)填充墙、门、窗等建筑构件的尺寸信息依据建筑施工图，柱、梁、板、剪力墙等结构构件的尺寸信息采用第 1 条预估的几何尺寸		
	(3)结构构件的截面尺寸和平面位置应具有参数化特征，可根据结构设计成果快速对其进行修正		
	(4)在结构设计完毕之后对建筑 BIM 模型中的结构构件尺寸进行修正		
3. 建立结构计算模型	(1)采用正向设计方法，直接建立结构 BIM 模型，该模型可直接用于计算和调整	★	采用 GSRevit 构建结构构件
	(2)采用常规结构计算软件建立结构计算模型，该模型可用于计算和调整		
	(3)在结构施工图完成后，针对结构 BIM 模型补充结构构件的钢筋信息(保护层厚度、纵筋信息、箍筋信息等)		
4. 结构整体分析	(1)根据电算的周期和振型，分析《高规》3.4.5 条		采用广厦结构 CAD 通用有限元分析计算后输出的文本结果
	(2)根据电算结果，分析《高规》3.4.5 条扭转位移比	☆	
	(3)根据电算结果，分析《高规》4.3.12 条剪重比		
	(4)结合手算和电算结果，验算并分析各层的刚重比	★	采用《高规》第 5.4.1 条中公式；适用于高层
	(5)根据电算结果，分析《高规》3.5.2 条刚度比		
	(6)根据电算结果，分析《高规》3.5.3 条剪承比		
	(7)根据电算结果，分析《高规》3.7.3 条层间位移	☆	采用广厦结构 CAD 通用有限元分析计算后输出的文本结果
	(8)根据电算结果，分析振型参与有效质量系数		
	(9)根据电算结果，分析《高规》6.4.2 条轴压比		
5. 重力荷载代表值计算	(1)统计楼屋面荷载、各层重力荷载代表值	☆	详见第五章第二节
	(2)电算给出"恒+0.5活"组合下的竖向支座反力		

续表

内容		难度	参考计算方法
6. 结构动力特性计算	(1)绘制结构动力特性计算简图,计算结构刚度矩阵 K(可根据电算的刚度和质量数据)	★	"能量法求解自振周期"过程详见第五章第五节。"雅可比矩阵法求解自振周期"过程详见第五章第六节
	(2)手算整体结构沿某个方向的自振周期		
	(3)电算给出前 3～5 阶模态的自振周期和振型		
	(4)对比分析两个计算结果		
7. 水平作用计算	(1)采用电算的自振周期计算水平地震作用和风荷载,风荷载计算需要考虑风振系数	★	"振型分解反应谱法求解地震作用"详见第五章第七节。"风荷载计算"详见第五章第八节
	(2)给出电算的水平地震和风荷载作用下的基底剪力		
	(3)比较两个计算结果,分析误差产生的原因,若结果相差较大,采用新的电算模型证实产生差异的原因		
8. 工况内力计算	(1)选取 1～2 片剪力墙,取电算结果中构件调整前的静力工况内力和动力工况内力	☆	剪力墙无法手算出工况内力时可直接选用广厦软件调整前的工况内力,进行后续手算组合内力及配筋等
	(2)选取 1～2 根梁,取电算结果中构件调整前的静力工况内力和动力工况内力		
9. 内力调整及组合	(1)给出规范所要求的所有内力调整信息,对选定的剪力墙手算内力调整,并手算内力组合	☆	详见第五章第十一节第一项
	(2)给出规范所要求的所有内力调整信息,对选定的梁手算内力调整,并手算内力组合		详见第五章第十一节第三项
	(3)将手算的内力组合结果和电算结果比较,若有差异说明原因		
10. 构件设计	(1)分别选取 1～2 根梁、1～2 片剪力墙,按最不利内力组合手算截面配筋(要满足构造要求)	☆	详见第五章第十二节
	(2)给出电算的配筋计算结果		
	(3)比较手算、电算结果,分析误差产生的原因		
11. 楼板设计	(1)选取 1～2 块矩形楼板,手算配筋(要满足构造要求),并满足构造要求	☆	详见第五章第十三、十四节
	(2)选取 1～2 块地下室顶板,手算配筋(要满足构造要求),并满足构造要求		
	(3)地下室楼板需考虑人防设计	★	
	(4)给出电算的配筋计算结果		
	(5)比较手算、电算结果,分析误差产生的原因		
12. 楼梯设计	(1)手动设计并计算楼梯,不考虑楼梯参与结构整体分析	☆	详见第五章第十六节第一项
	(2)楼梯需参与结构整体分析	★	详见第五章第十六节第二项
	(3)手算楼梯并将手算配筋结果与电算配筋结果取包络	☆	
	(4)选取一个楼梯,绘制楼梯的施工图	☆	
13. 基础设计	(1)按桩基础设计,根据地质条件和上部结构荷载情况确定基础的类型、确定桩的直径	☆	详见第五章第十五节第二项
	(2)给定单桩承载力,根据电算结果中底层柱内力确定桩数及布桩		
	(3)电算完成桩基础承载力验算、进行承台截面设计;若布置了基础梁,则计算基础梁		
	(4)选取 1 根桩,手算桩的配筋,并验算单桩承载力是否满足要求		

续表

内容		难度	参考计算方法
13. 基础设计	(5)按照独立基础设计,根据计算修正后的地基承载力特征值初步选型	☆	详见第五章第十五节第一项
	(6)对基础承台进行地基承载力计算、基础抗冲切验算等		
	(7)对独立基础进行配筋计算并绘制施工图		
	(8)对独立基础进行抗浮设计		
	(9)按弹性地基梁基础或筏板基础进行设计		详见第五章第十五节第三、四项
	(10)电算输出基础承载力验算、冲切剪切验算等结果		
	(11)绘制地梁施工图或筏板施工图		
	(12)根据土层资料电算并验算沉降		
14. 绘制施工图	(1)图纸目录	☆	采用广厦自动成图系统,自动生成施工图纸并进行修改,同时手工补充目录、说明、图框等
	(2)结构设计说明,可以和图纸目录在一张图		
	(3)基础结构平面布置及大样图,基础说明		
	(4)标准层结构平面图		
	(5)选定轴线框架梁、柱配筋图		
	(6)选定层的梁平法施工图,并填写梁表		
	(7)选定轴线的柱填写柱表		
15. 编写设计说明书	(1)设计说明书应包括中英文摘要、目录、正文、参考文献、致谢等基本内容,格式满足毕业设计说明书规定要求,层次清楚,表达适当,重点突出,字迹端正,文字通顺,计算正确,图表清晰		
	(2)设计说明书包含任务书所述的所有内容,若设计书要求了BIM设计,则BIM模型部分主要应说明建筑BIM模型和结构BIM模型建模的关键步骤及成果		
16. 设计成果	(1)修正后的建筑BIM模型及漫游视频	★	建筑模型可用Revit、SketchUp等软件进行制作;漫游视频可用Enscape、SketchUp、Lumion进行制作
	(2)结构BIM模型	★	采用GSRevit进行制作
	(3)施工模型及展示视频	★	采用Navisworks进行制作
	(4)结构施工图	☆	采用GSPlot生成结构施工图
	(5)设计说明书	☆	

第五节　某住宅楼 2 号塔楼设计案例

一、案例图纸（图 4-5）

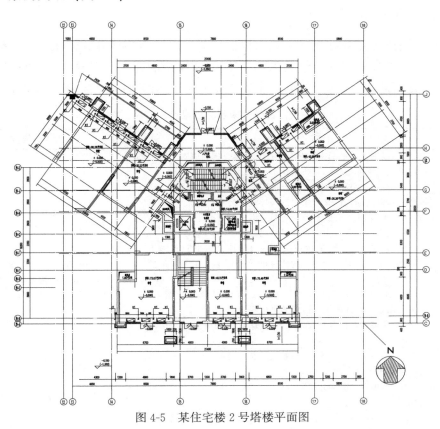

图 4-5　某住宅楼 2 号塔楼平面图

二、题目特点和毕业设计建议

本工程为高层剪力墙结构。建筑高度约 83m，楼体布置呈品字形，属于典型的普通高层结构，题目难度中等。但本工程为双塔结构的一个塔，若要提高难度可考虑将双塔一起设计，或两名学生一组设计。这样将分别设计两个塔，同时要考虑多塔带裙房协同设计，然后做一个基础设计。

三、毕业设计资料

1. 工程概况

本工程为 29 层钢筋混凝土剪力墙结构住宅楼，建筑物地点为广西壮族自治区贵港市港北区；设防烈度为 7 度，设计基本地震加速度值为 0.05g，设计地震分组为第二组，Ⅱ 类场地。

主体结构首层层高为 6.4m，其余层高均为 2.9m。设有电梯间和地下室，电梯间层高为 5.8m，地下室层高为 5.2m。地下室需考虑人防设计。

2. 岩土工程勘察报告数据

按实际工程案例所提供的地质勘察资料为准。

3. 材料

钢筋选用 HPB300、HRB400、HRB500 级；混凝土强度等级自行选用。

四、设计要求及内容

在所给建筑施工图基础上，完成结构模型的建立、结构计算、构件设计、楼屋盖设计、基础设计、结构施工图的绘制以及结构 BIM 模型的建立。在表 4-5 "难度"一列当中，"★"表示高难度，"☆"表示中难度，无符号则表示低难度。具体要求如下。

设计要求及建议难度   表 4-5

内容		难度	参考计算方法
1. 结构平面布置和初选构件截面尺寸	(1)根据建筑平面图，按使用方便、结构合理的原则进行结构体系的平面布置和竖向布置		
	(2)自行选择材料强度等级；根据结构设计的基本规定，结合经验以及简化计算方法初选构件截面尺寸		
2. 建筑 BIM 模型	(1)建筑 BIM 模型需要包含柱、梁、板、墙、门、窗等构件，构件表面应具有基本的装饰材料属性	★	采用 Revit 自带命令构建建筑构件，并指定各构件的材质、绘制场地等
	(2)填充墙、门、窗等建筑构件的尺寸信息依据建筑施工图，柱、梁、板、剪力墙等结构构件的尺寸信息采用第 1 条预估的几何尺寸		
	(3)结构构件的截面尺寸和平面位置应具有参数化特征，可根据结构设计成果快速对其进行修正		
	(4)在结构设计完毕之后对建筑 BIM 模型中的结构构件尺寸进行修正		
3. 建立结构计算模型	(1)采用正向设计方法，直接建立结构 BIM 模型，该模型可直接用于计算和调整	★	采用 GSRevit 构建结构构件
	(2)采用常规结构计算软件建立结构计算模型，该模型可用于计算和调整		
	(3)在结构施工图完成后，针对结构 BIM 模型补充结构构件的钢筋信息（保护层厚度、纵筋信息、箍筋信息等）		
4. 结构整体分析	(1)根据电算的周期和振型，分析《高规》3.4.5 条	☆	采用广厦结构 CAD 通用有限元分析计算后输出的文本结果
	(2)根据电算结果，分析《高规》3.4.5 条扭转位移比		
	(3)根据电算结果，分析《高规》4.3.12 条剪重比		
	(4)结合手算和电算结果，验算并分析各层的刚重比	★	采用《高规》第 5.4.1 条中公式；适用于高层
	(5)根据电算结果，分析《高规》3.5.2 条刚度比	☆	采用广厦结构 CAD 通用有限元分析计算后输出的文本结果
	(6)根据电算结果，分析《高规》3.5.3 条受剪承载力		
	(7)根据电算结果，分析《高规》3.7.3 条层间位移		
	(8)根据电算结果，分析振型参与有效质量系数		
	(9)根据电算结果，分析《高规》6.4.2 条轴压比		
5. 重力荷载代表值计算	(1)统计楼屋面荷载、各层重力荷载代表值	☆	详见第五章第二节
	(2)电算给出"恒＋0.5 活"组合下的竖向支座反力		

内容		难度	参考计算方法
6. 结构动力特性计算	(1)绘制结构动力特性计算简图,计算结构刚度矩阵 K(可根据电算的刚度和质量数据)	★	"能量法求解自振周期"过程详见第五章第五节。"雅可比矩阵法求解自振周期"过程详见第五章第六节
	(2)手算整体结构沿某个方向的自振周期		
	(3)电算给出前3~5阶模态的自振周期和振型		
	(4)对比分析两个计算结果		
7. 水平作用计算	(1)采用电算的自振周期计算水平地震作用和风荷载,风荷载计算需要考虑风振系数	★	"振型分解反应谱法求解地震作用"详见第五章第七节。"风荷载计算"详见第五章第八节
	(2)给出电算的水平地震和风荷载作用下的基底剪力		
	(3)比较两个计算结果,分析误差产生的原因,若结果相差较大,采用新的电算模型证实产生差异的原因		
8. 工况内力计算	(1)选取1~2片剪力墙,取电算结果中构件调整前的静力工况内力和动力工况内力	☆	剪力墙无法手算出工况内力时可直接选用广厦软件调整前的工况内力,进行后续手算组合内力及配筋等
	(2)选取1~2根梁,取电算结果中构件调整前的静力工况内力和动力工况内力		
9. 内力调整及组合	(1)给出规范所要求的所有内力调整信息,对选定的剪力墙手算内力调整,并手算内力组合	☆	详见第五章第十一节第一项
	(2)给出规范所要求的所有内力调整信息,对选定的梁手算内力调整,并手算内力组合		详见第五章第十一节第三项
	(3)将手算的内力组合结果和电算结果比较,若有差异说明原因		
10. 构件设计	(1)分别选取1~2根梁、剪力墙,按最不利内力组合手算截面配筋(要满足构造要求)	☆	详见第五章第十二节
	(2)给出电算的配筋计算结果		
	(3)比较手算、电算结果,分析误差产生的原因		
11. 楼板设计	(1)选取1~2块矩形楼板,手算配筋(要满足构造要求),并满足构造要求	☆	详见第五章第十三节、第十四节
	(2)选取1~2块地下室顶板,手算配筋(要满足构造要求),并满足构造要求		
	(3)地下室楼板需考虑人防设计	★	
	(4)给出电算的配筋计算结果		
	(5)比较手算、电算结果,分析误差产生的原因		
12. 楼梯设计	(1)手动设计并计算楼梯,不考虑楼梯参与结构整体分析	☆	详见第五章第十六节第一项
	(2)楼梯需参与结构整体分析	★	详见第五章第十六节第二项
	(3)手算楼梯并将手算配筋结果与电算配筋结果取包络	☆	
	(4)选取一个楼梯,绘制楼梯的施工图	☆	
13. 基础设计	(1)按桩基础设计,根据地质条件和上部结构荷载情况确定基础的类型、确定桩的直径	☆	详见第五章第十五节第二项
	(2)给定单桩承载力,根据电算结果中底层柱内力确定桩数及布桩		
	(3)电算完成桩基础承载力验算、进行承台截面设计;若布置了基础梁,则计算基础梁		
	(4)选取1根桩,手算桩的配筋,并验算单桩承载力是否满足要求		

内容		难度	参考计算方法
13. 基础设计	(5)按照独立基础设计,根据计算修正后的地基承载力特征值初步选型	☆	详见第五章第十五节第一项
	(6)对基础承台进行地基承载力计算、基础抗冲切验算等		
	(7)对独立基础进行配筋计算并绘制施工图		
	(8)对独立基础进行抗浮设计		
	(9)按弹性地基梁基础或筏板基础进行设计		详见第五章第十五节第三、四项
	(10)电算输出基础承载力验算、冲切剪切验算等结果		
	(11)绘制地梁施工图或筏板施工图		
	(12)根据土层资料电算并验算沉降		
14. 绘制施工图	(1)图纸目录	☆	采用广厦自动成图系统,自动生成施工图纸并进行修改,同时手工补充目录、说明、图框等
	(2)结构设计说明,可以和图纸目录在一张图		
	(3)基础结构平面布置及大样图,基础说明		
	(4)标准层结构平面图		
	(5)选定轴线框架梁、柱配筋图		
	(6)选定层的梁平法施工图,并填写梁表		
	(7)选定轴线的柱填写柱表		
15. 编写设计说明书	(1)设计说明书应包括中英文摘要、目录、正文、参考文献、致谢等基本内容,格式满足毕业设计说明书规定要求,层次清楚,表达适当,重点突出,字迹端正,文字通顺,计算正确,图表清晰		
	(2)设计说明书包含任务书所描述的所有内容,若设计书要求了BIM设计,则BIM模型部分主要应说明建筑BIM模型和结构BIM模型建模的关键步骤及成果		
16. 设计成果	(1)修正后的建筑BIM模型及漫游视频	★	建筑模型可用Revit、SketchUp等软件进行制作;漫游视频可用Enscape、SketchUp、Lumion进行制作
	(2)结构BIM模型	★	采用GSRevit进行制作
	(3)施工模型及展示视频	★	采用Navisworks进行制作
	(4)结构施工图	☆	采用GSPlot生成结构施工图
	(5)设计说明书	☆	

第六节　某住宅楼设计案例

一、案例图纸（图 4-6）

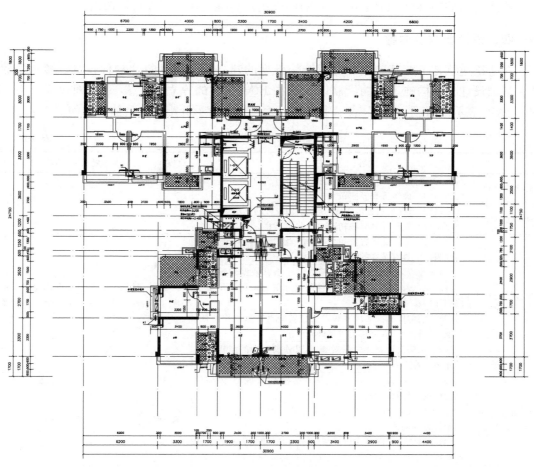

图 4-6　某住宅楼平面图

二、题目特点和毕业设计建议

本工程为高层剪力墙结构。建筑高度约 87m，共 31 层，楼体布置呈品字形，属于典型的普通高层结构，题目难度中等。

三、毕业设计资料

1. 工程概况

本工程为 31 层钢筋混凝土剪力墙结构住宅楼，建筑物地点为广东省广州市荔湾区；

设防烈度为 7 度，设计基本地震加速度值为 $0.1g$，设计地震分组为第二组，Ⅱ类场地。

主体结构首层层高为 6m，其余层高均为 2.9m。设有电梯间，电梯间层高为 5.05m，无地下室。

2. 岩土工程勘察报告数据

按实际工程案例所提供的地质勘察资料为准。

3. 材料

钢筋选用 HPB300、HRB400、HRB500 级；混凝土强度等级自行选用。

四、设计要求及内容

在所给建筑施工图基础上，完成结构模型的建立、结构计算、构件设计、楼屋盖设计、基础设计、结构施工图的绘制以及结构 BIM 模型的建立。在表 4-6 "难度" 一列当中，"★" 表示高难度，"☆" 表示中难度，无符号则表示低难度。具体要求如下。

设计要求及建议难度 表 4-6

内容		难度	参考计算方法
1. 结构平面布置和初选构件截面尺寸	(1)根据建筑平面图，按使用方便、结构合理的原则进行结构体系的平面布置和竖向布置		
	(2)自行选择材料强度等级；根据结构设计的基本规定，结合经验以及简化计算方法初选构件截面尺寸		
2. 建筑 BIM 模型	(1)建筑 BIM 模型需要包含柱、梁、板、墙、门、窗等构件，构件表面应具有基本的装饰材料属性	★	采用 Revit 自带命令构建建筑构件，并指定各构件的材质、绘制场地等
	(2)填充墙、门、窗等建筑构件的尺寸信息依据建筑施工图，柱、梁、板、剪力墙等结构构件的尺寸信息采用第 1 条预估的几何尺寸		
	(3)结构构件的截面尺寸和平面位置应具有参数化特征，可根据结构设计成果快速对其进行修正		
	(4)在结构设计完毕之后对建筑 BIM 模型中的结构构件尺寸进行修正		
3. 建立结构计算模型	(1)采用正向设计方法，直接建立结构 BIM 模型，该模型可直接用于计算和调整	★	采用 GSRevit 构建结构构件
	(2)采用常规结构计算软件建立结构计算模型，该模型可用于计算和调整		
	(3)在结构施工图完成后，针对结构 BIM 模型补充结构构件的钢筋信息(保护层厚度、纵筋信息、箍筋信息等)		
4. 结构整体分析	(1)根据电算的周期和振型，分析《高规》3.4.5 条	☆	采用广厦结构 CAD 通用有限元分析计算后输出的文本结果
	(2)根据电算结果，分析《高规》3.4.5 条扭转位移比		
	(3)根据电算结果，分析《高规》4.3.12 条剪重比		
	(4)结合手算和电算结果，验算并分析各层的刚重比	★	采用《高规》第 5.4.1 条中公式；适用于高层
	(5)根据电算结果，分析《高规》3.5.2 条刚度比		采用广厦结构 CAD 通用有限元分析计算后输出的文本结果
	(6)根据电算结果，分析《高规》3.5.3 条剪承比		
	(7)根据电算结果，分析《高规》3.7.3 条层间位移	☆	
	(8)根据电算结果，分析振型参与有效质量系数		
	(9)根据电算结果，分析《高规》6.4.2 条轴压比		

内容		难度	参考计算方法
5. 重力荷载代表值计算	(1)统计楼屋面荷载、各层重力荷载代表值	☆	详见第五章第二节
	(2)电算给出"恒＋0.5活"组合下的竖向支座反力		
6. 结构动力特性计算	(1)绘制结构动力特性计算简图,计算结构刚度矩阵 K(可根据电算的刚度和质量数据)	★	"能量法求解自振周期"过程详见第五章第五节。"雅可比矩阵法求解自振周期"过程详见第五章第六节
	(2)手算整体结构沿某个方向的自振周期		
	(3)电算给出前3～5阶模态的自振周期和振型		
	(4)对比分析两个计算结果		
7. 水平作用计算	(1)采用电算的自振周期计算水平地震作用和风荷载,风荷载计算需要考虑风振系数	★	"振型分解反应谱法求解地震作用"详见第五章第七节。"风荷载计算"详见第五章第八节
	(2)给出电算的水平地震和风荷载作用下的基底剪力		
	(3)比较两个计算结果,分析误差产生的原因,若结果相差较大,采用新的电算模型证实产生差异的原因		
8. 工况内力计算	(1)选取1～2片剪力墙,取电算结果中构件调整前的静力工况内力和动力工况内力	☆	剪力墙无法手算出工况内力时可直接选用广厦软件调整前的工况内力,进行后续手算组合内力及配筋等
	(2)选取1～2根梁,取电算结果中构件调整前的静力工况内力和动力工况内力		
9. 内力调整及组合	(1)给出规范所要求的所有内力调整信息,对选定的剪力墙手算内力调整,并手算内力组合	☆	详见第五章第十一节第一项
	(2)给出规范所要求的所有内力调整信息,对选定的梁手算内力调整,并手算内力组合		详见第五章第十一节第三项
	(3)将手算的内力组合结果和电算结果比较,若有差异说明原因		
10. 构件设计	(1)分别选取1～2根梁、剪力墙,按最不利内力组合手算截面配筋(要满足构造要求)	☆	详见第五章第十二节
	(2)给出电算的配筋计算结果		
	(3)比较手算、电算结果,分析误差产生的原因		
11. 楼板设计	(1)选取1～2块矩形楼板,手算配筋(要满足构造要求),并满足构造要求	☆	详见第五章第十三、十四节
	(2)给出电算的配筋计算结果		
	(3)比较手算、电算结果,分析误差产生的原因		
12. 楼梯设计	(1)手动设计并计算楼梯,不考虑楼梯参与结构整体分析	☆	详见第五章第十六节第一项
	(2)楼梯需参与结构整体分析	★	详见第五章第十六节第二项
	(3)手算楼梯并将手算配筋结果与电算配筋结果取包络	☆	
	(4)选取一个楼梯,绘制楼梯的施工图	☆	
13. 基础设计	(1)按桩基础设计,根据地质条件和上部结构荷载情况确定基础的类型、确定桩的直径	☆	详见第五章第十五节第二项
	(2)给定单桩承载力,根据电算结果中底层柱内力确定桩数及布桩		
	(3)电算完成桩基础承载力验算、进行承台截面设计;若布置了基础梁,则计算基础梁		
	(4)选取1根桩,手算桩的配筋,并验算单桩承载力是否满足要求		

内容		难度	参考计算方法
13. 基础设计	(5)按照独立基础设计,根据计算修正后的地基承载力特征值初步选型	☆	详见第五章第十五节第一项
	(6)对基础承台进行地基承载力计算、基础抗冲切验算等		
	(7)对独立基础进行配筋计算并绘制施工图		
	(8)对独立基础进行抗浮设计		
	(9)按弹性地基梁基础或筏板基础进行设计		详见第五章第十五节第三、四项
	(10)电算输出基础承载力验算、冲切剪切验算等结果		
	(11)绘制地梁施工图或筏板施工图		
	(12)根据土层资料电算并验算沉降		
14. 绘制施工图	(1)图纸目录	☆	采用广厦自动成图系统,自动生成施工图纸并进行修改,同时手工补充目录、说明、图框等
	(2)结构设计说明,可以和图纸目录在一张图		
	(3)基础结构平面布置及大样图,基础说明		
	(4)标准层结构平面图		
	(5)选定轴线框架梁、柱配筋图		
	(6)选定层的梁平法施工图,并填写梁表		
	(7)选定轴线的柱填写柱表		
15. 编写设计说明书	(1)设计说明书应包括中英文摘要、目录、正文、参考文献、致谢等基本内容,格式满足毕业设计说明书规定要求,层次清楚,表达适当,重点突出,字迹端正,文字通顺,计算正确,图表清晰		
	(2)设计说明书包含任务书所描述的所有内容,若设计书要求了BIM设计,则BIM模型部分主要应说明建筑BIM模型和结构BIM模型建模的关键步骤及成果		
16. 设计成果	(1)修正后的建筑BIM模型及漫游视频	★	建筑模型可用Revit、SketchUp等软件进行制作;漫游视频可用Enscape、SketchUp、Lumion进行制作
	(2)结构BIM模型	★	采用GSRevit进行制作
	(3)施工模型及展示视频	★	采用Navisworks进行制作
	(4)结构施工图	☆	采用GSPlot生成结构施工图
	(5)设计说明书	☆	

第五章 结构设计手算计算方法和考察要点

第一节 刚重比的计算

一、计算原理

刚重比，是指结构的侧向刚度和重力荷载代表值之比，是控制结构稳定性的重要因素，也是影响重力二阶效应的主要参数。

《高规》第 5.4.1 条：当高层建筑结构满足下列规定时，弹性计算分析时可不考虑重力二阶效应的不利影响。

（1）剪力墙结构：

$$EJ_d \geqslant 2.7H^2 \sum_{i=1}^{n} G_i \tag{5-1}$$

（2）框架结构：

$$D_i \geqslant 20 \sum_{j=1}^{n} \frac{G_j}{h_i}(i=1,2,\cdots,n) \tag{5-2}$$

式中 EJ_d——结构一个主轴方向的弹性等效侧向刚度，可按倒三角形分布荷载作用下结构顶点位移相等的原则，将结构的侧向刚度折算为竖向悬臂受弯构件的等效抗侧刚度；

H——房屋高度；

G_i、G_j——分别为第 i、j 楼层重力荷载设计值，取 1.3 倍永久荷载标准值和 1.5 倍的楼面可变荷载标准值的组合值；

h_i——第 i 楼层层高；

D_i——第 i 楼层的弹性等效侧向刚度，可取该层剪力与层间位移的比值；

n——结构计算总层数。

《高规》第 5.4.4 条：高层建筑结构的整体稳定性应符合下列规定：

（1）剪力墙结构、框架-剪力墙结构、筒体结构应符合下式要求：

$$EJ_d \geqslant 1.4H^2 \sum_{i=1}^{n} G_i \tag{5-3}$$

（2）框架结构应符合下式要求：

$$D_i \geqslant 10 \sum_{j=1}^{n} \frac{G_j}{h_i} (i=1,2,\cdots,n) \tag{5-4}$$

假定倒三角形分布荷载的最大值为 q，在该荷载作用下结构顶点质心的弹性水平位移为 u，房屋高度为 H，则结构的弹性等效侧向刚度 EJ_d 可按下式计算：

$$EJ_d = \frac{11qH^4}{120u} \tag{5-5}$$

查《实用建筑结构静力计算手册》，可知倒三角形荷载下悬臂梁构件弯矩公式为：

$$M_B = -\frac{ql^2}{3} \tag{5-6}$$

二、算例

某一高层剪力墙结构住宅楼，通过广厦结构 CAD 软件建模、计算之后，可得 0 度和 90 度方向楼层风荷载、平均位移以及各楼层的恒、活荷载。

根据广厦软件输出的各楼层的建筑高度及对应的风荷载，算出每一楼层的弯矩，计算结果如表 5-1、表 5-2 所示。

0 度方向楼层风荷载及弯矩 表 5-1

层号	H_i(m)	风荷载(kN)	楼层弯矩(kN·m)	层号	H_i(m)	风荷载(kN)	楼层弯矩(kN·m)
2	2.90	59.33	172.06	16	43.50	135.71	5903.39
3	5.80	65.94	382.45	17	46.40	140.88	6536.83
4	8.70	69.48	604.48	18	49.30	145.99	7197.31
5	11.60	72.72	843.55	19	52.20	151.04	7884.29
6	14.50	75.76	1098.52	20	55.10	156.04	8597.80
7	17.40	82.42	1434.11	21	58.00	161.02	9339.16
8	20.30	89.38	1814.41	22	60.90	165.98	10108.18
9	23.20	95.94	2225.81	23	63.80	170.92	10904.70
10	26.10	102.20	2667.42	24	66.70	175.86	11729.86
11	29.00	108.20	3137.80	25	69.60	180.81	12584.38
12	31.90	113.99	3636.28	26	72.50	185.78	13469.05
13	34.80	119.61	4162.43	27	75.40	190.77	14384.06
14	37.70	125.09	4715.89	28	78.30	195.79	15330.36
15	40.60	130.45	5296.27	29	83.30	125.40	10445.82
$\sum q_i H_i$	—	—	—	—	—	—	176606.66

在广厦软件主菜单中点击"图形方式"，左边菜单栏中点击"层结果"，查风荷载作用下各层最大位移结果，0 度方向风荷载作用下，屋面层层平均位移 $u = 42.48$mm。

90 度方向楼层风荷载及弯矩　　　　　　表 5-2

层号	H_i(m)	风荷载(kN)	楼层弯矩(kN·m)	层号	H_i(m)	风荷载(kN)	楼层弯矩(kN·m)
2	2.90	55.61	161.27	16	43.50	127.39	5541.47
3	5.80	61.84	358.67	17	46.40	132.26	6136.86
4	8.70	65.17	566.98	18	49.30	137.05	6756.57
5	11.60	68.22	791.35	19	52.20	141.80	7401.96
6	14.50	71.09	1030.81	20	55.10	146.51	8072.70
7	17.40	77.35	1345.89	21	58.00	151.19	8769.02
8	20.30	83.88	1702.76	22	60.90	155.84	9490.66
9	23.20	90.04	2088.93	23	63.80	160.49	10239.26
10	26.10	95.92	2503.51	24	66.70	165.14	11014.84
11	29.00	101.55	2944.95	25	69.60	169.79	11817.38
12	31.90	107.00	3413.30	26	72.50	174.46	12648.35
13	34.80	112.28	3907.34	27	75.40	179.15	13507.91
14	37.70	117.42	4426.73	28	78.30	183.87	14397.02
15	40.60	122.46	4971.88	29	83.30	98.89	8237.54
$\sum q_i H_i$	—	—	—	—	—	—	164245.91

在广厦软件主菜单中点击"图形方式"，左边菜单栏中点击"层结果"，查风荷载作用下各层最大位移结果，90 度方向风荷载作用下，屋面层层平均位移 $u=31.85$mm。

根据以下公式换算倒三角形等效均布荷载：

$$\sum q_i H_i = \frac{qH^2}{3} \tag{5-7}$$

0 度方向 $q_1=86.42$kN；90 度方向 $q_2=80.37$kN。

房屋高度 $H=78.30$m（地下室顶板至屋面层高度，不包括小塔楼高度）。

所以

$$EJ_{d1} = \frac{11 \times 86.42 \times 78.3^4}{120 \times 42.48 \times 10^{-3}} = 7009519387$$

$$EJ_{d2} = \frac{11 \times 82.18 \times 78.3^4}{120 \times 32.58 \times 10^{-3}} = 8499656518$$

表 5-3 是侧向刚度手算、电算对比结果。

结构侧向刚度对比　　　　　　表 5-3

	手算结果	电算结果	误差
0 度方向	7009519387	6733658112	4.09%
90 度方向	8499656518	8329428480	2.04%

根据广厦软件计算结果输出的恒、活荷载进行计算重力荷载设计值，如表 5-4 所示。

重力荷载设计值 表 5-4

层号	恒荷载(kN)	活荷载(kN)	重力荷载设计值	层号	恒荷载(kN)	活荷载(kN)	重力荷载设计值
2	6470	918	9049.2	16	6153	918	8668.8
3	6470	918	9049.2	17	6153	918	8668.8
4	6470	918	9049.2	18	6153	918	8668.8
5	6470	918	9049.2	19	6153	918	8668.8
6	6153	918	8668.8	20	6153	918	8668.8
7	6153	918	8668.8	21	6153	918	8668.8
8	6153	918	8668.8	22	6153	918	8668.8
9	6153	918	8668.8	23	6153	918	8668.8
10	6153	918	8668.8	24	6153	918	8668.8
11	6153	918	8668.8	25	6153	918	8668.8
12	6153	918	8668.8	26	6153	918	8668.8
13	6153	918	8668.8	27	6153	918	8668.8
14	6153	918	8668.8	28	6159	891	8638.2
15	6153	918	8668.8	29	1168	122	1572.4
$\sum G_i$	—	—	—	—	—	—	237121.0

各层重力荷载设计值：

0 度方向

$$\frac{EJ_d}{H^2 \sum_{i=1}^{n} G_i} = \frac{7009519387}{78.3^2 \times 237121.0} = 4.82$$

90 度方向

$$\frac{EJ_d}{H^2 \sum_{i=1}^{n} G_i} = \frac{8499656518}{78.3^2 \times 237121.0} = 5.85$$

刚重比手算、电算结果及对比如表 5-5～表 5-7 所示。

刚重比手算结果 表 5-5

	底层号	刚重比	结构侧向刚度	$2.7H^2\sum G_i$	$1.4H^2\sum G_i$	稳定性
0 度方向	2	4.82	7009519387	3925159473	2035267875	满足
90 度方向	2	5.85	8499656518	3925159473	2035267875	满足

刚重比电算结果 表 5-6

	底层号	刚重比	结构侧向刚度	$2.7H^2\sum G_i$	$1.4H^2\sum G_i$	稳定性
0 度方向	2	4.6	6733658112	3924947059	2035157734	满足
90 度方向	2	5.7	8329428480	3924947059	2035157734	满足

手算、电算结果对比 表 5-7

结果对比	电算刚重比	手算刚重比	误差
0 度方向	4.6	4.82	4.78%
90 度方向	5.7	5.85	2.57%

第二节　重力荷载代表值的计算

一、计算原理

重力荷载代表值＝恒荷载＋0.5活荷载。

在一些复杂高层结构的模型中，手动核算构件重量和统计活荷载较为困难。如果使用GSRevit建模，可使用Revit中的明细表的功能对模型各类构件进行体积统计，并手动增加"重量"计算值，统计构件的重量，让学生进一步灵活使用Revit。

在Revit中使用明细表统计功能的步骤如下：

（1）在项目浏览器中，找到"明细表/数量"右键选择"新建明细表/数量"，如图5-1所示。

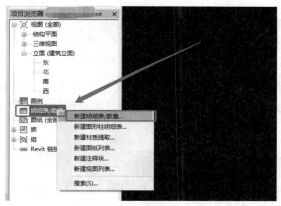

图5-1　新建明细表/数量

（2）此处以统计框架梁为例，因为模型中梁使用的族为"结构框架"，所以在左边类别当中找到"结构框架"，之后点击"确定"，如图5-2所示。

图5-2　选择统计构件所属类别

（3）在明细表属性这一页中添加需要统计的字段到右边的窗口里，如图 5-3 所示。需要注意的是，字段选择的必须是构件属性窗口里有的参数；否则，选择了非该构件的属性参数，明细表中将不会显示内容。

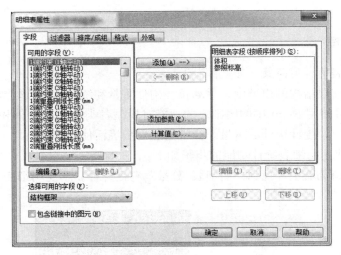

图 5-3　选择字段

（4）点击"计算值"，设置名称为"重量（kg）"来统计所有梁的重量，如图 5-4 所示。类型中选择"体积"，公式为"体积 * 26"。公式里的"体积"为右上方窗口里统计的字段，"26"为混凝土重度。

图 5-4　添加计算值

（5）在排序/成组这一页中，可设置排序方式。这里以参照标高为例，设置为升序后，表格里参照标高一栏中的数据将以升序排列。取消勾选"逐项列举每个实例"，如图 5-5 所示。

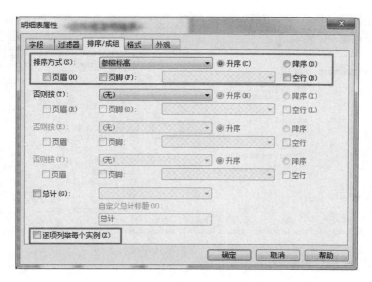

图 5-5　选择排序方式及选择列举实例数量

（6）在格式这一页中，将"体积"和"重量（kg）"字段勾选上"计算总数"，明细表将会对所有梁的参数进行统计，如图 5-6 所示。

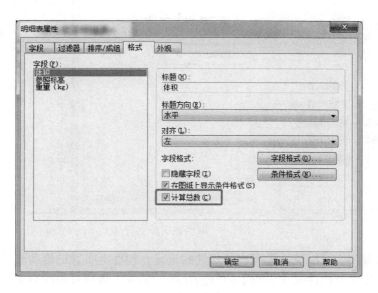

图 5-6　勾选计算总数

（7）由于"重量（kg）"的公式中单位为立方米，在字段格式中取消单位符号显示，以字段中的 kg 为主要单位。在格式一页中，选中"重量（kg）"，点击"字段格式"，在弹出的窗口中取消勾选"使用项目设置"，在单位符号一栏中选择"无"，点击确定即可，如图 5-7 所示。

（8）在外观一页中，可根据平时习惯，设置标题栏下是否有空行。完成设置后点击确定，Revit 将自动生成明细表，如图 5-8 所示。

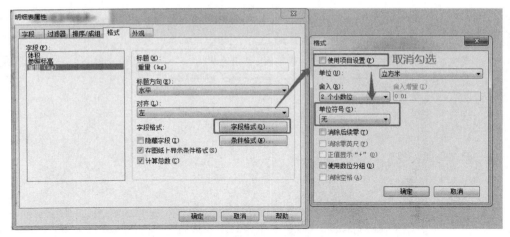

图 5-7　取消默认单位

图 5-8　取消数据前空行

通过明细表功能可以统计模型中各构件的重量。构件上布置的恒荷载、活荷载需要学生根据荷载形式以及构件尺寸进行手动分别计算。最终，将所有构件自重计入恒荷载后加上 0.5 倍活荷载，即为重力荷载代表值。

二、算例

某高层剪力墙结构住宅楼，通过使用广厦结构 CAD 软件中 GSRevit 功能进行建模，在 Revit 中使用"明细表"功能统计剪力墙、梁、板的体积。

从广厦结构 CAD 软件主菜单点击"文本方式"，双击打开"结构信息"的文本找到重力荷载代表值，表 5-8 是从广厦软件得到的重力荷载代表值。

重力荷载代表值电算结果 表 5-8

层号	恒荷载(kN)	活荷载(kN)	重量(kN)	重力荷载代表值(kN)
1	10129	889	11018	10574
2~5	6470	918	7388	6929
6~27	6153	918	7071	6612
28	6159	891	7050	6604
29	1168	122	1290	1229
合计	178694	25769	204463	191578

将在模型中布置的填充墙梁线荷载乘以长度、板荷载乘以面积，分别计算各层的恒荷载和活荷载并予以统计。再将各层恒荷载与 Revit 明细表统计的各层构件自重相加得到恒荷载。

表 5-9 为统计结构上的荷载，手算所得重力荷载代表值结果。

重力荷载代表值手算结果 表 5-9

层号	恒荷载(kN)	活荷载(kN)	重量(kN)	重力荷载代表值(kN)
1	10047.82346	884.236	10932.05946	10489.94146
2~5	6401.09346	911.416	7249.50946	6793.80146
6~27	6091.91566	911.416	6990.33166	6534.62366
28	5759.54912	895.960	6642.50912	6194.52912
29	1170.46964	122.435	1292.90464	1231.68714
合计	176604.3606	25599.447	202203.8076	189404.0841

表 5-10 是荷载合计的手算、电算结果对比，各层的荷载手算、电算结果差别不大。

手算、电算结果对比 表 5-10

结果对比	恒荷载	活荷载	重量	重力荷载代表值
电算(kN)	178694	25769	204463	191578
手算(kN)	176604.3606	25599.4470	202203.8076	189404.0841
误差(%)	1.16	0.58	1.10	1.13

第三节　D值法计算框架静力内力

一、计算原理

D值法又称为改进的反弯点法，是对柱的抗侧刚度和柱的反弯点位置进行修正后计算框架内力的一种方法。适用于 $i_b/i_c < 3$ 的情况，高层结构特别是考虑抗震要求有墙柱弱梁的框架用 D 值法分析更合适。

计算步骤如下：

（1）求各柱的抗侧刚度（修正值）

修正后的柱抗侧刚度公式为：

$$D = \alpha_c D_1 = \alpha_c \frac{12EI}{h^3} \tag{5-8}$$

式中　α_c——柱抗侧移刚度修正系数，按表 5-11 中公式计算。

柱抗侧移刚度修正系数 表 5-11

柱的部位及固定情况	一般层	底层，下面固支	底层，下端铰支
	i_1　i_2 i_c i_4　i_3 $\bar{i} = \dfrac{i_1+i_2+i_3+i_4}{2i_c}$	i_1　i_2 i_c $\bar{i} = \dfrac{i_1+i_2}{i_c}$	i_1　i_2 i_c $\bar{i} = \dfrac{i_1+i_2}{i_c}$
α_c	$\alpha_c = \dfrac{\bar{i}}{2+\bar{i}}$	$\alpha_c = \dfrac{0.5+\bar{i}}{2+\bar{i}}$	$\alpha_c = \dfrac{0.5\bar{i}}{1+2\bar{i}}$

（2）求各柱的反弯点位置（修正值）

柱的反弯点高度比可按下式计算：

$$\nu = \nu_0 + \nu_1 + \nu_2 + \nu_3 \tag{5-9}$$

式中　ν_0——标准反弯点高度比，是在各层等高、各跨相等、各层梁和柱线刚度都不变的情况下求得的反弯点高度比；

　　　ν_1——因上、下层梁刚度比变化的修正值；

　　　ν_2——因上层层高变化的修正值；

　　　ν_3——因下层层高变化的修正值。

ν_0、ν_1、ν_2、ν_3 的取值见教材《高层建筑结构设计》。

（3）计算各层、各柱反弯点处的剪力；

（4）计算柱端弯矩和梁端弯矩。

二、算例

某 10 层框架结构，通过使用广厦结构 CAD 软件建模、计算之后，开始用 D 值法手算水平地震作用下框架内力。

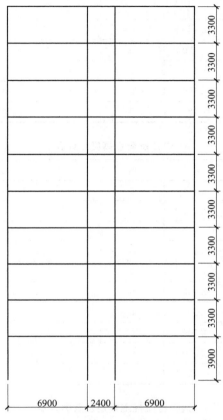

图 5-9 某 10 层框架结构⑨轴框架示意图

以⑨轴框架为例（图 5-9），用 D 值法计算框架柱端剪力和弯矩，计算公式如下：

$$V_{ij} = \frac{D_{ij}}{\sum\limits_{j=1}^{4} D_{ij}} \times V_i \quad M_{ij}^{\mathrm{b}} = V_{ij} y h \quad M_{ij}^{\mathrm{u}} = V_{ij}(1-y)h \tag{5-10}$$

式中 V_{ij}——第 i 层第 j 柱分配的地震剪力；

$\quad\quad M_{ij}^{\mathrm{b}}$——柱下端弯矩；

$\quad\quad M_{ij}^{\mathrm{u}}$——柱上端弯矩。

水平地震作用下框架内力的计算结果如表 5-12～表 5-15 所示。

边柱反弯点高度比计算

表 5-12

层号	h（m）	$\bar{i}$ 边柱	ν_0	ν_1	ν_2	ν_3	ν	νh（m）
10	3.30	0.66	0.300	0	0	0	0.300	0.990
9	3.30	0.66	0.383	0	0	0	0.383	1.264

层号	h(m)	$\bar{i}$ 边柱	ν_0	ν_1	ν_2	ν_3	ν	νh(m)
8	3.30	0.66	0.400	0	0	0	0.400	1.320
7	3.30	0.66	0.433	0	0	0	0.433	1.429
6	3.30	0.66	0.450	0	0	0	0.450	1.485
5	3.30	0.66	0.450	0	0	0	0.450	1.485
4	3.30	0.66	0.450	0	0	0	0.450	1.485
3	3.30	0.66	0.500	0	0	0	0.500	1.650
2	3.30	0.66	0.500	0	0	0	0.500	1.650
1	3.90	0.55	0.725	0	0	0	0.725	2.828

中柱反弯点高度比计算　　　　　　　　　　　　　　　　表 5-13

层号	h(m)	$\bar{i}$ 中间柱	ν_0	ν_1	ν_2	ν_3	ν	νh(m)
10	3.30	1.22	0.361	0	0	0	0.361	1.191
9	3.30	1.22	0.411	0	0	0	0.411	1.356
8	3.30	1.22	0.450	0	0	0	0.450	1.485
7	3.30	1.22	0.461	0	0	0	0.461	1.521
6	3.30	1.22	0.461	0	0	0	0.461	1.521
5	3.30	1.22	0.500	0	0	0	0.500	1.650
4	3.30	1.22	0.500	0	0	0	0.500	1.650
3	3.30	1.22	0.500	0	0	0	0.500	1.650
2	3.30	1.22	0.500	0	0	0	0.500	1.650
1	3.90	1.01	0.650	0	0	0	0.650	2.535

边柱框架柱端弯矩及剪力计算　　　　　　　　　　　　表 5-14

层号	V_i(kN)	ΣD_i(N/mm)	D_i(N/mm)	$D_i/\Sigma D_i$	V_{i1}(kN)	νh(m)	$M_{c上}$(kN·m)	$M_{c下}$(kN·m)
10	858.43	899605	20452	0.02	19.52	0.990	45.08	19.32
9	1266.61	899605	20452	0.02	28.80	1.264	58.63	36.39
8	1630.34	899605	20452	0.02	37.06	1.320	73.39	48.92
7	1949.61	899605	20452	0.02	44.32	1.429	82.93	63.33
6	2224.43	899605	20452	0.02	50.57	1.485	91.78	75.10
5	2454.79	899605	20452	0.02	55.81	1.485	101.29	82.87
4	2640.69	899605	20452	0.02	60.03	1.485	108.96	89.15
3	2782.14	899605	20452	0.02	63.25	1.650	104.36	104.36
2	2879.13	899605	20452	0.02	65.45	1.650	108.00	108.00
1	2932.53	1116115	29202	0.03	79.73	2.828	82.29	216.95

中柱框架柱端弯矩及剪力计算   表 5-15

层号	V_i(kN)	$\sum D_i$ (N/mm)	D_i (N/mm)	$D_i/\sum D_i$	V_{i1}(kN)	νh(m)	$M_{c\pm}$ (kN·m)	$M_{c\mp}$ (kN·m)
10	858.43	899605	31287	0.03	29.85	1.191	62.95	35.57
9	1266.61	899605	31287	0.03	44.05	1.356	85.62	59.75
8	1630.34	899605	31287	0.03	56.70	1.485	102.91	84.20
7	1949.61	899605	31287	0.03	67.80	1.521	120.60	103.15
6	2224.43	899605	31287	0.03	77.36	1.521	137.60	117.69
5	2454.79	899605	31287	0.03	85.37	1.650	140.87	140.87
4	2640.69	899605	31287	0.03	91.84	1.650	151.53	151.53
3	2782.14	899605	31287	0.03	96.76	1.650	159.65	159.65
2	2979.13	899605	31287	0.03	100.13	1.650	165.22	165.22
1	2932.53	1116115	35674	0.03	93.73	2.535	127.94	237.61

梁端弯矩可按节点弯矩平衡条件,将节点上下柱弯矩之和按左右梁的线刚度比例分配,按下式计算:

边跨

$$M_b^l = M_{ci\pm} + M_{ci\mp} \tag{5-11}$$

$$M_b^r = \frac{i_{b2}}{i_{b1}+i_{b2}}(M_{ci\pm}+M_{c(i+1)\mp}) \tag{5-12}$$

中间跨

$$M_b^l = M_b^r = \frac{i_{b2}}{i_{b1}+i_{b2}}(M_{ci\pm}+M_{c(i+1)\mp}) \tag{5-13}$$

可得框架梁端弯矩如表 5-16 所示。

框架梁端弯矩计算   表 5-16

楼层	i_{b1}	i_{b2}	边跨				中间跨		
			$M_{c\pm}$	$M_{c\mp}$	M_b^l	M_b^r	$M_{c\pm}$	$M_{c\mp}$	M_b^l
10	4.93	4.20	45.08	19.32	45.08	34.00	62.95	35.57	28.96
9	4.93	4.20	58.63	36.39	77.95	65.44	85.62	59.75	55.75
8	4.93	4.20	73.39	48.92	109.78	87.83	102.91	84.20	74.82
7	4.93	4.20	82.93	63.33	131.86	110.59	120.60	103.15	94.21
6	4.93	4.20	91.78	75.10	155.12	130.01	137.60	117.69	110.75
5	4.93	4.20	101.29	82.87	176.39	139.62	140.87	140.87	118.94
4	4.93	4.20	108.96	89.15	191.83	157.90	151.53	151.53	134.50
3	4.93	4.20	104.36	104.36	193.51	168.04	159.65	159.65	143.14
2	4.93	4.20	108.00	108.00	212.36	175.43	165.22	165.22	149.44
1	4.93	4.20	82.29	216.95	190.29	158.31	127.94	237.61	134.85

根据梁端弯矩，可按下式求得梁端剪力：

$$V_b = \frac{M_b^l + M_b^r}{l} \qquad (5\text{-}14)$$

可得框架梁端剪力如表 5-17 所示。

框架梁端剪力计算   表 5-17

楼层	边跨				中间跨			
	M_b^l	M_b^r	$l(m)$	V_b	M_b^l	M_b^r	$l(m)$	V_b
10	45.08	34.00	6.90	11.46	28.96	28.96	2.40	24.13
9	77.95	65.44	6.90	20.78	55.75	55.75	2.40	46.45
8	109.78	87.83	6.90	28.64	74.82	74.82	2.40	62.35
7	131.86	110.59	6.90	35.14	94.21	94.21	2.40	78.51
6	155.12	130.01	6.90	41.32	110.75	110.75	2.40	92.29
5	176.39	139.62	6.90	45.80	118.94	118.94	2.40	99.11
4	191.83	157.90	6.90	50.69	134.50	134.50	2.40	112.09
3	193.51	168.04	6.90	52.40	143.14	143.14	2.40	119.29
2	212.36	175.43	6.90	56.20	149.44	149.44	2.40	124.53
1	190.29	158.31	6.90	50.52	134.85	134.85	2.40	112.38

注：弯矩的单位为 kN·m，剪力单位为 kN。

边柱轴力为各层梁端剪力按层叠加，中柱轴力为柱两侧梁端剪力之差，按层叠加，详细计算结果如表 5-18 所示。

框架柱轴力计算   表 5-18

楼层	边柱		中柱	
	$V_b(kN)$	$N(kN)$	$V_b(kN)$	$N(kN)$
10	11.46	−11.46	24.13	−12.67
9	20.78	−32.24	46.45	−38.35
8	28.64	−60.88	62.35	−72.06
7	35.14	−96.02	78.51	−115.43
6	41.32	−137.34	92.29	−166.39
5	45.80	−183.14	99.11	−219.71
4	50.69	−233.82	112.09	−281.11
3	52.40	−286.22	119.29	−348.00
2	56.20	−342.42	124.53	−416.33
1	50.52	−392.95	112.38	−478.19

根据以上表格计算结果，可得该框架在左震作用下的内力图如图 5-10～图 5-12 所示。

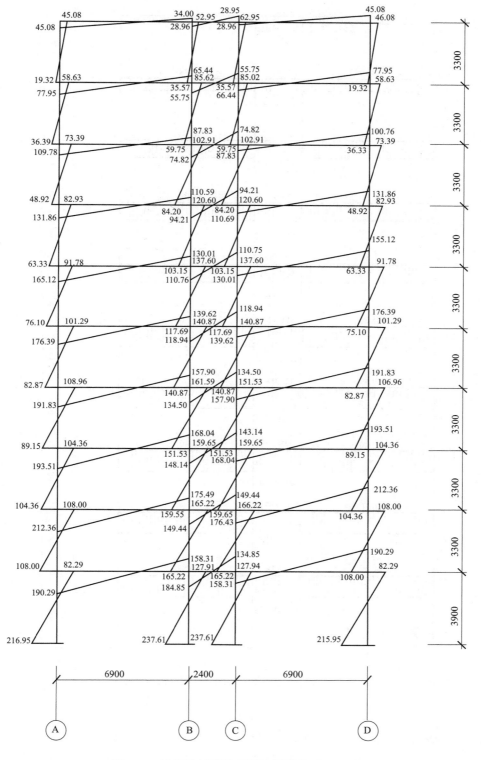

图 5-10 左震作用下横向框架弯矩图（kN · m）

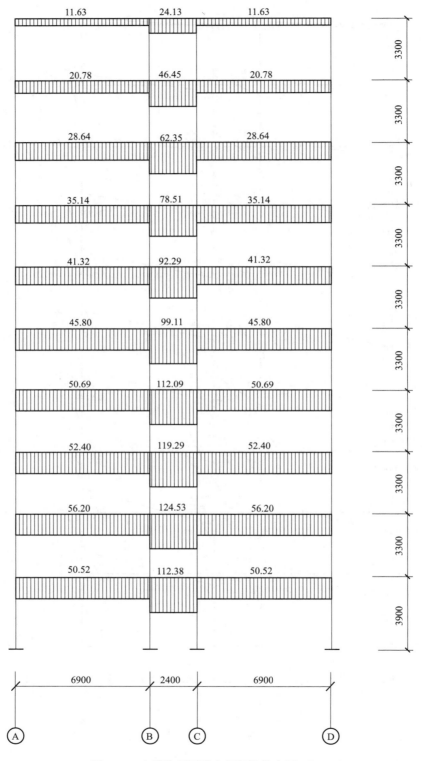

图 5-11　左震作用下横向框架梁剪力图（kN）

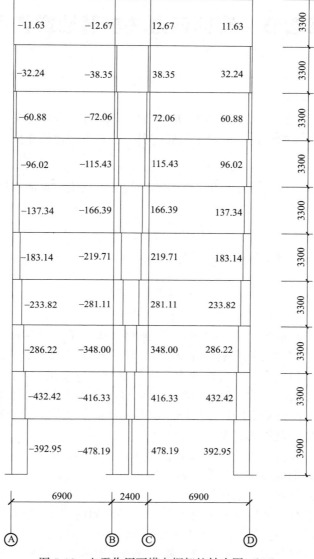

图 5-12 左震作用下横向框架柱轴力图（kN）

第四节 底部剪力法求解地震作用

一、计算原理

对于高度不超过 40m、以剪切变形为主且质量和刚度沿高度分布比较均匀的结构，以及近似于单质点体系的结构，可以采用底部剪力法来求解地震作用。

底部剪力公式：

$$F_{Ek} = \alpha_1 G_{eq} \tag{5-15}$$

根据对大量结构采用直接动力法分析结果的统计，结构（多质点体系）等效总重力荷载可用下式表示：

$$G_{eq} = 0.85 \sum_{i=1}^{n} G_i \tag{5-16}$$

当振型为倒三角形时，各质点的地震作用公式如下：

$$F_i = \frac{G_i H_i}{\sum\limits_{j=1}^{n} G_j H_j} F_{Ek} \tag{5-17}$$

上述公式适用于基本周期 $T_1 \leq 1.4 T_g$ 的结构，其中 T_g 为特征周期，可根据场地类别及设计地震分组表（《抗规》表 5.1.2-2）采用。当 $T_1 > 1.4 T_g$ 时，由于高振型的影响，并通过对大量结构地震反应直接动力分析的结果可以看出，若按式(5-17)计算，则结构顶部的地震剪力偏小，故需进行调整。调整的方法是将结构总地震作用的一部分集中力作用于结构顶部，再将余下的部分按倒三角形分配给各质点。根据对分析结果的统计，这个附加的集中水平地震作用可表示为：

$$\Delta F_n = \delta_n F_{Ek} \tag{5-18}$$

式中　δ_n——顶部附加地震作用系数（表 5-19）；

　　　ΔF_n——顶部附加水平地震作用。

对于多层钢筋混凝土和钢结构房屋，δ_n 可按特征周期 T_g 及结构基本自振周期 T_1 由《抗规》表 5.2.1 确定；对于其他房屋则可以不考虑 δ_n，即 $\delta_n = 0$。这样，采用底部剪力法计算时，各楼层可只考虑一个自由度，质点 i 的水平地震作用标准值就可写成：

$$F_i = \frac{G_i H_i}{\sum\limits_{j=1}^{n} G_j H_j} F_{Ek}(1 - \delta_n) \ (i = 1, 2, \cdots, n) \tag{5-19}$$

当房屋顶部有突出屋面的小建筑物时，上述附加集中水平地震作用 ΔF_n 应置于主体房屋的顶层而不应置于小建筑物的顶部，但小建筑物顶部的地震作用仍可按上式计算。

顶部附加地震作用系数 表 5-19

$T_g(s)$	$T_1 > 1.4 T_g$	$T_1 \leq 1.4 T_g$
≤ 0.35	$0.08 T_1 + 0.07$	0
$0.35 \sim 0.55$	$0.08 T_1 + 0.01$	0
> 0.55	$0.08 T_1 - 0.02$	

注：T_1 为结构基本自振周期。

二、算例

某一两层框架结构，每层的层高为 4m，$m_1 = 60t$，$m_2 = 50t$，建造在设防烈度为 8 度的 I 类场地上，该地区设计基本地震加速度值为 $0.20g$，设计地震分组为第一组，自振周期 $T_1 = 0.358s$，计算层间地震剪力。

（1）结构总水平地震作用

查《抗规》表 5.1.2-2 可得 $T_g = 0.25s$，$T_g < T_1 = 0.358s < 5T_g$，由地震影响系数 α 曲线可算得地震影响系数：

$$\alpha_1 = \left(\frac{T_g}{T_1}\right)^{\gamma} \eta_2 \alpha_{\max} = \left(\frac{0.25}{0.358}\right)^{0.9} \times 1.0 \times 0.16 = 0.1158$$

$$G_{eq} = 0.85 \sum_{i=1}^{n} G_i = 0.85 \sum_{i=1}^{n} m_i g = 0.85 \times (60 + 50) \times 9.8 = 916 \text{kN}$$

那么，底部剪力为：

$$F_{Ek} = \alpha_1 G_{eq} = 0.1158 \times 916 = 106.1 \text{kN}$$

（2）各质点的地震作用

$$F_i = \frac{G_i H_i}{\sum_{j=1}^{n} G_j H_j} F_{Ek}(1 - \delta_n) \quad (i = 1, 2, \cdots, n) \tag{5-20}$$

因 $T_1 = 0.358s > 1.4T_g = 1.4 \times 0.25 = 0.35s$，按《抗规》表 5.2.1，

$$\delta_n = 0.08T_1 + 0.07 = 0.08 \times 0.358 + 0.07 = 0.0986$$

根据式（5-20）：

$$F_1 = \frac{60 \times 9.8 \times 4}{60 \times 9.8 \times 4 + 50 \times 9.8 \times (4 + 4)} \times 106.1 \times (1 - 0.0986) = 35.9 \text{kN}$$

$$F_2 = \frac{50 \times 9.8 \times 4}{60 \times 9.8 \times 4 + 50 \times 9.8 \times (4 + 4)} \times 106.1 \times (1 - 0.0986) = 59.8 \text{kN}$$

顶部附加的集中水平地震作用为：

$$\Delta F_n = \delta_n F_{Ek} = 0.0986 \times 106.1 = 10.5 \text{kN}$$

第五节 能量法求解结构自振周期

一、计算原理

能量法是根据体系在振动过程的能量守恒原理导出的，适用于求解结构的基本频率。结构的基本频率采用以下公式计算：

$$\omega_1 = \sqrt{g \sum_{i=1}^{n} m_i X_i / \sum_{i=1}^{n} (m_i X_i^2)} \tag{5-21}$$

$$\Delta X_i = \frac{m_i g}{k_i}; X_i = \sum \Delta X_i$$

式中 ΔX_i——第 i 个质点与第 $i-1$ 个质点的位移差；

$\quad\quad X_i$——第 i 个质点的总位移；

$\quad\quad k_i$——每个质点的刚度；

$\quad\quad m_i g$——每个质点的重力荷载代表值，k_i 和 $m_i g$ 可取广厦软件计算结果。

由于 ΔX_i 是通过重力水平作用在质点上求出的位移差，为提高精度，可对计算结果进行迭代，直至计算结果没有发生太大变化。

迭代中惯性力的计算公式为：

$$I_i = \omega_1 m_1 X_{i1} \tag{5-22}$$

$$\Delta X_i = I_i / k_i; X_i = \sum \Delta X_i$$

二、算例

某项目的工程通过广厦结构 CAD 软件进行建模、计算之后，得到软件计算重力荷载代表值和各层刚度的结果，如表 5-20 所示。

重力荷载代表值及各层刚度　　　　　　　　　　表 5-20

层号	重力荷载代表值(kN)	k(kN/m)
1	10574	1000000000
2	6929	5589822
3	6929	3142520
4	6929	2409952
5	6929	2043121
6	6612	1802709
7	6612	1659739
8	6612	1557773
9	6612	1482733
10	6612	1425331

层号	重力荷载代表值(kN)	k(kN/m)
11	6612	1380060
12	6612	1343205
13	6612	1312109
……	……	……

根据上述公式进行计算，计算过程及结果列于表 5-21。

0 度方向基本自振周期计算　　　　　　　　　表 5-21

层号	重力荷载代表值(kg)	k(kN/m)	ΔX_i(m)	X_i(m)	mgX_i(kg·m)	mX_i^2(kg·m^2)
1	10574	1000000000	0.0002	0.0002	2.0258	0
2	6929	5589822	0.0324	0.0326	225.7066	0.7502
3	6929	3142520	0.0554	0.0880	609.5476	5.4717
4	6929	2409952	0.0694	0.1573	1090.1451	17.5014
5	6929	2043121	0.0784	0.2358	1633.5324	39.2970
6	6612	1802709	0.0850	0.3208	2121.0635	69.4302
7	6612	1659739	0.0884	0.4092	2705.4211	112.9564
8	6612	1557773	0.0899	0.4991	3299.9639	168.0581
9	6612	1482733	0.0900	0.5891	3895.1109	234.1428
10	6612	1425331	0.0890	0.6781	4483.5536	310.2314
11	6612	1380060	0.0871	0.7652	5059.6206	395.0727
12	6612	1343205	0.0846	0.8498	5618.9459	487.2488
13	6612	1312109	0.0816	0.9314	6158.2075	585.2612
……	……	……	……	……	……	……

根据式(5-21) 对最后两列数据分别进行求和、比值和开根后，求得结构基本频率 $\omega=2.785\text{rad/s}$，周期 $T=2\pi/\omega_1=2.256\text{s}$。

为提高精度，对计算结果进行迭代（表 5-22、表 5-23）：

惯性力 $I_i=\omega_1 m_1 X_{i1}$；$\Delta X_i=I_i/k_i$；$X_i=\sum \Delta X_i$

能量法一次迭代计算　　　　　　　　　　　表 5-22

层号	质量(kg)	基本振型	惯性力(kN)	层间位移(m)	X_i(m)	I_iX_i(kg·m)	mX_i^2(kg·m^2)
1	1079	0.0001	0.1248	0	0	0	0
2	707	0.0197	13.9030	0.0020	0.0020	0.0273	0.0027
3	707	0.0531	37.5466	0.0035	0.0054	0.2040	0.0209
4	707	0.0950	67.1502	0.0045	0.0099	0.6677	0.0699
5	707	0.1423	100.6215	0.0053	0.0152	1.5325	0.1640
6	675	0.1936	130.6522	0.0059	0.0212	2.7653	0.3022
7	675	0.2470	166.6472	0.0064	0.0275	4.5884	0.5115

层号	质量(kg)	基本振型	惯性力(kN)	层间位移(m)	X_i(m)	I_iX_i(kg·m)	mX_i^2(kg·m²)
8	675	0.3013	203.2695	0.0067	0.0342	6.9541	0.7897
9	675	0.3556	239.9291	0.0069	0.0411	9.8586	1.1391
10	675	0.4093	276.1757	0.0070	0.0481	13.2777	1.5595
11	675	0.4619	311.6600	0.0070	0.0551	17.1704	2.0479
12	675	0.5130	346.1130	0.0070	0.0621	21.4834	2.5994
13	675	0.5622	379.3302	0.0069	0.0689	26.1544	3.2075
……	……	……	……	……	……	……	……

求得：结构基本频率 $\omega_1 = 2.758\text{rad/s}$，周期 $T = 2\pi/\omega_1 = 2.278\text{s}$。

能量法二次迭代计算 表 5-23

层号	质量(kg)	基本振型	惯性力(kN)	层间位移(m)	X_i(m)	I_iX_i(kg·m)	mX_i^2(kg·m²)
1	1079	0.0001	0.0862	0	0	0	0
2	707	0.0144	10.1658	0.0018	0.0019	0.0188	0.0024
3	707	0.0398	28.1249	0.0033	0.0051	0.1443	0.0186
4	707	0.0728	51.4626	0.0043	0.0094	0.4832	0.0623
5	707	0.1115	78.8203	0.0050	0.0144	1.1342	0.1464
6	675	0.1549	104.5263	0.0056	0.0200	2.0918	0.2702
7	675	0.2015	135.9744	0.0060	0.0261	3.5429	0.4581
8	675	0.2504	168.9528	0.0064	0.0324	5.4754	0.7086
9	675	0.3008	202.9231	0.0066	0.0390	7.9075	1.0245
10	675	0.3519	237.4302	0.0067	0.0456	10.8386	1.4060
11	675	0.4033	272.0810	0.0067	0.0524	14.2512	1.8510
12	675	0.4543	306.5366	0.0067	0.0591	18.1130	2.3557
13	675	0.5047	340.5061	0.0066	0.0657	22.3799	2.9146
……	……	……	……	……	……	……	……

结构基本频率 $\omega_1 = 2.758\text{rad/s}$，周期 $T = 2\pi/\omega_1 = 2.278\text{s}$。

结合一次迭代计算和二次迭代计算的结果，可知手算结构 0 度方向基本自振周期 $T = 2.278\text{s}$，于软件菜单栏中的文本方式里"周期与地震作用"的文本中查得广厦电算结果 $T = 2.346\text{s}$。误差为 2.90%。

第六节　雅可比矩阵法求解结构自振周期

一、使用 MATLAB 辅助计算

MATLAB 试用版软件安装见第七章第一节，试用期时限为 30 天，建议学生在整理计算书时开始申请试用。

1. 计算步骤

第一阶振型计算：由于广厦软件没有给出第一振型的具体系数，需要手算振型。用电算所得刚度，采用矩阵迭代法，在 MATLAB 中计算得出第一振型。采用此方法计算的公式中没有考虑阻尼比，以此近似计算。

采用 MATLAB 雅可比矩阵算法计算结构自振振型及自振频率，计算过程如下：

（1）输入质量矩阵；

（2）输入刚度矩阵，刚度取自广厦软件电算结果；

（3）输入 eig 函数；

（4）计算结构自振周期；

（5）计算结构第一振型。

2. 算例

使用广厦结构 CAD 软件根据某项目的建筑图纸进行建模、计算之后，取广厦软件文本方式里的计算结果。该项目结构层共 29 层。

（1）输入质量矩阵

查看广厦软件文本方式中的"结构信息文本"，获取电算结果中模型每一层的重力荷载代表值（表 5-24），将每一层的重力荷载代表值除以重力加速度 g（可取 9.8 或 10，此处取 9.8），获得每一层的质量。

重力荷载代表值电算结果　　　　表 5-24

层号	恒荷载(kN)	活荷载(kN)	重量(kN)	重力荷载代表值(kN)
1	10129	889	11018	10574
2～5	6470	918	7388	6929
6～27	6153	918	7071	6612
28	6159	891	7050	6604
29	1168	122	1290	1229
合计	178694	25769	204463	191578

将每一层的质量按从低到高的顺序，填入下方所示的质量矩阵公式当中，然后在 MATLAB 中输入质量矩阵（图 5-13）：

$M = \mathrm{diag}([1079, 707, 707, 707, 707, 675, 675, 675, 675, 675, 675, 675, 675, 675, 675, 675, 675, 675, 675, 675, 675, 675, 675, 675, 675, 675, 675, 674, 125])$

回车后软件输出质量矩阵。

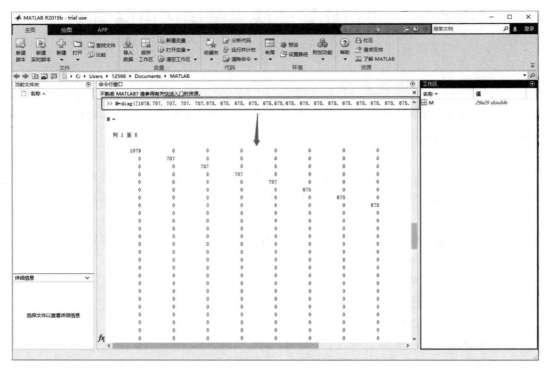

图 5-13　在 MATLAB 中输入质量矩阵

（2）输入刚度矩阵

查看"结构信息文本"，获取电算结果中每一层的刚度。按照如下公式计算刚度矩阵：

$$K=\begin{bmatrix} k_1+k_2 & -k_2 & 0 & 0 & 0 & 0 \\ -k_2 & k_2+k_3 & -k_3 & 0 & 0 & 0 \\ 0 & -k_3 & k_3+k_4 & 0 & 0 & 0 \\ 0 & 0 & 0 & \ddots & -k_{n-1} & 0 \\ 0 & 0 & 0 & -k_{n-1} & k_{n-1}+k_n & -k_n \\ 0 & 0 & 0 & 0 & -k_n & k_n \end{bmatrix}$$

可利用 Excel 表格进行编写刚度矩阵，如图 5-14 所示。

2545314	-1260401	0	0	0	0	0	0	0	0	0	0	0	0	0	0
-1260401	2498214	-1237813	0	0	0	0	0	0	0	0	0	0	0	0	0
0	-1237813	2454503	-1216690	0	0	0	0	0	0	0	0	0	0	0	0
0	0	-1216690	2413428	-1196738	0	0	0	0	0	0	0	0	0	0	0
0	0	0	-1196738	2374427	-1177689	0	0	0	0	0	0	0	0	0	0
0	0	0	0	-1177689	2336785	-1159096	0	0	0	0	0	0	0	0	0
0	0	0	0	0	-1159096	2298996	-1139900	0	0	0	0	0	0	0	0
0	0	0	0	0	0	-1139900	2257870	-1117970	0	0	0	0	0	0	0
0	0	0	0	0	0	0	-1117970	2207613	-1089643	0	0	0	0	0	0
0	0	0	0	0	0	0	0	-1089643	2138781	-1049138	0	0	0	0	0
0	0	0	0	0	0	0	0	0	-1049138	2036803	-987245	0	0	0	0
0	0	0	0	0	0	0	0	0	0	-987245	1876195	-888950	0	0	0
0	0	0	0	0	0	0	0	0	0	0	-888950	1619288	-730338	0	0
0	0	0	0	0	0	0	0	0	0	0	0	-730338	1209619	-479281	0
0	0	0	0	0	0	0	0	0	0	0	0	0	-479281	553167	-73886
0	0	0	0	0	0	0	0	0	0	0	0	0	0	-73886	73886

图 5-14　用 Excel 表格编写刚度矩阵

在 MATLAB 上方菜单栏中点击"导入数据",浏览打开刚度矩阵所在的 xlsx 文件(图 5-15)。

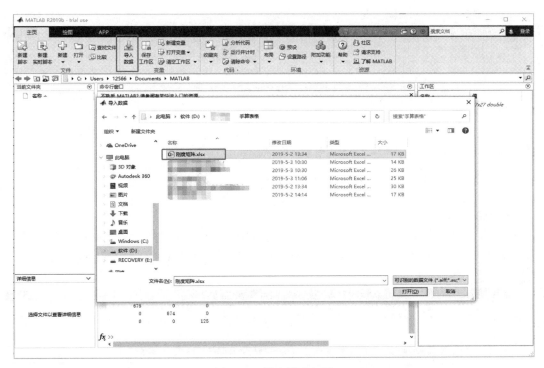

图 5-15 导入刚度矩阵

框选中相应的数据之后点击上方:

输出类型选择数值矩阵;导入所选内容选择导入数据(图 5-16)。

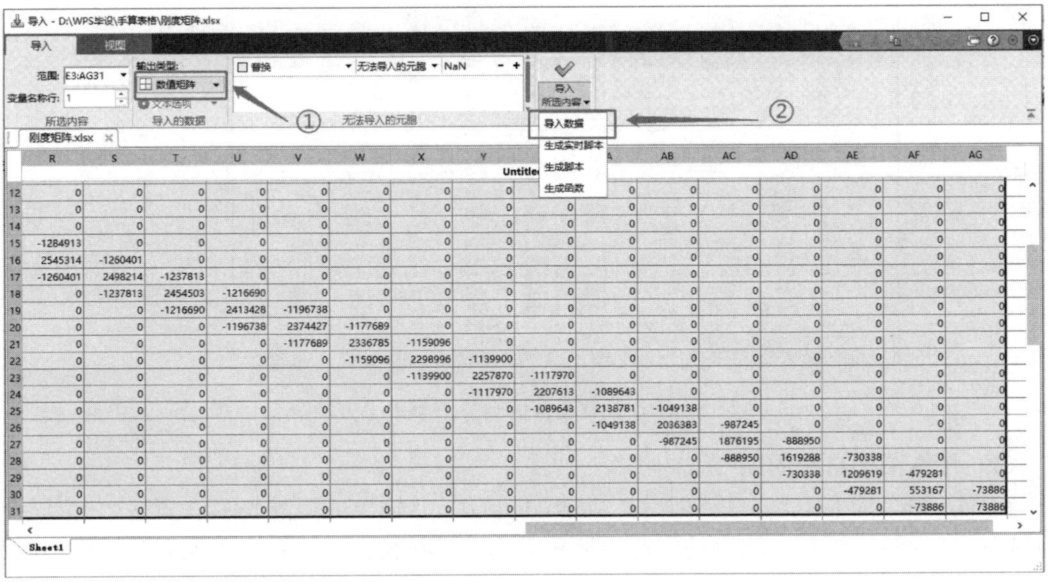

图 5-16 导入数据

　　导入成功之后，在 MATLAB 主界面上的"工作区"中找到刚刚导入的数据，默认命名为"United"，右键修改命名为"K"（图 5-17）。

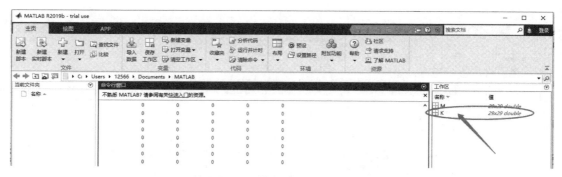

图 5-17　修改刚度矩阵命名

（3）输入 eig 函数

　　在 MATLAB 中输入：[v,d]＝eig(K,M)。计算广义特征值向量阵 v 和广义特征值阵 d（图 5-18），即输出结果 v 矩阵为结构位移 X，d 矩阵为自振频率的平方：ω^2。

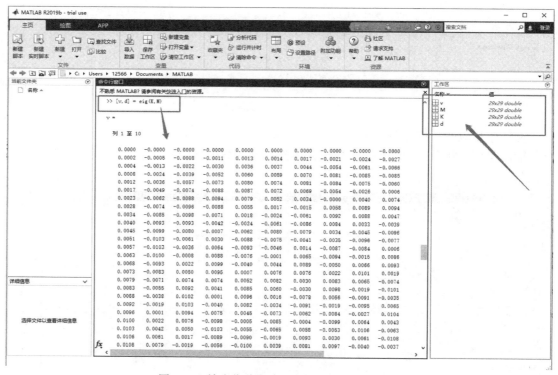

图 5-18　输出位移矩阵和自振频率的平方矩阵

（4）计算结构自振周期

　　在 MATLAB 中输入：T＝2 * pi. /sqrt(diag(d))。输出的矩阵表示该模型 29 个周期，数量同模型的结构层数。输出的所有周期从大到小进行排列，第一个周期即为该模型的第一周期（图 5-19）。

图 5-19　输出周期

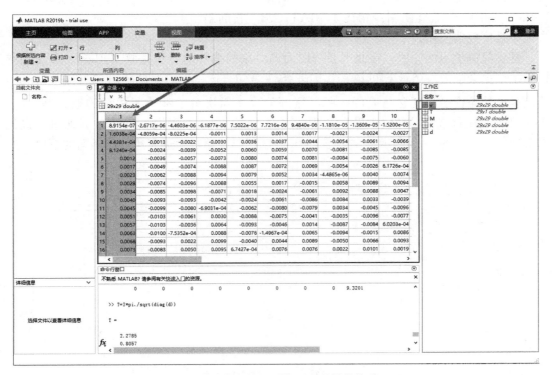

图 5-20　复制第一周期对应的结构位移

（5）计算结构第一振型

第（3）步中输出的 v 矩阵是不同周期下，模型各楼层的位移。双击工作区中的"v"打开该矩阵，第一列的数据就是第一周期下各楼层的位移。

可将第一列数据复制到 Excel 表中进一步计算第一振型。以顶层的位移（位移最大处）为分母，所有楼层对应的位移作为分子，即可计算出第一振型（图 5-20、图 5-21）。

二、使用 Python 辅助计算

Python 的安装与使用请参考本书第七章第二节。在利用 Python 绘制内力图的例子中，命令的方式是采用一行行输入命令来实现的。实际上所有的命令可以放到一个文本文件中（后缀名为 .py），然后在使用时调用这个文件来批量执行。本节将给出代码，并在代码的右侧注释说明每行的意义。注意注释本身不是代码可执行的部分，虽然写代码时注释是好习惯，但为快速学习起见，可以不输入。本节以及本书第七章第二节介绍 Python 的目的是帮助学生走上工作岗位时，以一种简单的方式将 Python 当作数学工具使用。相比于 MATLAB，它的最大优势是可免费使用。

位移求振型	找到v矩阵第一列即为第一周期的位移↓	第一振型
1	8.92E-07	0.0001
2	0.000160383	0.0140
3	0.000443807	0.0387
4	0.000812396	0.0708
5	0.001245024	0.1085
6	0.001731636	0.1510
7	0.002254808	0.1966
8	0.002804796	0.2445
9	0.003372909	0.2940
10	0.003951754	0.3445
11	0.004534889	0.3953
12	0.005116694	0.4460
13	0.005692271	0.4962
14	0.006257291	0.5455
15	0.006807816	0.5935
16	0.007340156	0.6399
17	0.007850771	0.6844
18	0.008336225	0.7267
19	0.008793198	0.7665
20	0.009218561	0.8036
21	0.009609575	0.8377
22	0.009964138	0.8686
23	0.01028098	0.8962
24	0.010559754	0.9205
25	0.010801101	0.9416
26	0.011006766	0.9595
27	0.011179738	0.9746
28	0.011323583	0.9871
29	0.011471162	1.0000

图 5-21　根据结构位移计算振型

基于简单学习的原因，在此不会按照面向对象的编程语言去讲解 Python。考虑到本科学生至少会学习一门计算机语言，因此条件语句（if...else）、循环语句（for，while）等最基本的编程语法概念是有的，所以这部分也不需讲解。唯一要注意的地方是，Python 在使用条件或者循环时中没有大括号"｛ ｝"来表示子段。Python 是通过缩进代码实现的，例如图 5-22 所示：左边是 Python 的代码，通过缩进表达条件语句的范围，右

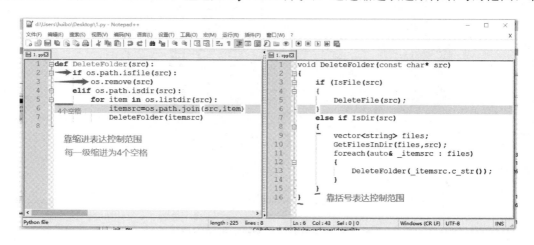

图 5-22　Python 操作界面

边是 C 的代码，条件语句中的内容用括号括起来。Python 通过强制缩进的办法让代码更具可读性。

仍然以上节的算例为例，其中利用 MATLAB 求结构自振周期部分改为 Python 来实现。步骤如下。

1. 准备数据

利用上节的数据，将其中的刚度矩阵表格存到另一个 Excel 文件中。如图 5-23 所示选择矩阵，Ctrl＋C 复制。

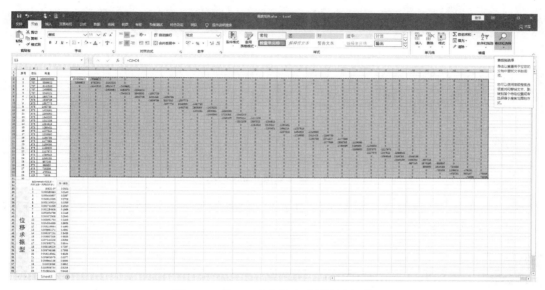

图 5-23　从 Excel 表格中选择刚度矩阵

新建一个 Excel 文件，Ctrl＋V 粘贴数据，如图 5-24 所示。

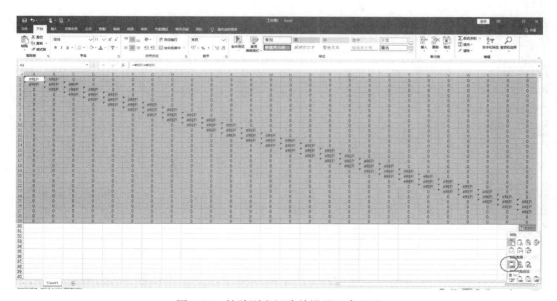

图 5-24　粘贴刚度矩阵并设置正常显示

　　此时，注意到表格中的数字显示错误信息：♯REF！，这是因为原表格中这些数值是公式算出来的。对此可采用以下方式进行修正，因此注意图 5-24 中数据区右下角有个复制选项。下拉后选择红圈处的"复制值"得到结果如图 5-25 所示，可以看到数值正常显示了。

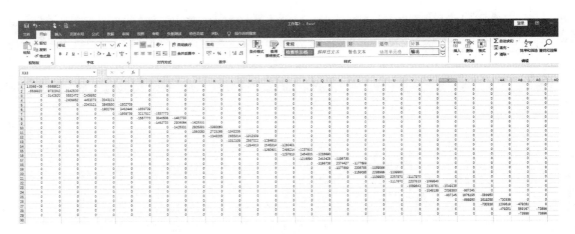

图 5-25　数值正常显示

　　将文件保存为 csv 格式，如图 5-26 所示，文件名为 K.csv，存到 Python 工作文件夹，如 c:\Python38_64。

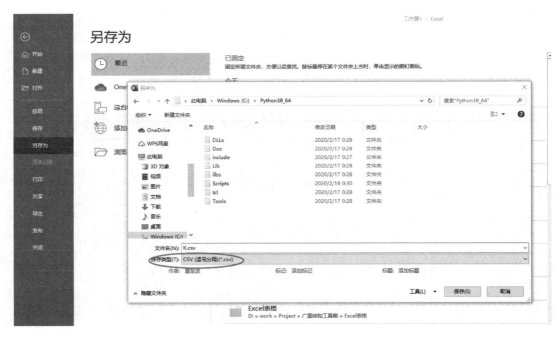

图 5-26　保存为 csv 格式

　　csv 文件实际上就是文本文件，其中的数据以逗号分开。用记事本可打开，如图 5-27所示。

```
K.csv - 记事本
文件(F)　编辑(E)　格式(O)　查看(V)　帮助(H)
1005589822, -5589822, 0, 0, 0, 0, 0, 0, 0, 0, 0, 0, 0, 0, 0, 0, 0, 0, 0, 0, 0, 0, 0, 0, 0, 0, 0, 0, 0
-5589822, 8732342, -3142520, 0, 0, 0, 0, 0, 0, 0, 0, 0, 0, 0, 0, 0, 0, 0, 0, 0, 0, 0, 0, 0, 0, 0, 0, 0, 0
0, -3142520, 5552472, -2409952, 0, 0, 0, 0, 0, 0, 0, 0, 0, 0, 0, 0, 0, 0, 0, 0, 0, 0, 0, 0, 0, 0, 0, 0, 0
0, 0, -2409952, 4453073, -2043121, 0, 0, 0, 0, 0, 0, 0, 0, 0, 0, 0, 0, 0, 0, 0, 0, 0, 0, 0, 0, 0, 0, 0, 0
0, 0, 0, -2043121, 3845830, -1802709, 0, 0, 0, 0, 0, 0, 0, 0, 0, 0, 0, 0, 0, 0, 0, 0, 0, 0, 0, 0, 0, 0, 0
0, 0, 0, 0, -1802709, 3462448, -1659739, 0, 0, 0, 0, 0, 0, 0, 0, 0, 0, 0, 0, 0, 0, 0, 0, 0, 0, 0, 0, 0, 0
0, 0, 0, 0, 0, -1659739, 3217512, -1557773, 0, 0, 0, 0, 0, 0, 0, 0, 0, 0, 0, 0, 0, 0, 0, 0, 0, 0, 0, 0, 0
0, 0, 0, 0, 0, 0, -1557773, 3040506, -1482733, 0, 0, 0, 0, 0, 0, 0, 0, 0, 0, 0, 0, 0, 0, 0, 0, 0, 0, 0, 0
0, 0, 0, 0, 0, 0, 0, -1482733, 2908064, -1425331, 0, 0, 0, 0, 0, 0, 0, 0, 0, 0, 0, 0, 0, 0, 0, 0, 0, 0, 0
0, 0, 0, 0, 0, 0, 0, 0, -1425331, 2805391, -1380060, 0, 0, 0, 0, 0, 0, 0, 0, 0, 0, 0, 0, 0, 0, 0, 0, 0, 0
0, 0, 0, 0, 0, 0, 0, 0, 0, -1380060, 2723265, -1343205, 0, 0, 0, 0, 0, 0, 0, 0, 0, 0, 0, 0, 0, 0, 0, 0, 0
0, 0, 0, 0, 0, 0, 0, 0, 0, 0, -1343205, 2655314, -1312109, 0, 0, 0, 0, 0, 0, 0, 0, 0, 0, 0, 0, 0, 0, 0, 0
0, 0, 0, 0, 0, 0, 0, 0, 0, 0, 0, -1312109, 2597022, -1284913, 0, 0, 0, 0, 0, 0, 0, 0, 0, 0, 0, 0, 0, 0, 0
0, 0, 0, 0, 0, 0, 0, 0, 0, 0, 0, 0, -1284913, 2545314, -1260401, 0, 0, 0, 0, 0, 0, 0, 0, 0, 0, 0, 0, 0, 0
0, 0, 0, 0, 0, 0, 0, 0, 0, 0, 0, 0, 0, -1260401, 2498214, -1237813, 0, 0, 0, 0, 0, 0, 0, 0, 0, 0, 0, 0, 0
0, 0, 0, 0, 0, 0, 0, 0, 0, 0, 0, 0, 0, 0, -1237813, 2454503, -1216690, 0, 0, 0, 0, 0, 0, 0, 0, 0, 0, 0, 0
0, 0, 0, 0, 0, 0, 0, 0, 0, 0, 0, 0, 0, 0, 0, -1216690, 2413428, -1196738, 0, 0, 0, 0, 0, 0, 0, 0, 0, 0, 0
0, 0, 0, 0, 0, 0, 0, 0, 0, 0, 0, 0, 0, 0, 0, 0, -1196738, 2374427, -1177689, 0, 0, 0, 0, 0, 0, 0, 0, 0, 0
0, 0, 0, 0, 0, 0, 0, 0, 0, 0, 0, 0, 0, 0, 0, 0, 0, -1177689, 2336785, -1159096, 0, 0, 0, 0, 0, 0, 0, 0, 0
0, 0, 0, 0, 0, 0, 0, 0, 0, 0, 0, 0, 0, 0, 0, 0, 0, 0, -1159096, 2298996, -1139900, 0, 0, 0, 0, 0, 0, 0, 0
0, 0, 0, 0, 0, 0, 0, 0, 0, 0, 0, 0, 0, 0, 0, 0, 0, 0, 0, -1139900, 2257870, -1117970, 0, 0, 0, 0, 0, 0, 0
0, 0, 0, 0, 0, 0, 0, 0, 0, 0, 0, 0, 0, 0, 0, 0, 0, 0, 0, 0, -1117970, 2207613, -1089643, 0, 0, 0, 0, 0, 0
0, 0, 0, 0, 0, 0, 0, 0, 0, 0, 0, 0, 0, 0, 0, 0, 0, 0, 0, 0, 0, -1089643, 2138781, -1049138, 0, 0, 0, 0, 0
0, 0, 0, 0, 0, 0, 0, 0, 0, 0, 0, 0, 0, 0, 0, 0, 0, 0, 0, 0, 0, 0, -1049138, 2036383, -987245, 0, 0, 0, 0
0, 0, 0, 0, 0, 0, 0, 0, 0, 0, 0, 0, 0, 0, 0, 0, 0, 0, 0, 0, 0, 0, 0, -987245, 1876195, -888950, 0, 0, 0
0, 0, 0, 0, 0, 0, 0, 0, 0, 0, 0, 0, 0, 0, 0, 0, 0, 0, 0, 0, 0, 0, 0, 0, -888950, 1619288, -730338, 0, 0
0, 0, 0, 0, 0, 0, 0, 0, 0, 0, 0, 0, 0, 0, 0, 0, 0, 0, 0, 0, 0, 0, 0, 0, 0, -730338, 1209619, -479281, 0
0, 0, 0, 0, 0, 0, 0, 0, 0, 0, 0, 0, 0, 0, 0, 0, 0, 0, 0, 0, 0, 0, 0, 0, 0, 0, -479281, 553167, -73886
0, 0, 0, 0, 0, 0, 0, 0, 0, 0, 0, 0, 0, 0, 0, 0, 0, 0, 0, 0, 0, 0, 0, 0, 0, 0, 0, -73886, 73886
```

图 5-27　记事本中的刚度矩阵

2．输入代码

用文本编辑器编辑代码。微软的记事本可以用来写代码，但是使用不太方便。建议下载 Notepad++使用。输入的代码如表 5-25 所示。本代码文件存为 period.py，然后存到 Python 工作文件夹，本书为 c:\Python38_64。

代码内容及对应代码说明　　　　表 5-25

代码	说明
import numpy as np	#载入矩阵库，简写为 np
import numpy.linalg as LA	#载入矩阵库的线性代数模块，简写为 LA
import math	#载入标准数学库
def calc():	#定义函数名称为 calc
M=np.diag([1079,707,707,707,707,675,675,675,675,675,675,675,675,675,675,675,675,675,675,675,675,675,675,675,675,675,675,674,125])	#定义质量矩阵，diag 函数的作用是将读入的数组转为对角元矩阵
K=np.loadtxt(open("K.csv","rb"),delimiter=",",skiprows=0)	#从前面准备好的 K.csv 文件中读取刚度矩阵 K
Inv_M=LA.inv(M) S=Inv_M.dot(K) d,v = LA.eig(S)	#以下三行为计算振型特征值和特征矩阵，公式如下：$KX=\omega^2 mX$，Python 没有广义特征值函数，故做以下变换：$m^{-1}KX=\omega^2 X$。 eig 为特征值函数，求出 d 即为 ω^2
T=2*math.pi/np.sqrt(d)	#求周期 $T=\dfrac{2\pi}{\sqrt{\omega^2}}$
np.savetxt("T.csv",T,fmt='%12.7g',delimiter=',')	#将周期文件存为 csv 文件，Excel 可直接打开
np.savetxt("v.csv",v,fmt='%12.7g',delimiter=',')	#将特征向量存为 csv 文件

打开 Python，运行过程如图 5-28 所示。

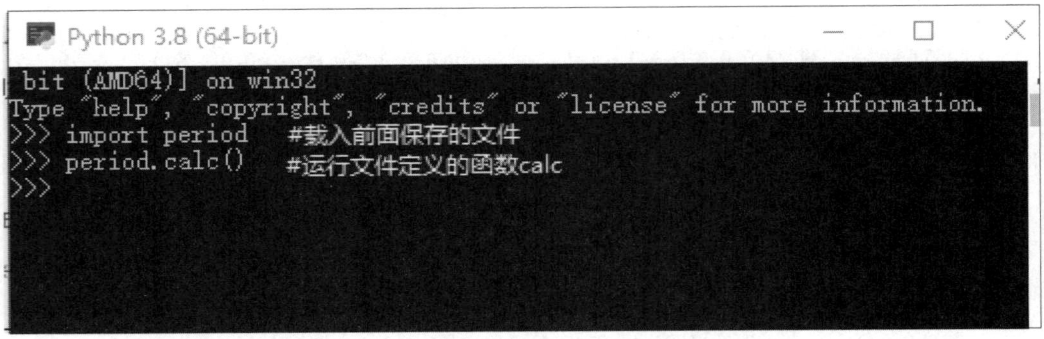

```
 bit (AMD64)] on win32
Type "help", "copyright", "credits" or "license" for more information.
>>> import period      #载入前面保存的文件
>>> period.calc()      #运行文件定义的函数calc
>>>
```

图 5-28　运行界面

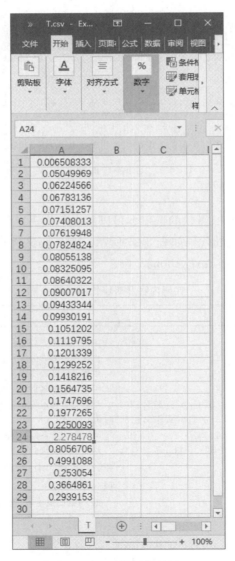

图 5-29　计算周期结果

运行完毕，查看计算结果。此结果和上一节用 MATALB 计算的结果实质是一样的，但是要处理才看得出来。首先是特征周期，由于 MATLAB 的 eig 函数求出的特征值，已经按大小排序，Python 的 eig 函数并没有排，即顺序不同，但是结果是一样的。如图 5-29 所示可知，24 号周期才是值最大的周期，即第一振型对应的周期，这个值和上一节的结果一样。

其次特征向量，输出的特征向量虽然和 MATLAB 输出的不同，但其实是线性相关的（差一个系数）。当求第一振型时，以 24 号周期对应的向量为例，除以图 5-30 中 24 列中最大值，得到的比值和上一节是一样的。

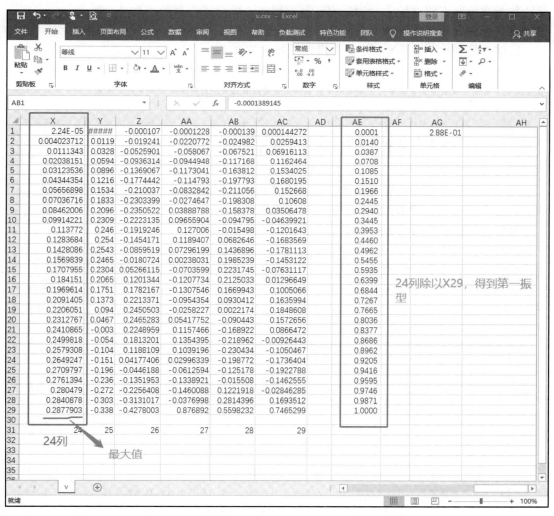

图 5-30 计算第一振型

第七节 振型分解反应谱法求解地震作用

一、计算原理

手算地震作用时，采用的振型系数是手算所得的一阶振型，电算时为了和手算结果对比，保证振形数一致，将振形数设置为 1，计算一次地震作用。如果结构的第一阶振型的扭转参与质量所占比例较大，为考虑扭转的影响，可以将振型数设为 3，再进行一次地震作用计算。两次计算均不考虑偶然偏心。

根据《抗规》5.2.2 条水平地震作用计算公式如下：

$$F_{1i} = \alpha_1 \gamma_1 X_{i1} m_i g \qquad (5\text{-}23)$$

式中 α_1——地震影响系数，根据地震影响系数曲线及第一周期进行取值；

γ_1——振型参与系数，计算公式：$\gamma_1 = \dfrac{\sum\limits_{i=1}^{n} m_i X_{i1}}{\sum\limits_{i=1}^{n} m_i X_{i1}^2}$；

X_{i1}——第一振型的振型系数，可取手算第一振型的结果（雅克比矩阵法）；

$m_i g$——各层的重力荷载代表值（可取电算结果）。

具体计算过程可参考表 5-26。

水平地震作用计算表（示例）   表 5-26

建筑层号	质量(kg)	X_{i1}	$m_i X_{i1}$(kg)	$m_i X_{i1}^2$(kg)	F_{i1}(kN)	F(kN)
2						
3						
4						
5						
...						

注：F_{i1} 为第一振型各层的地震作用，F 为各层累积的地震作用。

二、算例

某 29 层的工程，由第五章第六节 MATLAB 计算输出结果可知，结构第 1 振型的振型系数为：0.0001，0.0140，0.0388，0.0709，0.1087，0.1512，0.1968，0.2448，0.2944，0.3449，0.3958，0.4466，0.4968，0.5461，0.5941，0.6395，0.6840，0.7264，0.7662，0.8034，0.8375，0.8684，0.8961，0.9204，0.9415，09594，0.9745，0.9871，1.0000。

水平地震作用计算公式：$F_{1i} = \alpha_1 \gamma_1 X_{i1} m_i g$

由广厦软件文本结果可知，第 1 振型自振周期为 2.346s，因 $T_1 = 0.8 \times 2.346 = 1.876\text{s} > 5T_g = 1.75\text{s}$，根据《抗规》5.1.5 条可得地震影响系数为：

$$\alpha_1 = [\eta_2 0.2^{\gamma} - \eta_1(T_1 - 5T_g)]\alpha_{\max} = [1 \times 0.2^{0.9} - 0.02 \times (1.876 - 1.75)] \times 0.08$$
$$= 0.0185923$$

振型参与系数：

$$\gamma_1 = \frac{\sum\limits_{i=1}^{n} m_i X_{i1}}{\sum\limits_{i=1}^{n} m_i X_{i1}^2} = 1.376526$$

详细计算过程列于表 5-27。0 度方向地震作用及楼层剪力如图 5-31 所示。

水平地震作用计算　　　　　　　　　　　表 5-27

层号	质量(kg)	X_{i1}	$m_i X_{i1}$(kg)	$m_i X_{i1}^2$(kg)	F_{i1}(kN)	F(kN)
2	707	0.0001	0.0707	0.0000	0.0177	2393.5451
3	707	0.0140	9.8986	0.1386	2.4822	2393.5274
4	707	0.0387	27.3625	1.0589	6.8615	2391.0452
5	707	0.0708	50.0585	3.5441	12.5528	2384.1837
6	675	0.1085	73.2043	7.9427	18.3569	2371.6308
7	675	0.1510	101.8788	15.3837	25.5474	2353.2739
8	675	0.1966	132.6448	26.0780	33.2624	2327.7265
9	675	0.2445	164.9627	40.3334	41.3665	2294.4640
10	675	0.2940	198.3600	58.3178	49.7414	2253.0975
11	675	0.3445	232.4320	80.0728	58.2854	2203.3561
12	675	0.3953	266.7065	105.4291	66.8801	2145.0707
13	675	0.446	300.9135	134.2074	75.4580	2078.1906
14	675	0.4962	334.7831	166.1194	83.9513	2002.7326
15	675	0.5455	368.0455	200.7688	92.2922	1918.7813
16	675	0.5935	400.4308	237.6557	100.4133	1826.4891
17	675	0.6399	431.7366	276.2683	108.2636	1726.0758
18	675	0.6844	461.7605	316.0289	115.7925	1617.8122
19	675	0.7267	490.3000	356.3010	122.9492	1502.0197
20	675	0.7665	517.1529	396.3977	129.6829	1379.0706
21	675	0.8036	542.1840	435.6991	135.9597	1249.3877
22	675	0.8377	565.1911	473.4606	141.7291	1113.4280
23	675	0.8686	586.0391	509.0336	146.9570	971.6989
24	675	0.8962	604.6607	541.8969	151.6266	824.7419
25	675	0.9205	621.0557	571.6818	155.7379	673.1153
26	675	0.9416	635.2918	598.1907	159.3077	517.3775
27	675	0.9595	647.3688	621.1503	162.3362	358.0697
28	674	0.9746	656.7611	640.0793	164.6914	195.7335
29	125	0.9871	123.7904	122.1935	31.0421	31.0421

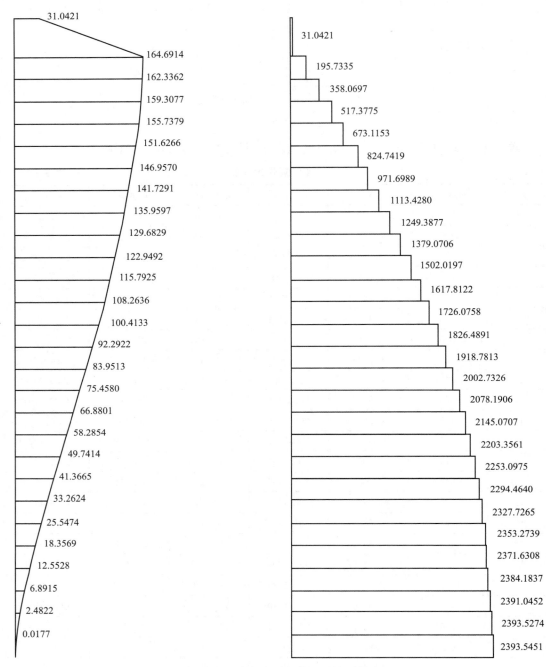

图 5-31 0 度方向地震作用及楼层剪力

第八节　水平风荷载的计算

一、计算原理

风荷载也称风的动压力，是空气流动对工程结构所产生的压力。风荷载 ω 与基本风压、地形、地面粗糙度、距离地面高度及建筑体型等诸因素有关。

垂直于建筑物表面上的风荷载标准值，应按下式计算：

$$\omega_k = \beta_z \mu_s \mu_z \omega_0 \tag{5-24}$$

式中　ω_k——风荷载标准值（kN/m^2）；

　　　β_z——高度 z 处的风振系数，查《荷规》8.4 条；

　　　μ_s——风荷载体型系数，查《荷规》8.3 条具体表格、条文及公式进行选取或计算；

　　　μ_z——风压高度变化系数，用本结构标高按《荷规》表 8.2.1 插值；

　　　ω_0——基本风压（kN/m^2），查《荷规》附录 E.5 可得。

基本风压应采用按《荷规》规定的方法确定的 50 年重现期的风压，但不得小于 0.3kN/m。对于高层建筑、高耸结构以及对风荷载比较敏感的其他结构，基本风压的取值应适当提高，并应符合有关结构设计规范的规定。

二、算例

广东省深圳市某一 29 层高层住宅楼，结构平面接近十字形（建筑标准层平面如图 5-32 所示），建筑高度 83.3m，建筑宽度 30.1m，场地类别为 C 类。

图 5-32　建筑标准层平面图

（1）基本风压 ω_0

查《荷规》附录 E.5 得 $\omega_0 = 0.75\text{kN/m}^2$。

（2）风压高度变化系数 μ_z

风压高度变化系数 μ_z 用结构标高按《荷规》表 8.2.1 插值，具体统计如表 5-28 所示。

风压高度变化系数统计　　　　　　表 5-28

层号	层高	z(m)	μ_z	层号	层高	z(m)	μ_z
2	2.90	2.90	0.65	16	2.90	43.50	1.03
3	2.90	5.80	0.65	17	2.90	46.40	1.06
4	2.90	8.70	0.65	18	2.90	49.30	1.09
5	2.90	11.60	0.65	19	2.90	52.20	1.12
6	2.90	14.50	0.65	20	2.90	55.10	1.15
7	2.90	17.40	0.70	21	2.90	58.00	1.18
8	2.90	20.30	0.74	22	2.90	60.90	1.21
9	2.90	23.20	0.78	23	2.90	63.80	1.23
10	2.90	26.10	0.82	24	2.90	66.70	1.25
11	2.90	29.00	0.87	25	2.90	69.60	1.28
12	2.90	31.90	0.90	26	2.90	72.50	1.30
13	2.90	34.80	0.94	27	2.90	75.40	1.32
14	2.90	37.70	0.97	28	2.90	78.30	1.35
15	2.90	40.60	1.00	29	5.00	83.30	1.38

（3）风荷载体型系数 μ_s

风荷载体型系数：本结构平面为十字形，$H/B = 83.3/30.1 = 2.77 < 4$，$\mu_s$ 取 1.3。

（4）风振系数 β_z

①查《荷规》8.4 节，第 8.4.3 条：对于一般竖向悬臂型结构，例如高层建筑和构架、塔架、烟囱等高耸结构，均可仅考虑结构第一振型的影响，结构的顺风向风荷载可按式（8.1.1-1）计算。z 高度处的风振系数 β_z 可按下式计算：

$$\beta_z = 1 + 2gI_{10}B_z\sqrt{1+R^2} \tag{5-25}$$

式中　g——峰值因子，可取 2.5；

I_{10}——10m 高度名义湍流强度，对应 A、B、C 和 D 类地面粗糙度，可分别取 0.12、0.14、0.23 和 0.39；

R——脉动风荷载的共振分量因子；

B_z——脉动风荷载的背景分量因子。

②脉动风荷载的共振分量因子 R 可按下列公式计算：

$$R=\sqrt{\frac{\pi}{6\zeta_1}\frac{x_1^2}{(1+x_1^2)^{4/3}}} \tag{5-26}$$

$$x_1=\frac{30f_1}{\sqrt{k_w\omega_0}},x_1>5$$

式中　f_1——结构第 1 阶自振频率（Hz）；

　　　k_w——地面粗糙度修正系数，对 C 类地面粗糙度取 0.54；

　　　ζ_1——结构阻尼比，对钢筋混凝土及砌体结构可取 0.05。

由广厦软件文本结果可知第 1 振型自振周期 $T_1=2.346s$，频率 $f_1=1/0.8T_1=0.533Hz$。

$$x_1=\frac{30f_1}{\sqrt{k_w\omega_0}}=\frac{30\times0.533}{\sqrt{0.54\times0.75}}=25.13$$

$$R=\sqrt{\frac{\pi}{6\times0.05}\frac{25.13^2}{(1+25.13^2)^{4/3}}}=1.104$$

③脉动风荷载的背景分量因子 B_z 可按下列规定确定（表 5-29）：

$$B_z=kH^{a_1}\rho_x\rho_z\frac{\phi_1(z)}{\mu_z} \tag{5-27}$$

式中　$\phi_1(z)$——结构第 1 阶振型系数：按 MATLAB 计算结果取第一振型；

　　　H——结构总高度（m）；

　　　ρ_x——脉动风荷载水平方向相关系数；

　　　ρ_z——脉动风荷载竖直方向相关系数；

　　k,a_1——系数，由《荷规》表 8.4.5-1 取 $k=0.295$，$a_1=0.261$。

其中，脉动风荷载的空间相关系数可按下列规定确定：

a. 竖直方向的相关系数可按下式计算：

$$\rho_z=\frac{10\sqrt{H+60e^{-H/60}-60}}{H} \tag{5-28}$$

式中 $H=83.3m$。

b. 水平方向相关系数可按下式计算：

$$\rho_x=\frac{10\sqrt{B+50e^{-B/50}-50}}{B}$$

式中 $B=30.1\leqslant2H$。

$$\rho_z=\frac{10\sqrt{83.3+60e^{-83.3/60}-60}}{83.3}=0.7426$$

$$\rho_x=\frac{10\sqrt{30.1+50e^{-30.1/50}-50}}{30.1}=0.9090$$

脉动风荷载的背景分量因子B_z计算　　　　　表 5-29

z(m)	μ_z	$\Phi(z)$	B_z	z(m)	μ_z	$\Phi(z)$	B_z
2.90	0.65	0.0140	0.0136	43.50	1.03	0.6395	0.3921
5.80	0.65	0.0388	0.0377	46.40	1.06	0.6840	0.4075
8.70	0.65	0.0709	0.0689	49.30	1.09	0.7264	0.4209
11.60	0.65	0.1087	0.1056	52.20	1.12	0.7662	0.4321
14.50	0.65	0.1512	0.1469	55.10	1.15	0.8034	0.4412
17.40	0.70	0.1968	0.1776	58.00	1.18	0.8375	0.4483
20.30	0.74	0.2448	0.2089	60.90	1.21	0.8684	0.4533
23.20	0.78	0.2944	0.2384	63.80	1.23	0.8961	0.4601
26.10	0.82	0.3449	0.2656	66.70	1.25	0.9204	0.4650
29.00	0.87	0.3958	0.2873	69.60	1.28	0.9415	0.4646
31.90	0.90	0.4466	0.3134	72.50	1.30	0.9594	0.4661
34.80	0.94	0.4968	0.3338	75.40	1.32	0.9745	0.4663
37.70	0.97	0.5461	0.3556	78.30	1.35	0.9871	0.4618
40.60	1.00	0.5941	0.3752	83.30	1.38	1.0000	0.4577

④ 各楼层风振系数 β_z 如表 5-30 所示。

各楼层风振系数β_z　　　　　表 5-30

层号	z(m)	B_z	R	β_z
2	2.90	0.0136	1.103635	1.0233
3	5.80	0.0377	1.103635	1.0646
4	8.70	0.0689	1.103635	1.1180
5	11.60	0.1056	1.103635	1.1809
6	14.50	0.1469	1.103635	1.2516
7	17.40	0.1776	1.103635	1.3041
8	20.30	0.2089	1.103635	1.3578
9	23.20	0.2384	1.103635	1.4083
10	26.10	0.2656	1.103635	1.4550
11	29.00	0.2873	1.103635	1.4921
12	31.90	0.3134	1.103635	1.5368
13	34.80	0.3338	1.103635	1.5717
14	37.70	0.3556	1.103635	1.6090
15	40.60	0.3752	1.103635	1.6426
16	43.50	0.3921	1.103635	1.6716
17	46.40	0.4075	1.103635	1.6980
18	49.30	0.4209	1.103635	1.7209
19	52.20	0.4321	1.103635	1.7400

续表

层号	z(m)	B_z	R	β_z
20	55.10	0.4412	1.103635	1.7557
21	58.00	0.4483	1.103635	1.7677
22	60.90	0.4533	1.103635	1.7763
23	63.80	0.4601	1.103635	1.7881
24	66.70	0.4650	1.103635	1.7965
25	69.60	0.4646	1.103635	1.7956
26	72.50	0.4661	1.103635	1.7983
27	75.40	0.4663	1.103635	1.7986
28	78.30	0.4618	1.103635	1.7909
29	83.30	0.4577	1.103635	1.7838

注：$\beta_z=1+2gI_{10}B_z\sqrt{1+R^2}$ 计算，其中取：$g=2.5$，$I_{10}=0.23$。

（5）风荷载作用下楼层剪力

计算风荷载作用下楼层剪力时，为了与电算结果做对比，因此在手算中不考虑女儿墙（表 5-31、图 5-33）。

风荷载作用下楼层剪力（不考虑女儿墙）　　　　表 5-31

层号	z(m)	μ_z	μ_s	β_z	ω_0	ω_k	迎风面积(m²)	F_k(kN)	楼层剪力(kN)
2	4.35	0.65	1.30	1.02	0.75	0.65	130.94	84.91	3918.34
3	7.25	0.65	1.30	1.06	0.75	0.67	87.29	58.89	3833.43
4	10.15	0.65	1.30	1.12	0.75	0.71	87.29	61.85	3774.54
5	13.05	0.65	1.30	1.18	0.75	0.75	87.29	65.33	3712.69
6	15.95	0.65	1.30	1.25	0.75	0.79	87.29	69.24	3647.36
7	18.85	0.70	1.30	1.30	0.75	0.89	87.29	77.69	3578.12
8	21.75	0.74	1.30	1.36	0.75	0.98	87.29	85.52	3500.43
9	24.65	0.78	1.30	1.41	0.75	1.07	87.29	93.49	3414.91
10	27.55	0.82	1.30	1.45	0.75	1.16	87.29	101.54	3321.43
11	30.45	0.87	1.30	1.49	0.75	1.27	87.29	110.48	3219.89
12	33.35	0.90	1.30	1.54	0.75	1.35	87.29	117.71	3109.40
13	36.25	0.94	1.30	1.57	0.75	1.44	87.29	125.74	2991.69
14	39.15	0.97	1.30	1.61	0.75	1.52	87.29	132.83	2865.95
15	42.05	1.00	1.30	1.64	0.75	1.60	87.29	139.80	2733.13
16	44.95	1.03	1.30	1.67	0.75	1.68	87.29	146.53	2593.32
17	47.85	1.06	1.30	1.70	0.75	1.75	87.29	153.18	2446.79
18	50.75	1.09	1.30	1.72	0.75	1.83	87.29	159.64	2293.61
19	53.65	1.12	1.30	1.74	0.75	1.90	87.29	165.86	2133.96
20	56.55	1.15	1.30	1.76	0.75	1.97	87.29	171.84	1968.11

层号	z(m)	μ_z	μ_s	β_z	ω_0	ω_k	迎风面积(m²)	F_k(kN)	楼层剪力(kN)
21	59.45	1.18	1.30	1.77	0.75	2.03	87.29	177.53	1796.27
22	62.35	1.21	1.30	1.78	0.75	2.10	87.29	182.93	1618.74
23	65.25	1.23	1.30	1.79	0.75	2.14	87.29	187.18	1435.81
24	68.15	1.25	1.30	1.80	0.75	2.19	87.29	191.12	1248.64
25	71.05	1.28	1.30	1.80	0.75	2.24	87.29	195.61	1057.52
26	73.95	1.30	1.30	1.80	0.75	2.28	87.29	198.96	861.90
27	76.85	1.32	1.30	1.80	0.75	2.31	87.29	202.06	662.94
28	80.80	1.35	1.30	1.79	0.75	2.36	118.90	280.27	460.88
29	83.30	1.38	1.30	1.78	0.75	2.40	75.25	180.61	180.61

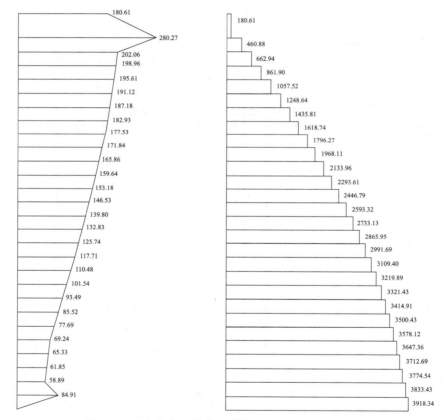

图 5-33　0 度方向风荷载及楼层剪力（不考虑女儿墙）

　　为了得到接近实际情况的风荷载作用下楼层剪力，再进行一次计算（表 5-32）。本结构取首层实际迎风面高度为 4.35m（首层和层高均为 2.9m，取 $h_1+0.5h_2$ 的高度），中间层迎风面高度为 2.9m，顶层迎风面高度为 2.85m（一半层高＋女儿墙高度），将女儿墙面积考虑进迎风面积。

风荷载作用下楼层剪力（实际情况）　　　　　　表 5-32

层号	z(m)	μ_z	μ_s	β_z	ω_0	ω_k	迎风面积 (m²)	F_k(kN)	楼层剪力 (kN)
2	4.35	0.65	1.30	1.02	0.75	0.65	130.94	84.91	3816.03
3	7.25	0.65	1.30	1.06	0.75	0.67	87.29	58.89	3731.12
4	10.15	0.65	1.30	1.12	0.75	0.71	87.29	61.85	3672.23
5	13.05	0.65	1.30	1.18	0.75	0.75	87.29	65.33	3610.38
6	15.95	0.67	1.30	1.25	0.75	0.82	87.29	71.37	3545.05
7	18.85	0.72	1.30	1.30	0.75	0.92	87.29	79.91	3473.68
8	21.75	0.78	1.30	1.36	0.75	1.03	87.29	90.14	3393.77
9	24.65	0.81	1.30	1.41	0.75	1.11	87.29	97.08	3303.63
10	27.55	0.85	1.30	1.45	0.75	1.21	87.29	105.26	3206.55
11	30.45	0.89	1.30	1.49	0.75	1.29	87.29	113.02	3101.29
12	33.35	0.92	1.30	1.54	0.75	1.38	87.29	120.33	2988.27
13	36.25	0.96	1.30	1.57	0.75	1.47	87.29	128.41	2867.94
14	39.15	0.99	1.30	1.61	0.75	1.55	87.29	135.57	2739.53
15	42.05	1.02	1.30	1.64	0.75	1.63	87.29	142.60	2603.96
16	44.95	1.05	1.30	1.67	0.75	1.71	87.29	149.38	2461.37
17	47.85	1.08	1.30	1.70	0.75	1.79	87.29	156.07	2311.99
18	50.75	1.11	1.30	1.72	0.75	1.86	87.29	162.57	2155.91
19	53.65	1.14	1.30	1.74	0.75	1.93	87.29	168.82	1993.34
20	56.55	1.17	1.30	1.76	0.75	2.00	87.29	174.82	1824.52
21	59.45	1.19	1.30	1.77	0.75	2.05	87.29	179.03	1649.70
22	62.35	1.22	1.30	1.78	0.75	2.11	87.29	184.44	1470.66
23	65.25	1.24	1.30	1.79	0.75	2.16	87.29	188.70	1286.23
24	68.15	1.27	1.30	1.80	0.75	2.22	87.29	194.18	1097.53
25	71.05	1.29	1.30	1.80	0.75	2.26	87.29	197.14	903.35
26	73.95	1.31	1.30	1.80	0.75	2.30	87.29	200.49	706.21
27	76.85	1.33	1.30	1.80	0.75	2.33	87.29	203.59	505.71
28	79.70	1.36	1.30	1.79	0.75	2.37	85.79	203.72	302.13
29	83.30	1.38	1.30	1.78	0.75	2.40	41.00	98.41	98.41

第九节　连续梁在恒、活荷载下的内力计算

一、计算原理

作用在双向板上的荷载一般会向最近的支座方向传递，对于支承梁承受的荷载范围，可近似认为，以 45° 等分角线为界，分别传至两相邻支座。这样，沿短跨方向的支承梁，承受板面传来的三角形分布荷载；沿长跨方向的支承梁，承受板面传来的梯形分布荷载，如图 5-34 所示。

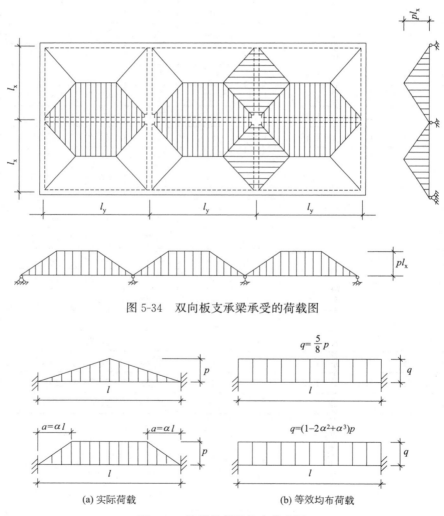

图 5-34　双向板支承梁承受的荷载图

(a) 实际荷载　　　(b) 等效均布荷载

图 5-35　换算的等效均布荷载图

（1）按弹性理论计算时，采用支座弯矩等效的原则，取等效均布荷载 q 代替三角形荷载和梯形荷载，如图 5-35 所示，然后按结构力学方法计算支承梁的支座弯矩。q 的取值如下：

当三角形荷载作用时

$$q = \frac{5}{8} p \qquad (5\text{-}29)$$

当梯形荷载作用时

$$q = (1 - 2a^2 + a^3) p \qquad (5\text{-}30)$$

$$\alpha = \frac{a}{la} = \frac{l_x}{2l} \qquad (5\text{-}31)$$

（2）考虑塑性内力重分布计算支承梁内力时，可在弹性理论求得的支座弯矩基础上，进行调幅，选定支座弯矩（通常取支座弯矩绝对值降低 20%），再按实际荷载求出跨中弯矩。

在按弹性分析计算时，计算过程中可使用"等截面等跨连续梁在常用荷载作用下按弹性分析的内力系数表"。

二、算例

某 4 层框架结构，每层层高均为 3m，柱尺寸为 400mm×400mm，梁尺寸为 200mm×500mm，楼板厚度为 100mm，板上恒荷载为 1.5kN/m^2，活荷载为 2kN/m^2，外围框架梁上有 6kN/m 的线荷载。柱子混凝土强度等级为 C30，弹性模量为 $3×10^7\text{kN/m}^2$；梁板混凝土强度等级为 C25，弹性模量为 $2.8×10^7\text{kN/m}^2$。计算②轴框架内力，并与广厦电算结果进行对比。该项目楼层平面荷载简图如图 5-36 所示。

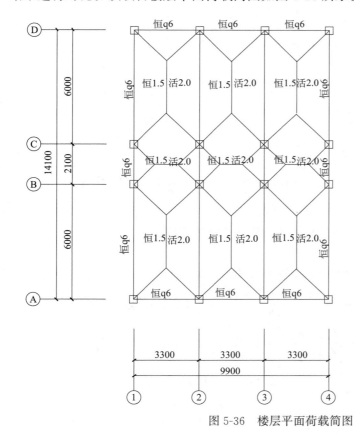

第1标准层简图说明：
1.板荷载，单位为kN/m²，未注明方向为重力方向
2.梁荷载 q—均布力，Q/L—集中力，$Q_1/L_1/Q_2/L_2$—分布力
M—均布弯矩，M/L—集中弯矩，T—温度变化，ΔT—温度梯度
荷载单位为kN，长度单位为m，温度变化单位为℃
温度梯度单位为℃/m，未注明方向为重力方向

图 5-36　楼层平面荷载简图

取②轴一榀框架计算竖向荷载下的框架内力。根据本章的计算原理，进行荷载换算。因每一层荷载布置相同，以下只列出②轴某一层框架恒荷载和活荷载简图如图 5-37、图 5-38 所示。

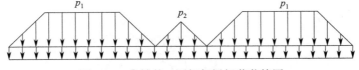

图 5-37　②轴某一层框架梁恒荷载简图

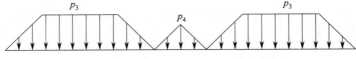

图 5-38　②轴某一层框架梁活荷载简图

恒荷载换算：

梁自重：$q_梁=25×0.2×0.5=2.5kN/m$

板梯形荷载：

$a=\dfrac{3300}{2}=1650mm,\alpha=\dfrac{a}{l}=\dfrac{1650}{6000}=0.275,p_1=(1.5+2.5)×3.3=13.2kN/m,$

$q_1=(1-2\alpha^2+\alpha^3)p_1+q_梁=11.48+2.5=13.98kN/m$

板三角形荷载：$p_2=(1.5+2.5)×2.1=8.4kN/m,$

$q_2=\dfrac{5}{8}p_2+2.5=5.25+2.5=7.75kN/m$

活荷载换算：

板梯形荷载：

$a=\dfrac{3300}{2}=1650mm,\alpha=\dfrac{a}{l}=\dfrac{1650}{6000}=0.275,p_3=2×3.3=6.6kN/m,$

$q_3=(1-2\alpha^2+\alpha^3)p_3=5.74kN/m$

板三角形荷载：$p_4=2×2.1=4.2kN/m,q_4=\dfrac{5}{8}p_4=\dfrac{5}{8}×4.2=2.63kN/m$

恒荷载和活荷载示意图如图 5-39、图 5-40 所示。

用分层法计算②轴框架分别在恒荷载和活荷载作用下的弯矩。

1. 计算各杆线刚度

该榀框架选取自现浇楼板的中框架，则框架梁 $I=2I_0$。

左、右边跨梁：$i_{左、右}=\dfrac{EI}{l}=\dfrac{0.2×0.5^3×2.8×10^7}{12×6}=9.722×10^3kN/m$

中跨梁：$i_中=\dfrac{EI}{l}=\dfrac{0.2×0.5^3×2.8×10^7}{12×2.1}=2.778×10^4kN/m$

底层柱子：$i_{底层柱}=\dfrac{EI}{l}=\dfrac{0.4^4×3×10^7}{12×3}=2.133×10^4kN/m$

其余层柱子：$i_{余柱}=0.9×\dfrac{EI}{l}=0.9×\dfrac{0.4^4×3×10^7}{12×3}=1.920×10^4kN/m$

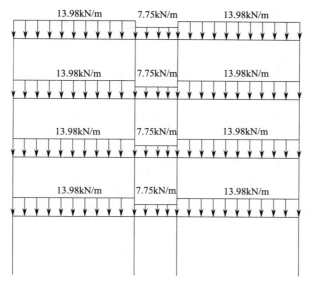

图 5-39 恒荷载示意图

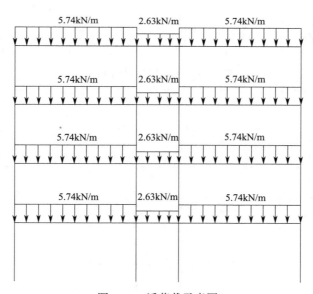

图 5-40 活荷载示意图

令 $i_{左、右}=1.0$，则其余各杆件的相对线刚度如图 5-41 所示。

2. 用弯矩分配法计算顶层、中间层、底层弯矩

（1）恒荷载作用下

顶层、中间层、底层弯矩的计算分别见表 5-33～表 5-35。顶层杆件相对线刚度如图 5-42 所示。中间层杆件相对线刚度如图 5-43 所示。底层杆件相对线刚度如图 5-44 所示。柱端弯矩叠加，不平衡弯矩进行一次分配（表 5-36～表 5-39），得框架弯矩图如图 5-45、图 5-46 所示。

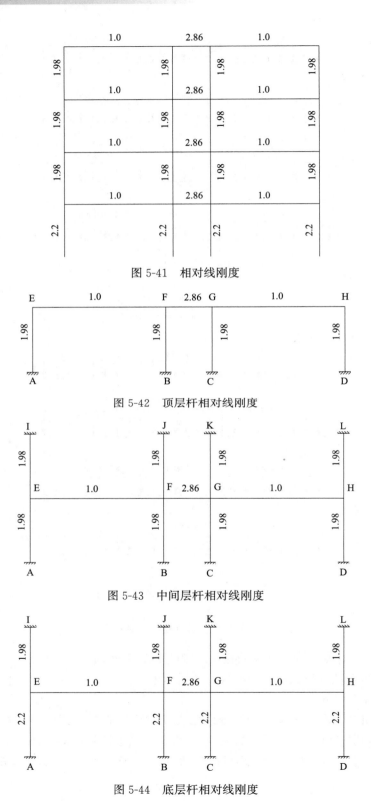

图 5-41　相对线刚度

图 5-42　顶层杆相对线刚度

图 5-43　中间层杆相对线刚度

图 5-44　底层杆相对线刚度

顶层杆端弯矩的计算（kN·m）

表 5-33

节点	A	B	E		F			G			H		C	D
杆端	AE	BF	EA	EF	FE	FB	FG	GF	GC	GH	HG	HD	CG	DH
分配系数	—	—	0.664	0.336	0.171	0.339	0.490	0.490	0.339	0.171	0.336	0.664	—	—
固端弯矩				−41.94	41.94		−2.85	2.85		−41.94	41.94			
H分配										−7.05	−14.09	−27.85		−9.28
G分配							11.30	22.61	15.64	7.89	3.94		5.21	
F分配		−5.69		−4.31	−8.62	−17.08	−24.69	−12.35						
E分配			30.71	15.54	7.77									
F分配		−0.88		−0.66	−1.33	−2.63	−3.81	−1.90						
G分配							3.49	6.98	4.83	2.44	1.22		1.61	
H分配										−0.87	−1.73	−3.43		−1.14
G分配							0.21	0.43	0.29	0.15	0.07		0.10	
F分配		−0.42		−0.32	−0.63	−1.26	−1.81	−0.91						
E分配	0.22		0.65	0.33	0.16									
F分配		−0.02		−0.01	−0.03	−0.06	−0.08	−0.04						
G分配							0.23	0.46	0.32	0.16	0.08		0.11	
H分配										−0.03	−0.05	−0.10		−0.03
G分配							0.01	0.01	0.01	0.00	0.00			
F分配		−0.03		−0.02	−0.04	−0.08	−0.12	−0.06						
E分配	0.01		0.02	0.01	0.01									
最终弯矩	10.46	−7.04	31.38	−31.38	39.23	−21.11	−18.12	18.08	21.10	−39.24	31.38	−31.38	7.03	−10.46

表 5-34

中间层杆端弯矩的计算 （kN·m）

节点	A(I)	B(J)	E			F				G				H			C(K)	D(L)
杆端	AE(IE)	BF(JF)	EA	EI	EF	FE	FB	FJ	FG	GF	GC	GK	GH	HG	HD	HL	CG(KG)	DH(LH)
分配系数	—	—	0.399	0.399	0.202	0.128	0.253	0.253	0.366	0.366	0.253	0.253	0.128	0.202	0.399	0.399	—	—
固端弯矩					−41.94	41.94			−2.85	2.85			−41.94	41.94				
H 分配													−4.24	−8.47	−16.73	−16.73		−5.58
G 分配									7.93	15.86	10.96	10.96	5.55	2.77			3.65	
F 分配		−3.97			−3.01	−6.02	−11.90	−11.90	−17.21	−8.60								
E 分配	5.98		17.93	17.93	9.08	4.54												
F 分配		−0.38			−0.29	−0.58	−1.15	−1.15	−1.66	−0.83								
G 分配									1.73	3.45	2.39	2.39	1.21	0.60			0.80	
H 分配													−0.34	−0.68	−1.35	−1.35		−0.45
G 分配									0.06	0.13	0.09	0.09	0.04	0.02			0.03	
F 分配		−0.15			−0.11	−0.23	−0.45	−0.45	−0.65	−0.33								
E 分配	0.05		0.16	0.16	0.08	0.04												
F 分配		0.00			0.00	−0.01	−0.01	−0.01	−0.01	−0.01								
G 分配									0.06	0.12	0.08	0.08	0.04	0.02			0.03	
H 分配													0.00	−0.01	−0.02	−0.02		0.00
最终弯矩	6.03	−4.50	18.10	18.10	−36.20	39.69	−13.51	−13.51	−12.61	12.64	13.52	13.52	−39.68	36.20	−18.10	−18.10	4.51	−6.03

表 5-35

底层杆端弯矩的计算 （kN·m）

节点	A	B	E			F				G				H			C	D	K	L
杆端	AE	BF	EA	EI	EF	FE	FB	FJ	FG	GF	GC	GK	GH	HG	HD	HL	CG	DH	KG	LH
分配系数	—	—	0.425	0.382	0.193	0.124	0.274	0.246	0.356	0.356	0.274	0.246	0.124	0.193	0.425	0.382	—	—	—	—
固端弯矩					−41.94	41.94			−2.85	2.85			−41.94	41.94						

续表

节点	A	B	I	J	E			F				G				H			C	D	K	L
杆端	AE	BF	IE	JF	EA	EI	EF	FE	FB	FJ	FG	GF	GC	GK	GH	HG	HD	HL	CG	DH	KG	LH
H 分配															−4.05	−8.09	−17.82	−16.02		−8.91		−8.01
G 分配											7.68	15.36	11.82	10.61	5.35	2.67			5.91		5.31	
F 分配		−6.41		−5.75			−2.90	−5.80	−12.82	−11.51	−16.65	−8.33										
E 分配	9.53		8.56		19.06	17.13	8.65	4.33														
F 分配		−0.59		−0.53			−0.27	−0.54	−1.19	−1.06	−1.54	−0.77										
G 分配											1.62	3.24	2.49	2.24	1.13	0.56			1.25		1.12	
H 分配															−0.31	−0.63	−1.38	−1.24		−0.69		−0.62
G 分配											0.06	0.11	0.09	0.08	0.04	0.02			0.04		0.04	
F 分配		−0.23		−0.21			−0.10	−0.21	−0.46	−0.41	−0.60	−0.30										
E 分配	0.08		0.07		0.16	0.14	0.07	0.04														
F 分配		0.00		0.00			0.00	0.00	−0.01	−0.01	−0.01	−0.01										
G 分配											0.05	0.11	0.08	0.07	0.04	0.02			0.04		0.04	
H 分配															0.00	−0.01	−0.02	−0.01		−0.01		−0.01
最终弯矩	9.61	−7.23	8.64	−6.50	19.22	17.27	−36.49	39.75	−14.47	−12.99	12.24	12.26	14.48	13.00	−39.75	36.49	−19.22	−17.27	7.24	−9.61	6.50	−8.64

表 5-36

顶层弯矩分配

节点	E		F			G			H	
杆端	EA	EF	FE	FB	FG	GF	GC	GH	HG	HD
分配系数	0.664	0.336	0.171	0.339	0.49	0.49	0.339	0.171	0.336	0.664
顶层弯矩	31.38	-31.38	39.23	-21.11	-18.12	18.08	21.10	-39.24	31.38	-31.38
中间层弯矩	6.03			-4.50			4.51			-6.03
分配弯矩	-4.01	-2.03	0.77	1.53	2.20	-2.21	-1.53	-0.77	2.03	4.00
最终弯矩	33.41	-33.41	40.00	-24.08	-15.91	15.88	24.07	-40.01	33.41	-33.40

表 5-37

中间层与顶层及下层弯矩分配

节点	E			F				G				H		
杆端	EA	EI	EF	FE	FB	FJ	FG	GF	GC	GK	GH	HG	HD	HL
分配系数	0.399	0.399	0.202	0.128	0.253	0.253	0.366	0.366	0.253	0.253	0.128	0.202	0.399	0.399
中间层弯矩	18.10	18.10	-36.20	39.69	-13.51	-13.51	-12.61	12.64	13.52	13.52	-39.68	36.20	-18.10	-18.10
上下层弯矩	6.03	10.46			-4.50	-7.04			4.51	7.03			-6.03	-10.46
分配弯矩	-6.58	-6.58	-3.33	1.48	2.92	2.92	4.22	-4.22	-2.92	-2.92	-1.48	3.33	6.58	6.58
最终弯矩	17.55	21.98	-39.53	41.16	-15.09	-17.63	-8.39	8.41	15.11	17.63	-41.16	39.53	-17.55	-21.98

表 5-38

中间层与上下层弯矩分配

节点	E			F				G				H		
杆端	EA	EI	EF	FE	FB	FJ	FG	GF	GC	GK	GH	HG	HD	HL
分配系数	0.399	0.399	0.202	0.128	0.253	0.253	0.366	0.366	0.253	0.253	0.128	0.202	0.399	0.399
中间层弯矩	18.10	18.10	-36.20	39.69	-13.51	-13.51	-12.61	12.64	13.52	13.52	-39.68	36.20	-18.10	-18.10
上下层弯矩	6.03	6.03			-4.50	-4.50			4.51	4.51			-6.03	-6.03
分配弯矩	-4.81	-4.81	-2.44	1.15	2.28	2.28	3.29	-3.30	-2.28	-2.28	-1.15	2.43	4.81	4.81
最终弯矩	19.31	19.31	-38.63	40.84	-15.73	-15.73	-9.32	9.34	15.75	15.75	-40.83	38.63	-19.32	-19.32

表 5-39

底层弯矩分配

节点	E			F				G				H		
杆端	EA	EI	EF	FE	FB	FJ	FG	GF	GC	GK	GH	HG	HD	HL
分配系数	0.425	0.382	0.193	0.124	0.274	0.246	0.356	0.356	0.274	0.246	0.124	0.193	0.425	0.382
底层弯矩	19.22	17.27	-36.49	39.75	-14.47	-12.99	-12.24	12.26	14.48	13.00	-39.75	36.49	-19.22	-17.27
中间层弯矩		6.03				-4.50				4.51				-6.03

续表

节点	E		F				G				H		
杆端	EA	EI	FE	FB	FJ	FG	GF	GC	GK	GH	HG	HD	HL
分配弯矩	-2.56	-2.30	0.56	1.23	1.11	1.60	-1.60	-1.23	-1.11	-0.56	1.16	2.56	2.30
最终弯矩	16.65	21.00	40.31	-13.24	-16.38	-10.64	10.66	13.25	16.40	-40.31	37.65	-16.66	-21.00
杆端	AE	IE		BF	JF			CG	KG			DH	LH
杆端最终弯矩 柱端弯矩	8.33	7.48		-6.62	-5.94			6.62	5.95			-8.33	-7.49

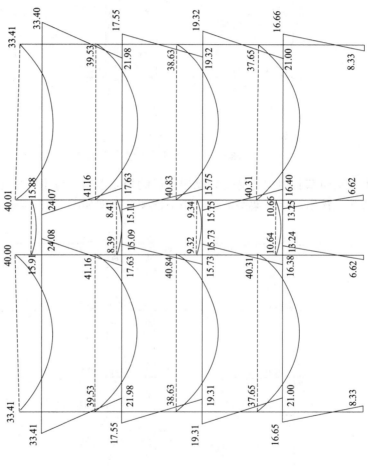

图 5-45　恒荷载作用下框架弯矩图（手算）

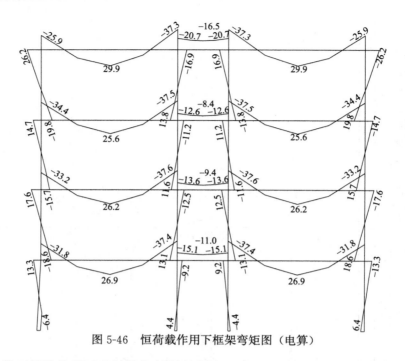

图 5-46　恒荷载作用下框架弯矩图（电算）

为排除模型其他构件对②轴框架构件的相互影响，另用广厦建一榀框架模型，并输入等效荷载，输出一榀框架恒荷载作用下框架弯矩图如图 5-47 所示。

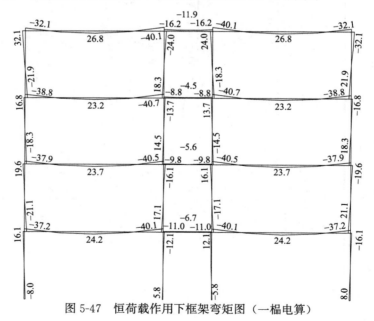

图 5-47　恒荷载作用下框架弯矩图（一榀电算）

（2）活荷载作用下

顶层、中间层、底层弯矩的计算分别见表 5-40～表 5-42。

柱端弯矩叠加，不平衡弯矩进行一次分配（表 5-43～表 5-46），得框架弯矩图如图 5-48、图 5-49 所示。

表 5-40

顶层杆端弯矩的计算 (kN·m)

节点	A	B	E		F			G			H		C	D
杆端	AE	BF	EA	EF	FE	FB	FG	GF	GC	GH	HG	HD	CG	DH
分配系数	—	—	0.664	0.336	0.171	0.339	0.49	0.49	0.339	0.171	0.336	0.664	—	—
固端弯矩				−17.22	17.22		−0.97	0.97		−17.22	17.22			
H 分配										−2.89	−5.79	−11.43		−3.81
G 分配							4.69	9.38	6.49	3.27	1.64		2.16	
F 分配		−2.37		−1.79	−3.58	−7.10	−10.26	−5.13						
E 分配	4.21		12.62	6.39	3.19									
F 分配		−0.36		−0.27	−0.55	−1.08	−1.56	−0.78						
G 分配							1.45	2.90	2.00	1.01	0.51		0.67	
H 分配										−0.36	−0.72	−1.42		−0.47
G 分配							0.09	0.18	0.12	0.06	0.03		0.04	
F 分配		−0.17		−0.13	−0.26	−0.52	−0.75	−0.38						
E 分配	0.09		0.27	0.14	0.07									
F 分配		−0.01		0.00	−0.01	−0.02	−0.03	−0.02						
G 分配							0.10	0.19	0.13	0.07	0.03		0.04	
H 分配										−0.01	−0.02	−0.04		−0.01
G 分配							0.00	0.01	0.00	0.00	0.00		0.00	
F 分配		−0.01		−0.01	−0.02	−0.04	−0.05	−0.02						
E 分配	0.00		0.01	0.00	0.00									
最终弯矩	4.30	−2.92	12.90	−12.90	16.07	−8.76	−7.30	7.29	8.75	−16.07	12.90	−12.90	2.92	−4.30

表 5-41

中间层杆端弯矩的计算 (kN·m)

节点	A(I)	B(J)	E	E	E	F	F	F	F	G	G	G	G	H	H	H	C(K)	D(L)
杆端	AE(IE)	BF(JF)	EA	EI	EF	FE	FB	FJ	FG	GF	GC	GK	GH	HG	HD	HL	CG(KG)	DH(LH)
分配系数	—	—	0.399	0.399	0.202	0.128	0.253	0.253	0.366	0.366	0.253	0.253	0.128	0.202	0.399	0.399	—	—
固端弯矩					−17.22	17.22			−0.97	0.97			−17.22	17.22				
H分配													−1.74	−3.48	−6.87	−6.87		−2.29
G分配									3.29	6.59	4.55	4.55	2.30	1.15			1.52	
F分配		−1.65			−1.25	−2.50	−4.95	−4.95	−7.15	−3.58								
E分配	2.46		7.37	7.37	3.73	1.87												
F分配		−0.16			−0.12	−0.24	−0.47	−0.47	−0.68	−0.34								
G分配									0.72	1.43	0.99	0.99	0.50	0.25			0.33	
H分配													−0.14	−0.28	−0.56	−0.56		−0.19
G分配									0.03	0.05	0.04	0.04	0.02	0.01			0.01	
F分配		−0.06			−0.05	−0.10	−0.19	−0.19	−0.27	−0.14								
E分配	0.02		0.07	0.07	0.03	0.02												
F分配		0.00			0.00	0.00	0.00	0.00	−0.01									
G分配									0.03	0.05	0.04	0.04	0.02	0.01			0.01	
H分配													−0.01	0.00	−0.01	−0.01		0.00
最终弯矩	2.48	−1.87	7.44	7.44	−14.87	16.26	−5.61	−5.61	−5.02	5.03	5.61	5.61	−16.26	14.87	−7.44	−7.44	1.87	−2.48

表 5-42

底层杆端弯矩的计算 (kN·m)

节点	A	B	I	J	E	E	E	F	F	F	F	G	G	G	G	H	H	H	C	D	K	L
杆端	AE	BF	IE	JF	EA	EI	EF	FE	FB	FJ	FG	GF	GC	GK	GH	HG	HD	HL	CG	DH	KG	LH
分配系数	—	—	—	—	0.425	0.382	0.193	0.124	0.274	0.246	0.356	0.356	0.274	0.246	0.124	0.193	0.425	0.382	—	—	—	—
固端弯矩							−17.22	17.22			−0.97	0.97			−17.22	17.22						

续表

节点	A	B	I	J	E			F				G				H			C	D	K	L
杆端	AE	BF	IE	JF	EA	EI	EF	FE	FB	FJ	FG	GF	GC	GK	GH	HG	HD	HL	CG	DH	KG	LH
H 分配															−1.66	−3.32	−7.32	−6.58		−3.66		−3.29
G 分配											3.19	6.38	4.91	4.41	2.22	1.11			2.45		2.20	
F 分配		−2.66		−2.39			−1.21	−2.41	−5.33	−4.78	−6.92	−3.46										
E 分配	3.92		3.52		7.83	7.04	3.56	1.78														
F 分配		−0.24		−0.22			−0.11	−0.22	−0.49	−0.44	−0.63	−0.32										
G 分配											0.67	1.34	1.03	0.93	0.47	0.23			0.52		0.46	
H 分配															−0.13	−0.26	−0.57	−0.51		−0.29		−0.26
G 分配											0.02	0.05	0.04	0.03	0.02	0.01			0.02		0.02	
F 分配		−0.10		−0.09			−0.04	−0.09	−0.19	−0.17	−0.25	−0.12										
E 分配	0.03		0.03		0.07	0.06	0.03	0.01														
F 分配		0.00		0.00			0.00	0.00	0.00	0.00	−0.01	0.00										
G 分配											0.02	0.05	0.03	0.03	0.02	0.01			0.02		0.02	
H 分配															0.00	0.00	−0.01	−0.01		0.00		0.00
最终弯矩	3.95	−3.00	3.55	−2.70	7.90	7.10	−14.99	16.29	−6.01	−5.39	−4.87	4.88	6.01	5.40	−16.29	14.99	−7.90	−7.10	3.01	−3.95	2.70	−3.55

顶层弯矩分配　　　　　　　　　　　　　　　　表5-43

节点	E		F			G			H	
杆端	EA	EF	FE	FB	FG	GF	GC	GH	HG	HD
分配系数	0.664	0.336	0.171	0.339	0.49	0.49	0.339	0.171	0.336	0.664
顶层弯矩	12.90	-12.90	16.07	-8.76	-7.30	7.29	8.75	-16.07	12.90	-12.90
中间层弯矩	2.48			-1.87			1.87			-2.48
分配弯矩	-1.65	-0.83	0.32	0.63	0.92	-0.92	-0.63	-0.32	0.83	1.64
最终弯矩	13.73	-13.73	16.38	-10.00	-6.39	6.37	9.99	-16.39	13.73	-13.73

中间层与顶层弯矩分配　　　　　　　　　　　　　　　　表5-44

节点	E			F				G				H		
杆端	EA	EI	EF	FE	FB	FJ	FG	GF	GC	GK	GH	HG	HD	HL
分配系数	0.399	0.399	0.202	0.128	0.253	0.253	0.366	0.366	0.253	0.253	0.128	0.202	0.399	0.399
中间层弯矩	7.44	7.44	-14.87	16.26	-5.61	-5.61	-5.02	5.03	5.61	5.61	-16.26	14.87	-7.44	-7.44
上下层弯矩	2.48	4.30			-1.87	-2.92			1.87	2.92			-2.48	-4.30
分配弯矩	-2.70	-2.70	-1.37	0.61	1.21	1.21	1.75	-1.75	-1.21	-1.21	-0.61	1.37	2.70	2.70
最终弯矩	7.21	9.03	-16.24	16.88	-6.27	-7.32	-3.27	3.28	6.27	7.32	-16.88	16.24	-7.21	-9.03

中间层与上下层弯矩分配　　　　　　　　　　　　　　　　表5-45

节点	E			F				G				H		
杆端	EA	EI	EF	FE	FB	FJ	FG	GF	GC	GK	GH	HG	HD	HL
分配系数	0.399	0.399	0.202	0.128	0.253	0.253	0.366	0.366	0.253	0.253	0.128	0.202	0.399	0.399
中间层弯矩	7.44	7.44	-14.87	16.26	-5.61	-5.61	-5.02	5.03	5.61	5.61	-16.26	14.87	-7.44	-7.44
上下层弯矩	2.48	2.48			-1.87	-1.87			1.87	1.87			-2.48	-2.48
分配弯矩	-1.98	-1.98	-1.00	0.48	0.95	0.95	1.37	-1.37	-0.95	-0.95	-0.48	1.00	1.98	1.98
最终弯矩	7.94	7.94	-15.88	16.74	-6.53	-6.53	-3.65	3.66	6.54	6.54	-16.74	15.88	-7.94	-7.94

底层弯矩分配　　　　　　　　　　　　　　　　表5-46

节点	E			F				G				H		
杆端	EA	EI	EF	FE	FB	FJ	FG	GF	GC	GK	GH	HG	HD	HL
分配系数	0.425	0.382	0.193	0.124	0.274	0.246	0.356	0.356	0.274	0.246	0.124	0.193	0.425	0.382
底层弯矩	7.90	7.10	-14.99	16.29	-6.01	-5.39	-4.87	4.88	6.01	5.40	-16.29	14.99	-7.90	-7.10
中间层弯矩		2.48				-1.87				1.87				-2.48

续表

节点	E			F					G			H		
杆端	EA	EI	EF	FE	FB	FJ	FG	GF	GC	GK	GH	HG	HD	HL
分配弯矩	-1.05	-0.95	-0.48	0.23	0.51	0.46	0.67	-0.67	-0.51	-0.46	-0.23	0.48	1.05	0.95
最终弯矩	6.84	8.63	-15.47	16.53	-5.50	-6.80	-4.20	4.21	5.50	6.81	-16.52	15.47	-6.84	-8.63
杆端	AE	IE			BF	JF			CG	KG			DH	LH
柱端最终弯矩	3.42	3.08			-2.75	-2.47			2.75	2.47			-3.42	-3.08

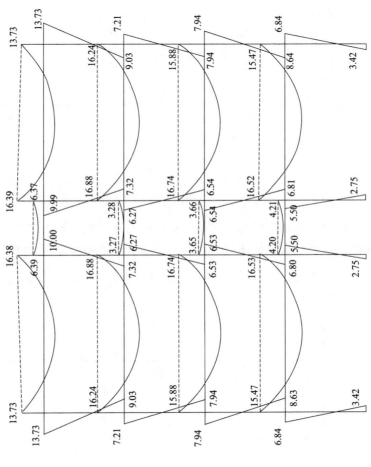

图 5-48 活荷载作用下框架弯矩图（手算）

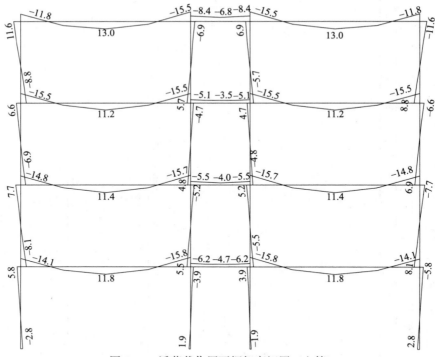

图 5-49　活荷载作用下框架弯矩图（电算）

　　为排除模型其他构件对②轴框架构件的相互影响，另用广厦建一榀框架模型，并输入等效荷载，输出一榀框架活荷载作用下框架弯矩图如图 5-50 所示。

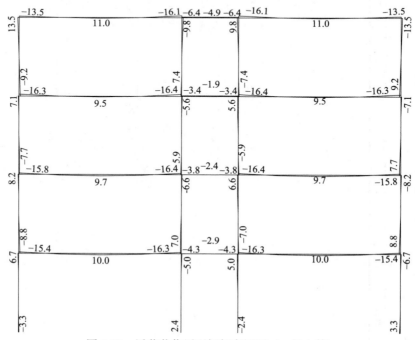

图 5-50　活荷载作用下框架弯矩图（一榀电算）

（3）梁柱端剪力计算

梁端剪力计算：根据框架弯矩图，采用结构力学取脱离体的方法计算（图 5-51、图 5-52）。梁端剪力由荷载引起的剪力和弯矩引起的剪力两部分组成（表 5-47、表 5-48）。

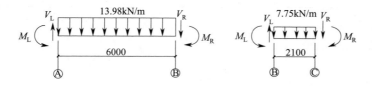

图 5-51 恒荷载示意图

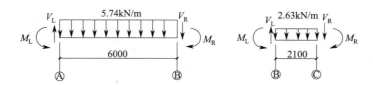

图 5-52 活荷载示意图

恒荷载作用下梁端剪力计算 表 5-47

楼层	弯矩（kN·m）				荷载（kN/m）		剪力（kN）			
	边跨梁		中间梁		边跨梁	中间梁	边跨梁		中间梁	
	M_L	M_R	M_L	M_R	q_1(kN/m)	q_2(kN/m)	V_L	V_R	V_L	V_R
4	−33.41	40.00	−15.91	15.88	13.98	7.75	40.84	−43.04	8.15	−8.12
3	−35.93	41.16	−8.39	8.41	13.98	7.75	41.07	−42.81	8.13	−8.15
2	−38.63	40.84	−9.32	9.34	13.98	7.75	41.57	−42.31	8.13	−8.15
1	−37.65	40.31	−10.64	10.66	13.98	7.75	41.50	−42.38	8.13	−8.15

活荷载作用下梁端剪力计算 表 5-48

楼层	弯矩（kN·m）				荷载（kN/m）		剪力（kN）			
	边跨梁		中间梁		边跨梁	中间梁	边跨梁		中间梁	
	M_L	M_R	M_L	M_R	q_3	q_4	V_L	V_R	V_L	V_R
4	−13.73	16.38	−6.39	6.37	5.74	2.63	16.78	−17.66	2.77	−2.75
3	−16.24	16.88	−3.27	3.28	5.74	2.63	17.11	−17.33	2.76	−2.77
2	−15.88	16.74	−3.65	3.66	5.74	2.63	17.08	−17.36	2.76	−2.77
1	−15.47	16.53	−4.2	4.21	5.74	2.63	17.04	−17.40	2.76	−2.77

已知柱两端弯矩，根据杆件力矩平衡公式可求出柱端剪力，如表 5-49、表 5-50 所示。

恒荷载作用下柱端剪力计算　　　　　　　　　　表 5-49

楼层	弯矩(kN·m)				剪力(kN)	
	边柱		中柱		边柱	中柱
	$M_上$	$M_下$	$M_上$	$M_下$	V	V
4	33.41	21.98	−24.08	−17.63	18.46	−13.90
3	17.55	19.31	−15.09	−15.73	12.29	−10.27
2	19.31	21.00	−15.73	−16.38	13.44	−10.70
1	16.65	8.33	−13.24	−6.62	8.33	−6.62

活荷载作用下柱端剪力计算　　　　　　　　　　表 5-50

楼层	弯矩(kN·m)				剪力(kN)	
	边柱		中柱		边柱	中柱
	$M_上$	$M_下$	$M_上$	$M_下$	V	V
4	13.73	9.03	−10.00	−7.32	7.59	−5.77
3	7.21	7.94	−6.27	−6.53	5.05	−4.27
2	7.94	8.63	−6.53	−6.80	5.52	−4.44
1	6.84	3.42	−5.50	−2.75	3.42	−2.75

　　恒荷载和活荷载作用下②轴框架剪力图如图 5-53、图 5-54 所示。

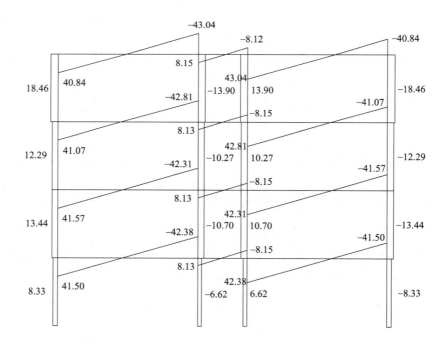

图 5-53　恒荷载作用下②轴框架剪力图

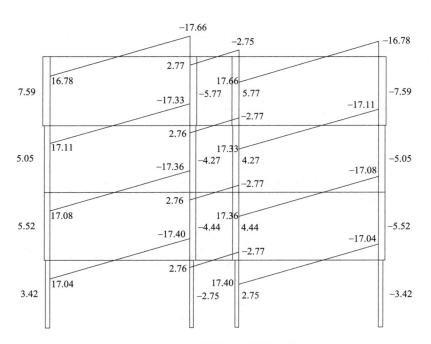

图 5-54　活荷载作用下②轴框架剪力图

广厦电算②轴框架剪力图如图 5-55、图 5-56 所示。

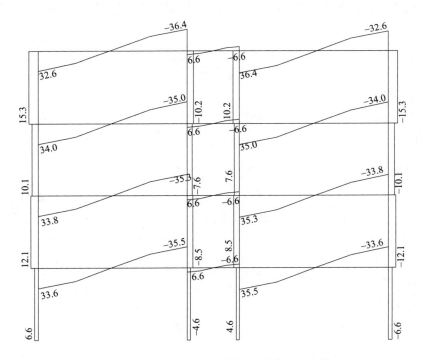

图 5-55　恒荷载作用下②轴框架剪力图（电算）

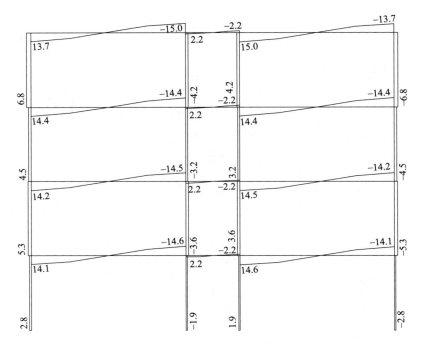

图 5-56　活荷载作用下②轴框架剪力图（电算）

为排除模型其他构件对②轴框架构件的相互影响，另用广厦建一榀框架模型，并输入等效荷载，输出一榀框架恒荷载和活荷载作用下框架剪力图如图 5-57、图 5-58 所示。

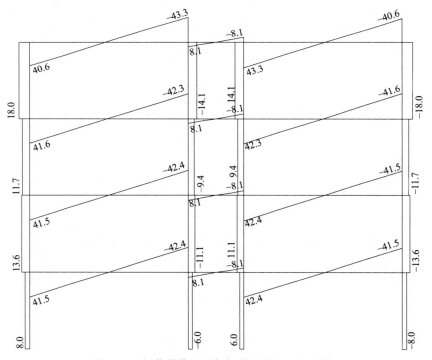

图 5-57　恒荷载作用下框架剪力图（一榀电算）

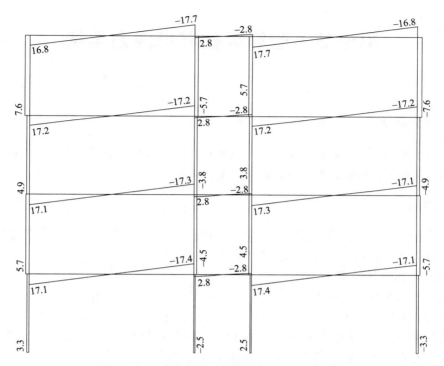

图 5-58　活荷载作用下框架剪力图（一榀电算）

因真实模型为三维模型，待验算的单榀框架的周边构件对其的影响不可忽略，且软件在计算板荷时自动扣除梁板重叠部分的板自重，与手算结果存在一定的区别。当采用广厦单独建立一榀框架并输入等效荷载后（排除周边构件及扣除构件重叠部分荷载的影响），电算结果与手算结果基本一致。

第十节　验算梁柱节点内力平衡

一、计算原理

以内力平衡的原理，在已知某一节点其他构件的内力时，求另一个构件的内力。在验算节点内力平衡时，应该以同一工况内力来验算。

二、算例

在某工程项目中，使用广厦结构 CAD 软件建模、计算之后，在广厦软件主菜单的图形方式里可以查看各结构构件的计算内力。

1. 梁柱节点弯矩平衡

柱默认显示的是柱底内力，点击柱，在弹开的文本中可看到柱顶内力，验算时取本层的柱顶内力和上层的柱底内力（图 5-59～图 5-61）。柱内力的定义方向为下端对上端的作用。注意柱弯矩方向：M_x 表示与 B 边平行的方向为弯矩矢量方向，M_y 表示与 H 边平行的方向为弯矩矢量方向。按作用力与反作用力的关系，弯矩要反号。

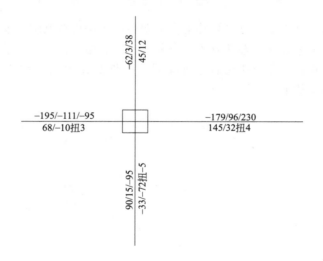

图 5-59　梁柱节点弯矩图

绘出节点弯矩平衡图如图 5-62 所示。

x 向：$95+4-62-3-34.01+0=0$；

y 向：$179+5-95-13-75.82=0.18$。

2. 梁柱偏心节点的弯矩平衡（侧梁距柱中心 0.2m）

梁柱偏心节点弯矩、本层柱顶内力、上层柱底内力图如图 5-63～图 5-65 所示。

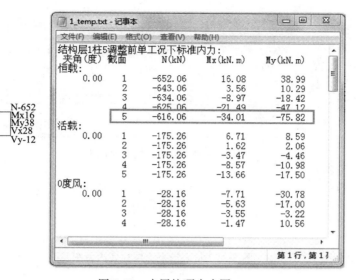

图 5-60　本层柱顶内力图

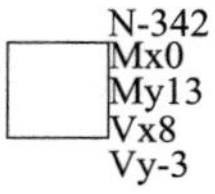

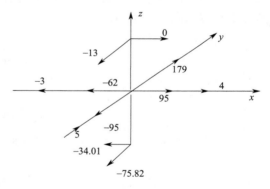

N-342
Mx0
My13
Vx8
Vy-3

图 5-61　上层柱底内力图

图 5-62　梁柱节点弯矩平衡图

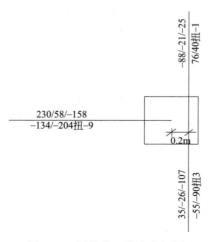

图 5-63　梁柱偏心节点弯矩图

127

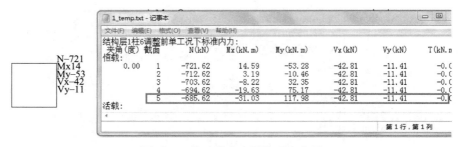

图 5-64　偏心节点本层柱顶内力图

图 5-65　偏心节点上层柱底内力图

带偏心阶段的梁柱平衡要注意，梁柱的端点不在一个坐标点，故要验算弯矩平衡还要将梁端剪力乘以到柱中心的距离。注意梁剪力方向为梁 1 端对 2 端的作用，换算方向后得节点平衡图如图 5-66 所示。

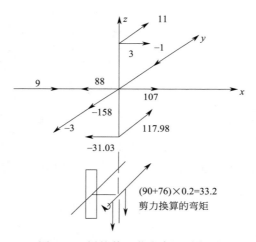

图 5-66　梁柱偏心节点弯矩平衡图

x 向：$107+9+3-31.03-88=0$；

y 向：$11+117.98-1-3-158+33.2=0.18$。

第十一节　构件的最不利内力组合验算

一、剪力墙

1. 计算原理

剪力墙的内力计算比较复杂，规范在这一方面没有给出合适的计算剪力墙内力的方法。因此在这方面建议使用广厦软件电算结果里构件调整前的内力考核内力组合的知识点。需要说明的是，广厦软件中只给出调整之后的单工况内力，因此下文中列出的单工况内力都是经过调整的，包括梁端弯矩调幅和跨中弯矩增大，因此工况内力不需要经过调整可直接组合。

2. 算例

某高层剪力墙结构住宅楼项目，在首层（底部加强部位）挑选了墙 1（W1）和墙 13（W13）两道剪力墙。W13 是一字形剪力墙，属于短肢剪力墙；W1 为 L 形剪力墙，属于一般剪力墙。图 5-67 是两片剪力墙的形状及所在位置的平面示意图。

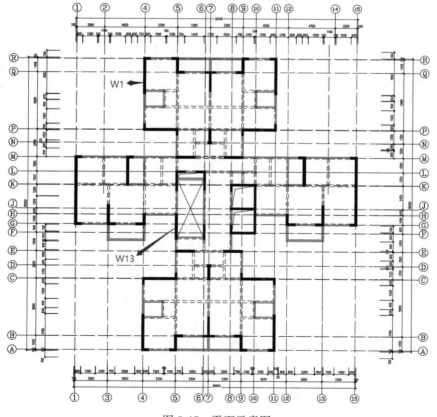

图 5-67　平面示意图

根据广厦软件计算结果，调整前的静力共有 16 种工况，软件考虑的工况可从广厦结构 CAD 软件主菜单"文本方式"—"构件内力"—"调整前静力内力"和"调整前动力内力"的文本里进行查看。由于各层活荷载不超过 4kN/m²，根据《高规》5.1.8 条，可以不考虑活荷载的不利布置，在手算中只考虑前 6 种工况，如下所示：

工况　1—重力恒荷载

工况　2—重力活荷载

工况　3—0 度风荷载

工况　4—90 度风荷载

工况　5—180 度风荷载

工况　6—270 度风荷载

根据广厦软件计算结果，调整前的动力共有 6 种工况，如下所示：

工况　1 地震方向　0.00

工况　2 地震方向　90.00

工况 3+ex 地震方向　0.00

工况 4+ex 地震方向　90.00

工况 5−ex 地震方向　0.00

工况 6−ex 地震方向　90.00

（1）选取广厦软件电算结果中调整前的静力和动力工况内力

①墙 1（W1）

表 5-51 是从广厦软件中导出的 W1 的静力工况内力。

首层 W1 静力工况内力标准值　　　　　　表 5-51

墙号	内点	内点	工况	截面	N(kN)	V_x(kN)	V_y(kN)	T(kN·m)	M_x(kN·m)	M_y(kN·m)
1	2	1	1	墙下端	848.75	−3.85	13.13	0.01	−4.92	−2.24
				墙上端	771.15	4.79	4.34	−0.01	−2.86	−3.60
1	2	1	2	墙下端	123.75	−0.56	1.80	0.00	−0.74	−0.32
				墙上端	112.63	0.71	0.81	0.00	−0.29	−0.54
1	2	1	3	墙下端	−54.86	0.85	29.99	0.05	−35.12	0.60
				墙上端	−215.85	−0.95	31.56	−0.03	5.83	0.74
1	2	1	4	墙下端	516.45	−3.05	16.95	0.09	−4.49	−4.02
				墙上端	389.03	1.35	13.82	−0.04	1.90	−1.56
1	2	1	5	墙下端	54.86	−0.85	−29.99	−0.05	35.12	−0.60
				墙上端	215.85	0.95	−31.56	0.03	−5.83	−0.74
1	2	1	6	墙下端	−516.46	3.05	−16.95	−0.09	4.49	4.02
				墙上端	−389.03	−1.35	−13.83	0.04	−1.90	1.56
1	4	2	1	墙下端	4899.11	−12.42	−139.43	−6.20	663.21	−9.14
				墙上端	4976.70	−3.67	−130.80	−25.41	127.81	14.19
1	4	2	2	墙下端	717.94	−2.33	−23.83	−2.94	97.97	−2.81
				墙上端	729.06	−1.35	−22.55	−4.06	10.14	2.53

墙号	内点	内点	工况	截面	N(kN)	V_x(kN)	V_y(kN)	T(kN·m)	M_x(kN·m)	M_y(kN·m)
1	4	2	3	墙下端	−1647.54	10.39	22.57	0.67	104.59	28.67
				墙上端	−1486.55	8.79	20.77	5.99	−130.41	0.86
1	4	2	4	墙下端	464.36	−1.36	205.47	0.22	−1532.65	−0.33
				墙上端	591.78	1.76	209.87	−2.96	−1166.11	−0.91
1	4	2	5	墙下端	1647.54	−10.39	−22.57	−0.67	−104.59	−28.67
				墙上端	1486.55	−8.79	−20.77	−5.99	130.41	−0.86
1	4	2	6	墙下端	−464.27	1.36	−205.48	−0.22	1532.71	0.33
				墙上端	−591.70	−1.76	−209.88	2.96	1166.16	0.91

表 5-52 是从广厦软件中导出的 W1 的动力工况内力。

首层 W1 动力工况内力标准值　　　　　　　　　表 5-52

墙号	内点	内点	工况	截面	N(kN)	V_x(kN)	V_y(kN)	T(kN·m)	M_x(kN·m)	M_y(kN·m)
1	2	1	1	墙下端	107.57	0.74	26.98	0.04	−31.03	0.54
				墙上端	−174.36	−0.80	27.98	−0.02	5.14	0.62
1	2	1	2	墙下端	494.32	−2.91	17.99	0.09	−6.03	−3.92
				墙上端	366.83	1.27	15.17	−0.04	2.24	−1.49
1	2	1	3	墙下端	112.42	0.64	31.20	0.05	−34.44	0.36
				墙上端	−168.21	−0.82	32.04	−0.03	5.89	0.61
1	2	1	4	墙下端	528.63	−3.06	22.28	0.09	−9.24	−4.17
				墙上端	374.54	1.26	19.27	−0.05	2.97	−1.51
1	2	1	5	墙下端	−113.60	0.84	22.78	0.04	−27.63	0.75
				墙上端	−180.71	−0.77	23.94	−0.02	4.39	0.63
1	2	1	6	墙下端	460.38	−2.77	13.77	0.08	3.50	−3.67
				墙上端	359.21	1.29	11.18	−0.03	1.56	−1.48
1	4	2	1	墙下端	−1341.38	8.89	14.23	0.56	123.16	24.99
				墙上端	−1224.58	7.79	10.61	5.10	−106.05	1.30
1	4	2	2	墙下端	379.47	−1.29	220.88	−0.15	−1566.08	−1.91
				墙上端	522.55	1.98	223.36	−2.82	−1180.35	−0.86
1	4	2	3	墙下端	−1465.48	9.56	34.57	0.43	18.71	27.13
				墙上端	−1325.69	8.63	31.32	5.15	−201.74	1.32
1	4	2	4	墙下端	260.48	−0.63	243.78	0.10	−1679.36	3.22
				墙上端	425.34	2.93	247.01	−2.55	−1277.36	−0.88
1	4	2	5	墙下端	−1217.92	8.23	−10.97	0.70	231.52	22.86
				墙上端	−1123.59	6.96	−18.60	5.04	−18.49	1.28
1	4	2	6	墙下端	498.72	−1.84	198.07	0.35	−1454.06	−2.55
				墙上端	619.47	1.23	199.50	−2.86	−1084.48	−0.84

②墙 13（W13）

表 5-53 是从广厦软件中导出的 W13 的静力工况内力。

首层 W13 静力工况内力标准值　　　　　　　　　　　　　表 5-53

墙号	内点	内点	工况	截面	N(kN)	V_x(kN)	V_y(kN)	T(kN·m)	M_x(kN·m)	M_y(kN·m)
13	3	1	1	墙下端	4127.80	−0.55	18.33	−1.68	−107.10	−0.47
				墙上端	4127.80	−0.54	18.33	−7.59	−53.95	1.10
13	3	1	2	墙下端	713.31	−0.71	−1.67	−0.96	0.51	−1.03
				墙上端	713.31	−0.71	−1.67	−1.50	−4.34	1.04
13	3	1	3	墙下端	−730.61	11.44	45.57	−3.91	−157.20	25.49
				墙上端	−730.61	11.43	45.57	−5.47	−25.05	−7.67
13	3	1	4	墙下端	−83.19	−1.24	248.44	0.39	−1099.36	−1.53
				墙上端	−83.19	−1.25	248.44	0.61	−378.87	2.08
13	3	1	5	墙下端	730.61	−11.44	−45.57	3.91	157.20	−25.49
				墙上端	730.61	−11.43	−45.57	5.47	25.05	7.67
13	3	1	6	墙下端	83.18	1.24	−248.45	−0.39	1099.39	1.53
				墙上端	83.18	1.25	−248.45	−0.61	378.88	−2.08

表 5-54 是从广厦软件中导出的 W13 的动力工况内力。

首层 W13 动力工况内力标准值　　　　　　　　　　　　　表 5-54

墙号	内点	内点	工况	截面	N(kN)	V_x(kN)	V_y(kN)	T(kN·m)	M_x(kN·m)	M_y(kN·m)
13	3	1	1	墙下端	−554.83	9.78	40.14	−3.04	−131.77	22.00
				墙上端	−554.08	9.77	39.54	−4.18	−16.98	−6.36
13	3	1	2	墙下端	−32.66	−1.17	245.87	0.39	−1090.19	−1.37
				墙上端	−30.57	−1.17	245.93	0.52	−380.47	2.07
13	3	1	3	墙下端	−545.54	9.53	50.98	−3.03	−177.12	21.54
				墙上端	−544.57	9.53	50.54	−4.10	−30.72	−6.11
13	3	1	4	墙下端	−23.91	−1.41	257.26	0.41	−1137.90	−1.81
				墙上端	−22.61	−1.42	257.31	0.61	−394.91	2.32
13	3	1	5	墙下端	−564.14	10.02	29.76	−3.04	−88.42	22.46
				墙上端	−563.60	10.01	28.80	−4.27	−5.05	−6.60
13	3	1	6	墙下端	−41.24	−0.87	234.49	0.45	−1042.49	−0.86
				墙上端	−35.97	−0.93	234.56	0.42	−366.25	1.82

（2）进行内力调整及组合

电算中所有内力组合公式可从广厦结构 CAD 软件主菜单的"文本方式"—"构件内力"—"调整后基本组合内力"的文本里进行查看。

以下是本结构设计所考虑的 13 组组合，从电算结果而来：

组合 1：1.3 重力恒＋1.5 重力活

组合 3：1.3 恒＋1.5 重力活

组合 4：1.0 恒＋1.5 重力活

组合 5：1.3 恒＋1.5 风

组合 6：1.0 恒＋1.5 风

组合 13：1.3 恒＋1.5 重力活＋0.6×1.5 风

组合 15：1.0 恒＋1.5 重力活＋0.6×1.5 风

组合 21：1.3 恒＋0.7×1.5 重力活＋1.5 风

组合 23：1.0 恒＋0.7×1.5 重力活＋1.5 风

组合 29：1.3（重力恒＋0.5 重力活）＋0.2×1.5 风＋1.4 水平地震

组合 30：1.3（重力恒＋0.5 重力活）＋0.2×1.5 风－1.4 水平地震

组合 33：1.0（重力恒＋0.5 重力活）＋0.2×1.5 风＋1.4 水平地震

组合 34：1.0（重力恒＋0.5 重力活）＋0.2×1.5 风－1.4 水平地震

①墙 13

从电算结果，可知在首层 W13 最不利正截面内力出自组合 21，最不利斜截面内力出自组合 29。

用组合 21、组合 29 的公式组合首层墙 13 的工况，工况内力出自表 5-52、表 5-53。根据《荷规》5.1.2 条，组合时考虑活荷载折减，首层的折减系数为 0.55。

W13：位于底部加强部位，属于一般墙，抗震等级为二级，宽 250mm，长 2700mm。

组合 21：1.3 恒＋0.7×1.5 重力活＋1.5 风

组合 29：1.3（重力恒＋0.5 重力活）＋0.2×1.5 风＋1.4 水平地震

组合 21 是风荷载起控制作用的组合，不需要进行强剪弱弯的调整。

轴压比：

$$\frac{N}{f_c A}=\frac{1.3\times(4127.80\times10^3+0.5\times713.31\times10^3)}{25.3\times250\times2700}=0.34$$

内力组合以轴力为例，组合过程如下：

首层剪力墙以上共有 27 层结构层，在广厦软件总信息的调整信息中按照《工程结构通用规范》GB 55001—2021 第 4.2.5 条进行墙柱活荷载折减，折减系数为 0.55。

首层：$N=1.3\times4127.80+0.7\times1.5\times0.55\times713.31+1.5\times730.61=6873.99$kN

其余内力组合过程一致，结果列于表 5-55。经对比，手算与电算结果一致。

首层 W13 组合 21 内力结果　　　　　　　　　　　　表 5-55

组合	21						
手算	截面	N(kN)	V_x(kN)	V_y(kN)	T(kN·m)	M_x(kN·m)	M_y(kN·m)	轴压比 1.3
	墙下端	6873.99	−18.29	−45.49	3.13	96.86	−39.44	（恒＋0.5 活）
	墙上端	6873.99	−18.26	−45.49	−2.53	−35.07	13.54	0.34
电算	截面	N(kN)	V_x(kN)	V_y(kN)	T(kN·m)	M_x(kN·m)	M_y(kN·m)	轴压比 1.3
	墙下端	6873.99	−18.27	−45.49	3.13	96.86	−39.44	（恒＋0.5 活）
	墙上端	6873.99	−18.26	−45.49	−2.52	−35.07	13.53	0.34

首层 W13 组合 29 为地震组合，根据《高规》7.2.6 条，底部加强部位剪力墙剪力需放大 1.4。组合结果列于表 5-56。手算与电算结果相差不大。

首层 W13 组合 29 内力结果　　　　　　　　　　　　　表 5-56

组合				29				
手算	截面	N(kN)	V_x(kN)	V_y(kN)	T(kN·m)	M_x(kN·m)	M_y(kN·m)	轴压比 1.3 (恒+0.5 活)
	墙下端	5771.36	-4.93	640.42	-2.12	-2061.77	-4.27	
	墙上端	5773.18	-4.93	640.51	-9.81	-739.49	5.98	0.34
电算	截面	N(kN)	V_x(kN)	V_y(kN)	T(kN·m)	M_x(kN·m)	M_y(kN·m)	轴压比 1.3 (恒+0.5 活)
	墙下端	5771.35	-4.93	640.41	-2.11	-2061.77	-4.28	
	墙上端	5773.17	-4.93	640.52	-9.8	-739.49	5.97	0.34

注：由于风考虑 4 个方向，地震考虑 6 种工况，组合 29 有 24 种结果。该表所采用风荷载来自静力工况 4，地震效应来自动力工况 4，为 W13 的最不利剪力组合。

根据《高规》3.8.2 条，受剪构件承载力抗震调整系数 γ_{RE} 应取 0.85。首层 W13 承载力调整后结果表 5-57。

首层 W13 受剪承载力结果　　　　　　　　　　　　　表 5-57

组合				30			
手算	截面	N(kN)	V_x(kN)	V_y(kN)	T(kN·m)	M_x(kN·m)	M_y(kN·m)
	墙下端	4905.66	-4.19	544.35	-1.80	-1752.50	-3.63
电算	截面	N(kN)	V_x(kN)	V_y(kN)	T(kN·m)	M_x(kN·m)	M_y(kN·m)
	墙下端	4905.65	-4.19	544.35	-1.79	-1752.50	-3.64

②墙 1

从电算结果，可知首层 W1 内点 2-1 最不利内力组合均出自组合 29，内点 4-2 最不利内力组合均出自组合 30。

用组合 29、组合 30 的公式组合墙 1 的工况，工况内力出自表 5-50 与表 5-51。

墙 1：L 形墙，属于底部加强部位，一般墙，抗震等级为二级，宽 250mm，长 4300mm。1 号段长 600mm，2 号段长 3700mm。

组合 29：1.3（重力恒+0.5 重力活）+0.2×1.5 风+1.4 水平地震

组合 30：1.3（重力恒+0.5 重力活）+0.2×1.5 风-1.4 水平地震

内点 2-1：

组合 29 是地震作用起控制作用的组合，需要进行强剪弱弯的调整，根据《高规》7.2.6 条，底部加强部位剪力墙剪力需放大 1.4。组合结果列于表 5-58、表 5-59。手算与电算结果一致。

首层 W1 内点 2-1 组合 29 最不利正截面内力组合结果　　　　　表 5-58

组合				29				
手算	截面	N(kN)	V_x(kN)	V_y(kN)	T(kN·m)	M_x(kN·m)	M_y(kN·m)	轴压比 1.3 (恒+0.5 活)
	墙下端	2078.83	-14.80	76.32	0.17	-21.16	-10.16	
	墙上端	1716.77	12.40	52.21	-0.10	0.82	-7.61	0.31
电算	截面	N(kN)	V_x(kN)	V_y(kN)	T(kN·m)	M_x(kN·m)	M_y(kN·m)	轴压比 1.3 (恒+0.5 活)
	墙下端	2078.82	-14.8	76.33	0.17	-21.16	-10.17	
	墙上端	1716.77	12.39	52.22	-0.09	0.83	-7.61	0.31

注：由于风考虑 4 个方向，地震考虑 6 种工况，组合 29 有 24 种结果。该表所采用风荷载来自静力工况 4，地震效应来自动力工况 4，为 W1 内点 2-1 的最不利正截面内力组合。

首层 W1 内点 2-1 组合 29 最不利剪力组合结果　　　　表 5-59

组合					29			
手算	截面	N(kN)	V_x(kN)	V_y(kN)	T(kN·m)	M_x(kN·m)	M_y(kN·m)	轴压比 1.3
	墙下端	1324.74	−5.91	99.28	0.10	−65.63	−2.44	（恒＋0.5 活）
	墙上端	775.46	7.36	84.69	−0.06	6.09	−3.96	0.31
电算	截面	N(kN)	V_x(kN)	V_y(kN)	T(kN·m)	M_x(kN·m)	M_y(kN·m)	轴压比 1.3
	墙下端	1324.74	−5.9	99.29	0.1	−65.63	−2.43	（恒＋0.5 活）
	墙上端	775.46	7.36	84.68	−0.06	6.09	−3.96	0.31

注：由于风考虑 4 个方向，地震考虑 6 种工况，组合 29 有 24 种结果。该表所采用风荷载来自静力工况 3，地震效应来自动力工况 3，为 W1 内点 2-1 的最不利剪力组合。

根据《高规》3.8.2 条，受剪构件承载力抗震调整系数应取 0.85。首层墙 1 承载力调整后结果列于表 5-60。

首层 W1 内点 2-1 受剪承载力结果　　　　表 5-60

组合					29		
手算	截面	N(kN)	V_x(kN)	V_y(kN)	T(kN·m)	M_x(kN·m)	M_y(kN·m)
	墙下端	1126.03	−5.02	84.39	0.08	−55.78	−2.07
电算	截面	N(kN)	V_x(kN)	V_y(kN)	T(kN·m)	M_x(kN·m)	M_y(kN·m)
	墙下端	1126.03	−5.02	84.40	0.09	−55.79	−2.07

内点 4-2：

组合 30 是地震作用起控制作用的组合，需要进行强剪弱弯的调整，根据《高规》7.2.6 条，底部加强部位剪力墙剪力需放大 1.4。组合结果列于表 5-61、表 5-62。手算与电算结果一致。

首层 W1 内点 4-2 组合 30 最不利正截面内力组合结果　　　　表 5-61

组合					30			
手算	截面	N(kN)	V_x(kN)	V_y(kN)	T(kN·m)	M_x(kN·m)	M_y(kN·m)	轴压比 1.3
	墙下端	9381.44	−47.83	−352.68	−10.77	868.28	−60.29	（恒＋0.5 活）
	墙上端	9245.53	−28.51	−328.69	−44.68	494.30	17.99	0.29
电算	截面	N(kN)	V_x(kN)	V_y(kN)	T(kN·m)	M_x(kN·m)	M_y(kN·m)	轴压比 1.3
	墙下端	9381.43	−47.82	−352.68	−10.78	868.28	−60.28	（恒＋0.5 活）
	墙上端	9245.53	−28.51	−328.69	−44.69	494.30	17.98	0.29

注：由于风考虑 4 个方向，地震考虑 6 种工况，组合 30 有 24 种结果。该表所采用风荷载来自静力工况 5，地震效应来自动力工况 3，为 W1 内点 2-1 的最不利正截面内力组合。

首层 W1 内点 4-2 组合 30 最不利剪力组合结果　　　　表 5-62

组合					30			
手算	截面	N(kN)	V_x(kN)	V_y(kN)	T(kN·m)	M_x(kN·m)	M_y(kN·m)	轴压比 1.3
	墙下端	6331.55	−22.92	−839.56	−10.18	3736.77	−18.12	（恒＋0.5 活）
	墙上端	6170.61	−14.39	−830.87	−31.21	2310.90	21.60	0.29

组合		30						
电算	截面	N(kN)	V_x(kN)	V_y(kN)	T(kN·m)	M_x(kN·m)	M_y(kN·m)	轴压比 1.3
	墙下端	6331.54	−22.9	−839.56	−10.18	3736.77	−18.12	(恒+0.5活)
	墙上端	6170.62	−14.4	−830.87	−31.21	2310.9	21.6	0.29

注：由于风考虑 4 个方向，地震考虑 6 种工况，组合 29 有 24 种结果。该表所采用风荷载来自静力工况 6，地震效应来自动力工况 4，为 W1 内点 4-2 的最不利剪力组合。

根据《高规》3.8.2 条，受剪构件承载力抗震调整系数应取 0.85。首层墙 1 承载力调整后结果列于表 5-63。

首层 W1 内点 4-2 受剪承载力结果　　　　　　　　　表 5-63

组合		30					
手算	截面	N(kN)	V_x(kN)	V_y(kN)	T(kN·m)	M_x(kN·m)	M_y(kN·m)
	墙下端	5381.82	−19.48	−713.62	−8.65	3176.25	−15.40
电算	截面	N(kN)	V_x(kN)	V_y(kN)	T(kN·m)	M_x(kN·m)	M_y(kN·m)
	墙下端	5381.81	−19.47	−713.63	−8.65	3176.25	−15.40

二、柱子

1. 计算原理

根据《抗规》6.2.2 条，一、二、三级抗震设计框架的梁柱节点处，除顶层和柱轴压比小于 0.15 之外，柱端考虑地震作用组合的弯矩设计值应按下式调整（墙柱弱梁）。

$$\sum M_c = \eta_c \sum M_b \tag{5-32}$$

式中　$\sum M_c$——节点上下柱端截面顺时针或逆时针方向组合弯矩设计值之和；

　　　$\sum M_b$——节点左右梁截面逆时针或顺时针方向组合弯矩之和；

　　　η_c——柱端弯矩增大系数，二级取 1.5。

根据《抗规》6.2.3 条，一、二、三、四级框架结构的底层，柱下端截面组合的弯矩设计值，应分别乘以增大系数 1.7、1.5、1.3 和 1.2，底层柱纵向钢筋应按上下端的不利情况配置（避免底部塑性铰形成过早）。

根据《抗规》6.2.5 条，一、二、三、四级框架柱和框支柱组合的剪力设计值应按下式调整（强剪弱弯）。

$$V = \eta_{vc}(M_c^b + M_c^t)/H_n \tag{5-33}$$

式中　V——柱端截面组合的剪力设计值；

　　　H_n——柱的净高；

　　M_c^b，M_c^t——分别为柱的上下端顺时针或反时针方向截面组合的弯矩设计值，应符合上述两条规定；

　　　η_{vc}——柱剪力增大系数，对框架结构，一、二、三、四级可分别取 1.5、1.3、1.2、1.1。

2. 算例

某高层框架结构，根据 D 值法算出框架柱截面内力汇总如表 5-64 所示。

该轴线框架柱内力组合计算如表 5-65、表 5-66 所示。

柱截面内力汇总 表 5-64

截面位置		内力	荷载类型						
			S_{GE}	S_{Gk}	S_{Qk}	S_{wk}		S_{Ek}	
						左风	右风	左震	右震
7	柱顶	M	−274.10	−261.20	−25.80	34.40	−34.40	66.70	−66.70
		N	−377.35	−368.70	−17.30	7.20	−7.20	14.00	−14.00
	柱底	M	100.30	83.00	34.60	−9.50	9.50	30.40	−30.40
		N	−377.35	−368.70	−17.30	7.20	−7.20	14.00	−14.00
	柱身	V	−96.05	−88.30	−15.50	11.30	−11.30	24.20	−24.20
6	柱顶	M	−121.90	−101.10	−41.60	57.10	−57.10	97.80	−97.80
		N	−783.60	−743.70	−79.80	21.50	−21.50	39.70	−39.70
	柱底	M	60.55	40.90	39.30	−28.10	28.10	62.90	−62.90
		N	−783.60	−743.70	−79.80	21.50	−21.50	39.70	−39.70
	柱身	V	−46.80	−36.40	−20.80	21.90	−21.90	40.40	−40.40
5	柱顶	M	−152.40	−133.50	−37.80	74.20	−74.20	115.90	−115.90
		N	−1190.10	−1118.90	−142.40	43.50	−43.50	74.90	−74.90
	柱底	M	70.50	51.50	38.00	−47.40	47.40	−88.00	88.00
		N	−1190.10	−1118.90	−142.40	43.50	−43.50	74.90	−74.90
	柱身	V	−57.15	−47.40	−19.50	31.20	−31.20	51.30	−51.30
4	柱顶	M	−146.45	−127.40	−38.10	88.40	−88.40	130.60	−130.60
		N	−1597.70	−1495.30	−204.80	72.60	−72.60	117.20	−117.20
	柱底	M	69.15	50.10	38.10	−65.30	65.30	−107.50	107.50
		N	−1597.70	−1495.30	−204.80	72.60	−72.60	117.20	−117.20
	柱身	V	−55.25	−45.50	−19.50	39.40	−39.40	60.00	−60.00
3	柱顶	M	−146.30	−127.90	−36.80	100.00	−100.00	142.90	−142.90
		N	−2004.95	−1871.50	−266.90	108.00	−108.00	164.90	−164.90
	柱底	M	67.10	49.30	35.60	−82.60	82.60	−125.40	125.40
		N	−2004.95	−1871.50	−266.90	108.00	−108.00	164.90	−164.90
	柱身	V	−54.80	−45.50	−18.60	46.80	−46.80	67.90	−67.90
2	柱顶	M	−144.15	−125.10	−38.10	105.80	−105.80	147.60	−147.60
		N	−2410.90	−2246.60	−328.60	148.40	−148.40	216.50	−216.50
	柱底	M	67.60	46.10	43.00	−103.30	103.30	−148.70	148.70
		N	−2410.90	−2246.60	−328.60	148.40	−148.40	216.50	−216.50
	柱身	V	−54.30	−43.90	−20.80	53.60	−53.60	74.50	−74.50
1	柱顶	M	−125.60	−113.00	−25.20	87.50	−87.50	116.30	−116.30
		N	−2824.75	−2630.00	−389.50	189.00	−189.00	266.70	−266.70
	柱底	M	68.05	61.50	13.10	−213.80	213.80	−285.80	285.80
		N	−2824.75	−2630.00	−389.50	189.00	−189.00	266.70	−266.70
	柱身	V	−39.50	−35.60	−7.80	61.50	−61.50	81.90	−81.90

注:表中弯矩的单位是 kN·m,剪力、轴力的单位是 kN。

表 5-65

框架柱内力组合

截面位置		内力	恒+活+风 $1.3S_{Gk}+1.5×0.9(S_{Qk}+S_{wk})$		恒+活 $1.3S_{Gk}+1.5S_{Qk}$	恒+活 $1.3S_{Gk}+1.5×0.7S_{Qk}$	抗震组合 $\gamma_{RE}(1.3S_{GE}+1.4×S_{Qk})$	
			左风	右风	可变荷载控制组合	永久荷载控制组合	左震	右震
7	柱顶	M	-335.69	-397.61	-378.26	-366.65	-226.14	-386.75
		N	-491.00	-503.96	-505.26	-497.48	-405.02	-438.73
	柱底	M	135.68	152.78	159.80	144.23	148.74	75.53
		N	-491.00	-503.96	-505.26	-497.48	-405.02	-438.73
	柱身	V	-120.90	-141.24	-138.04	-131.07	-78.25	-136.52
6	柱顶	M	-123.72	-226.50	-193.83	-175.11	-18.53	-254.04
		N	-1031.25	-1069.95	-1086.51	-1050.60	-828.27	-923.86
6	柱底	M	69.15	119.73	112.12	94.44	143.43	-8.04
		N	-1031.25	-1069.95	-1086.51	-1050.60	-828.27	-923.86
	柱身	V	-49.45	-88.87	-78.52	-69.16	-3.68	-100.96
5	柱顶	M	-146.46	-280.02	-230.25	-213.24	-30.84	-309.93
		N	-1564.94	-1643.24	-1668.17	-1604.09	-1240.35	-1420.71
	柱底	M	64.19	149.51	123.95	106.85	-27.13	184.77
		N	-1564.94	-1643.24	-1668.17	-1604.09	-1240.35	-1420.71
	柱身	V	-54.02	-110.18	-90.87	-82.10	-2.13	-125.66

续表

楼层	截面位置	内力	恒+活+风 $1.3S_{Gk}+1.5\times0.9(S_{Qk}+S_{wk})$ 左风	右风	恒+活 可变荷载控制组合 $1.3S_{Gk}+1.5S_{Qk}$	恒+活 永久荷载控制组合 $1.3S_{Gk}+1.5\times0.7S_{Qk}$	抗震组合 $\gamma_{RE}(1.3S_{GE}+1.4\times S_{Qk})$ 左震	右震
4	柱顶	M	−126.07	−285.19	−222.77	−205.63	−6.49	−320.97
		N	−2093.59	−2224.27	−2251.09	−2158.93	−1645.12	−1927.34
	柱底	M	46.37	163.91	122.28	105.14	−52.12	206.74
		N	−2093.59	−2224.27	−2251.09	−2158.93	−1645.12	−1927.34
	柱身	V	−44.17	−115.09	−88.40	−79.63	10.47	−134.01
3	柱顶	M	−114.91	−294.91	−221.47	−204.91	8.49	−335.62
		N	−2616.00	−2810.40	−2833.30	−2713.20	−2042.99	−2440.07
	柱底	M	27.13	175.81	117.49	101.47	−75.96	226.00
		N	−2616.00	−2810.40	−2833.30	−2713.20	−2042.99	−2440.07
	柱身	V	−36.56	−120.80	−87.05	−78.68	20.49	−143.02
2	柱顶	M	−107.42	−297.86	−219.78	−202.64	16.55	−338.87
		N	−3132.05	−3399.17	−3413.48	−3265.61	−2434.72	−2956.05
	柱底	M	12.11	198.05	124.43	105.08	−103.46	254.61
		N	−3132.05	−3399.17	−3413.48	−3265.61	−2434.72	−2956.05
	柱身	V	−30.67	−127.15	−88.27	−78.91	28.99	−150.41
1	柱顶	M	−94.61	−252.11	−184.70	−173.36	−0.40	−280.45
		N	−3657.88	−3998.08	−4003.25	−3827.98	−2836.96	−3479.18
	柱底	M	−98.72	286.13	99.60	93.71	−268.02	420.18
		N	−3657.88	−3998.08	−4003.25	−3827.98	−2836.96	−3479.18
	柱身	V	0.88	−109.82	−57.98	−54.47	54.45	−142.77

注:表中弯矩的单位是 kN·m,剪力、轴力的单位是 kN。

表 5-66

框架柱不利内力

左半部分

层	截面位置	内力	$\lvert M\rvert_{max}$,N,V	N_{max},M,V	N_{min},M,V
7	柱顶	M	-397.61	-226.14	-366.65
		N	-503.955	-405.02	-497.475
	柱底	M	152.78	148.74	144.23
		N	-503.955	-405.02	-497.475
	柱身	V	-141.235	-78.25	-131.065
6	柱顶	M	-226.5	-18.53	-175.11
		N	-1069.95	-828.27	-1050.6
	柱底	M	119.725	143.43	94.435
		N	-1069.95	-828.27	-1050.6
	柱身	V	-88.87	-3.68	-69.16
5	柱顶	M	-280.02	-30.84	-213.24
		N	-1643.24	-1240.35	-1604.09
	柱底	M	149.51	-27.13	106.85
		N	-1643.24	-1240.35	-1604.09
	柱身	V	-110.175	-2.13	-82.095
4	柱顶	M	-285.185	-6.49	-205.625
		N	-2224.27	-1645.12	-2158.93
	柱底	M	163.905	-52.12	105.135

右半部分

层	截面位置	内力	$\lvert M\rvert_{max}$,N,V	N_{max},M,V	N_{min},M,V
4	柱底	N	-2224.27	-1645.12	-2158.93
	柱身	V	-115.085	10.47	-79.625
3	柱顶	M	-294.91	8.49	-204.91
		N	-2810.395	-2042.99	-2713.195
	柱底	M	175.81	-75.96	101.47
		N	-2810.395	-2042.99	-2713.195
	柱身	V	-120.8	20.49	-78.68
2	柱顶	M	-297.855	16.55	-202.635
		N	-3399.17	-2434.72	-3265.61
	柱底	M	198.05	-103.46	105.08
		N	-3399.17	-2434.72	-3265.61
	柱身	V	-127.15	28.99	-78.91
1	柱顶	M	-252.11	-0.40	-173.36
		N	-3998.075	-2836.96	-3827.975
	柱底	M	286.125	-268.02	93.705
		N	-3998.075	-2836.96	-3827.975
	柱身	V	-109.82	54.45	-54.47

三、梁

1. 计算原理

使用广厦结构 CAD 软件进行模型计算之后，对于手算较为复杂结构，如剪力墙结构、框架剪力墙结构等，可直接取电算结果中梁的"调整前的静力工况内力"和"调整前的动力工况内力"来进行内力组合；对于能够手算出梁内力的结构，如框架结构，可使用手算梁内力的结果进行内力组合，并与电算结果进行对比。

2. 算例

某高层剪力墙结构住宅楼，挑选一根梁来做内力组合校核，本结构中，连梁与框架梁在调整与组合上没有区别。因此，B10 的组合结果有代表性。

表 5-67、表 5-68 是取自广厦软件调整前 B10 静力和动力工况内力。

B10 静力工况内力标准值　　　　　　　　　　　表 5-67

梁编号	工况	截面	V_y(kN)	T(kN·m)	M_x(kN·m)
10	1	1	21.29	0.13	−5.12
		3	0.13	0.13	13.78
		5	−21.02	0.13	−4.69
10	2	1	2.70	0.02	−1.10
		3	0.07	0.02	1.85
		5	−2.56	0.02	−0.88
10	3	1	−14.65	−0.04	23.43
		3	−14.65	−0.04	−0.38
		5	−14.65	−0.04	−24.18
10	4	1	2.12	0.05	−3.39
		3	2.12	0.05	0.05
		5	2.12	0.05	3.49
10	5	1	14.65	0.04	−23.43
		3	14.65	0.04	0.38
		5	14.65	0.04	24.18
10	6	1	−2.12	−0.05	3.39
		3	−2.12	−0.05	−0.05
		5	−2.12	−0.05	−3.49

B10 动力工况内力标准值　　　　　　　　　　　表 5-68

梁编号	工况	截面	V_y(kN)	T(kN·m)	M_x(kN·m)
10	1	1	−12.14	−0.04	19.4
		3	−12.14	−0.04	−0.32
		5	−12.14	−0.04	−20.04

续表

梁编号	工况	截面	V_y(kN)	T(kN·m)	M_x(kN·m)
10	2	1	1.97	0.06	−3.16
		3	1.97	0.06	0.04
		5	1.97	0.06	3.23
10	3	1	−11.86	−0.01	18.95
		3	−11.86	−0.01	−0.33
		5	−11.86	−0.01	−19.61
10	4	1	2.24	0.1	−3.62
		3	2.24	0.1	0.03
		5	2.24	0.1	3.67
10	5	1	−12.41	−0.08	19.86
		3	−12.41	−0.08	−0.31
		5	−12.41	−0.08	−20.47
10	6	1	1.69	0.04	−2.69
		3	1.69	0.04	0.05
		5	1.69	0.04	2.79

梁10：连梁，宽＝200mm，高＝500mm，长＝3250mm，抗震等级＝2。

从电算结果且经过手算校核可知，最大负弯矩出现在组合21，最大正弯矩出现在组合6，最大剪力出现在组合30，最大扭矩出现在组合1。采用以下组合公式进行计算，工况内力出自表5-66与表5-67。

组合1：1.3重力恒＋1.5重力活

组合6：1.0恒＋1.5风

组合21：1.3恒＋0.7×1.5重力活＋1.5风

组合30：1.3（重力恒＋0.5重力活）＋0.2×1.5风－1.4水平地震

以B10左支座最小弯矩为例，组合21不是地震组合，因此不用考虑强剪弱弯的调整。

$$M_{min左} = 1.3 \times (-5.12) + 0.7 \times 1.5 \times (-1.1) + 1.5 \times (-23.43) = -42.96 \text{kN·m}$$

根据《高规》5.2.4条，梁受扭计算时，应该考虑现浇楼盖对梁扭转的约束作用，这里取折减系数为0.4。手算、电算结果基本一致（表5-69）。

B10 内力组合结果　　　　　　　　　　　　　　表 5-69

计算结果	截面	左支座	跨中	右支座
手算结果	最小弯矩(kN·m)	−42.96	11.00	−43.29
	内力组合号	(21)	(33)	(21)
	最大弯矩(kN·m)	30.03	21.03	31.58
	内力组合号	(6)	(13)	(6)
	最大剪力(kN)	52.49	22.22	−52.99

计算结果	截面	左支座	跨中	右支座
手算结果	内力组合号	(21)	(21)	(21)
	剪扭最大扭矩(kN·m)	0.08	0.08	0.08
	剪扭对应剪力(kN)	31.73	0.27	−31.17
电算结果	内力组合号	(1)	(1)	(1)
	最小弯矩(kN·m)	−42.95	10.59	−43.29
	内力组合号	(21)	(33)	(21)
	最大弯矩(kN·m)	30.02	21.03	31.57
	内力组合号	(6)	(13)	(6)
	最大剪力(kN)	52.48	22.21	−51.99
	内力组合号	(21)	(21)	(21)
	剪扭最大扭矩(kN·m)	0.08	0.08	0.08
	剪扭对应剪力(kN)	31.72	0.27	−31.18
	内力组合号	(1)	(1)	(1)

第十二节　构件配筋的验算

一、剪力墙

1. 计算原理

在广厦软件电算当中，无论是什么形状的剪力墙，软件均按一段段一字形墙进行计算，因此在手算当中，如果出现 L 形、T 形剪力墙，就将剪力墙分成一段段一字形墙进行手算。当碰到墙肢为短肢和剪力墙中有端柱时，可根据相关规范对墙肢按框架柱进行截面设计。

手算内容的主要步骤如下：

（1）截面尺寸验算；

（2）轴压比验算；

（3）正截面偏心受压承载力验算；

（4）斜截面承载力计算；

（5）平面外轴心受压承载力计算。

2. 算例

【例 1】某高层住宅楼项目，首层墙 13 是一字形剪力墙，属于短肢剪力墙，位于底部加强部位。宽为 250mm，长为 2700mm。材料属性：混凝土强度等级为 C55，主筋强度为 360N/mm^2，箍筋或墙分布筋强度为 360N/mm^2，保护层厚度为 20mm。

重力荷载代表值：$N=5829.79\text{kN}$

内力组合：$M=-96.86\text{kN·m}$，$N=6873.99\text{kN}$，$V=-45.49\text{kN}$

组合 21：1.3 恒 +0.7×1.5 重力活 +1.5 风

组合 29：1.3（重力恒 +0.5 重力活）+0.2×1.5 风 +1.4 水平地震

（1）截面尺寸验算

剪力墙截面有效高度：

$$h_{w0}=h-a'_s=2700-250=2450\text{mm}$$

剪跨比：

$$\lambda=\frac{M}{Vh_{w0}}=\frac{96.86\times10^6}{45.49\times10^3\times2450}=0.87<2.5$$

由《高规》式（7.2.7-3）得：

$$0.15\beta_cf_cb_wh_{w0}=0.15\times0.97\times25.3\times250\times2450=2254.70\text{kN}>V=-45.49\text{kN}$$

其中，混凝土强度影响系数 $\beta_c=0.97$（混凝土强度等级小于 C50 时取 1.0，混凝土强度等级为 C80 时取 0.80，其间按线性内插法确定），结果表明满足截面尺寸要求。

（2）轴压比验算

$$\lambda_N=\frac{N}{f_cA_w}=\frac{5829.79\times10^3}{25.3\times2700\times250}=0.34<0.5$$

满足要求。

（3）正截面偏心受压承载力计算

《混凝土结构通用规范》4.4.7-1 条：剪力墙的竖向和水平分布钢筋的配筋率，一、二、三级抗震等级时均不应小于 0.25%，四级时不应小于 0.20%。

《高规》7.2.18 条：剪力墙的竖向和水平分布钢筋的间距均不宜大于 300mm，直径不应小于 8mm。剪力墙的竖向和水平分布钢筋的直径不宜大于墙厚的 1/10。

二级抗震，轴压比 $\lambda = 0.34 > 0.3$，由《高规》表 7.2.14 可知该剪力墙需要设约束边缘构件。

由《高规》表 7.2.15：$l_c = 0.15 h_w = 0.15 \times 2700 = 405 \text{(mm)}$，取 $l_{c1} = l_{c2} = 450 \text{mm}$。

取墙体竖向分布钢筋为双排Φ10@200。

$$\rho_w = \frac{n A_{sv1}}{b_w s} = \frac{78.5 \times 2}{250 \times 200} = 0.314\% > 0.25\%$$

满足最小配筋率要求。

$$A_{sw} = b_w h_w \rho_w = 250 \times (2700 - 450 \times 2) \times 0.314\% = 1413 \text{mm}^2$$

因为

$$\varepsilon_u = 0.0033 - (f_{cu,k} - 50) \times 10^{-5} = 0.0033 - (55 - 50) \times 10^{-5} = 0.00325$$

$$\xi_b = \frac{\beta_1}{1 + \frac{f_y}{E_s \varepsilon_u}} = \frac{0.79}{1 + \frac{f_y}{0.00325 E_s}} = \frac{0.79}{1 + \frac{360}{0.00325 \times 2 \times 10^5}} = 0.508$$

$$x = \frac{N + f_{yw} A_{sw}}{\alpha_1 f_c b_w h_{w0} + 1.5 f_{yw} A_{sw}} h_{w0}$$

$$= \frac{6873.99 \times 10^3 + 360 \times 1413}{0.99 \times 25.3 \times 250 \times 2450 + 1.5 \times 360 \times 1413} \times 2450$$

$$= 1123.15 \text{mm} < \xi_b h_{w0} = 0.508 \times 2450 = 1244.6 \text{mm}$$

所以属于大偏心受压。

《混规》6.2.6 条：当混凝土强度等级不超过 C50 时，α_1 取为 1.0，β_1 取为 0.80；当混凝土强度等级为 C80 时，α_1 取为 0.94，β_1 取为 0.74，其间按线性内插法确定，这里取 $\alpha_1 = 0.99$，$\beta_1 = 0.79$。

$$\xi = \frac{x}{h_{w0}} = \frac{1123.15}{2450} = 0.458 < \xi_b = 0.508$$

$$e_0 = \frac{M}{N} = \frac{96.86 \times 10^6}{6873.99 \times 10^3} = 14.09 \text{mm}$$

$$M_{sw} = \frac{1}{2}(h_{w0} - 1.5x)^2 b_w f_{yw} \rho_w = \frac{1}{2} \times (2450 - 1.5 \times 1123.15)^2 \times 250 \times 360 \times 0.314\%$$

$$= 82.75 \text{kN} \cdot \text{m}$$

$$M_c = \alpha_1 f_c b_w x \left(h_{w0} - \frac{x}{2}\right) = 0.99 \times 25.3 \times 250 \times 1123.15 \times \left(2450 - \frac{1123.15}{2}\right)$$

$$= 13281.07 \text{kN} \cdot \text{m}$$

$$A_s = A_s' = \frac{N\left(e_0 + h_{w0} - \frac{h_w}{2}\right) + M_{sw} - M_c}{f_y(h_{w0} - a_s')}$$

$$=\frac{6873.99\times10^3\times\left(14.09+2450-\frac{2700}{2}\right)+82.75\times10^6-13281.07\times10^6}{360\times(2450-250)}$$

$=-6995.05\mathrm{mm}<0$，按构造配筋。

由《高规》7.2.15-2 条剪力墙约束边缘构件阴影部分（《高规》图 7.2.15）的竖向钢筋除应满足正截面受压（受拉）承载力计算要求外，其配筋率一、二、三级时分别不应小于 1.2%、1.0% 和 1.0%，并分别不应少于 $8\phi16$、$6\phi16$ 和 $6\phi14$ 的钢筋（ϕ 表示钢筋直径）；7.2.15-3 条约束边缘构件内箍筋或拉筋沿竖向的间距，一级不宜大于 100mm，二、三级不宜大于 150mm；箍筋、拉筋沿水平方向的肢距不宜大于 300mm，不应大于竖向钢筋间距的 2 倍。竖向钢筋选取为 $8\Phi14$（$A_s=1231\mathrm{mm}^2$），箍筋取 $\Phi10@150$，水平方向在每根纵筋处拉结。体积配箍率为：

$$\rho_v=\frac{78.5\times(4\times250+2\times450)}{100\times450\times250}=1.33\%>\lambda_v\frac{f_c}{f_{yv}}=0.12\times\frac{25.1}{360}=0.84\%$$

配箍率满足要求。

（4）斜截面承载力计算

内力组合：$M=-2061.77\mathrm{kN}\cdot\mathrm{m}$，$N=5771.35\mathrm{kN}$，$V=640.41\mathrm{kN}$

组合 30：1.3（重力恒+0.5 重力活）+$0.2\times1.5\times1.1$ 风-1.4 水平地震

由《高规》7.2.10-2 条，地震设计状况要满足

$$V<\left[\frac{1}{\lambda-0.5}\left(0.4f_tb_wh_{w0}+0.1N\frac{A_w}{A}\right)+0.8f_{yh}\frac{A_{sh}}{s}h_{w0}\right] \tag{5-34}$$

式中　N——剪力墙截面轴向压力设计值，$N>0.2\beta_cf_cb_wh_{w0}$ 时，取 $0.2\beta_cf_cb_wh_{w0}$；

　　　λ——计算截面的剪跨比，$\lambda<1.5$ 时，取 $\lambda=1.5$；$\lambda>2.2$ 时，取 $\lambda=2.2$；

　　　A——剪力墙全截面面积；

　　　A_w——T 形或 I 形截面剪力墙腹板的面积，矩形截面时应取 A；

　　A_{sh}——剪力墙水平分布钢筋的全部截面面积。

$$0.2\beta_cf_cb_wh_{w0}=0.2\times0.97\times25.3\times250\times2450=3006.27\mathrm{kN}<N$$
$$=5771.35\mathrm{kN}，取 N=3006.27\mathrm{kN}$$

剪跨比：

$$\lambda=\frac{M}{Vh_{w0}}=\frac{2061.77\times10^6}{640.41\times10^3\times2450}=1.31<1.5，故取 \lambda=1.5。$$

水平分布钢筋取双排 $\phi10@200$。

验算斜截面受剪承载力：

$$\frac{1}{\lambda-0.5}\left(0.4f_tb_wh_{w0}+0.1N\frac{A_w}{A}\right)+0.8f_{yh}\frac{A_{sh}}{s}h_{w0}$$

$$=\frac{1}{1.5-0.5}(0.4\times1.96\times250\times2450+0.1\times3006.27\times1)+0.8\times360\times\frac{78.5\times2}{200}\times2450$$

$$=1034.40\mathrm{kN}>V=52.07\mathrm{kN}$$

故满足要求。

（5）平面外轴心受压承载力计算

一字形剪力墙需要验证稳定性。

$$\frac{l_0}{b}=\frac{2900}{250}=11.60$$

查《混规》表 6.2.15，可得稳定系数 $\varphi=0.956$。

$$0.9\varphi(f_cA+f'_yA_s)=0.9\times0.956\times(25.3\times2700\times250+360\times1231)$$
$$=15074.78\text{kN}>N=6137.48\text{kN}$$

故满足要求。

（6）首层 W13 配筋图

首层 W13 约束边缘构件配筋图如图 5-68 所示。

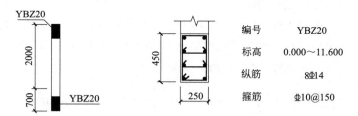

图 5-68　首层 W13 约束边缘构件配筋图

【例 2】某高层住宅楼项目，W1 为 L 形剪力墙，1 号段长为 600mm，宽为 250mm，正截面和斜截面最不利内力组合均为组合 29；2 号段长为 3700mm，宽为 250mm，正截面和斜截面最不利内力组合均为组合 30。材料属性：混凝土强度等级为 C55，主筋强度为 360N/mm^2，箍筋或墙分布筋强度为 360N/mm^2，保护层 20mm。

直墙 1 配筋计算

由《高规》7.1.7 条：当墙肢的截面高度与厚度之比不大于 4 时，宜按框架柱进行截面设计。直墙 1 的截面高度与厚度之比为：$600/250=2.4<4$，因此按框架柱进行截面设计。

组合 29：

$N=1126.03\text{kN}$　$M_1=5.18\text{kN·m}$　$M_2=-55.79\text{kN·m}$　$V=84.40\text{kN}$

①判别是否考虑重力二阶效应

计算长度：$l_0=1.25H=1.25\times2.90=3.625\text{m}$

$$\frac{M_1}{M_2}=\frac{5.18}{-55.79}=-0.09<0.9$$

$$\frac{N}{f_cA}=\frac{1126.03\times10^3}{25.3\times600\times250}=0.297<0.85$$

$$\frac{l_c}{i}=\sqrt{12}\frac{l_c}{h}=\sqrt{12}\times\frac{2900}{600}=16.74$$

$$34-12\left(\frac{M_1}{M_2}\right)=34+12\times0.09=35.08$$

$$\frac{l_c}{i}<34-12\left(\frac{M_1}{M_2}\right)$$

故不用考虑二阶效应的影响。

②判别大小偏心

取 $a=a'=40(\text{mm})$，$h_0=(600-40)=560\text{mm}$

$$e_0=\frac{M}{N}=\frac{55.79\times10^6}{1126.03\times10^3}=49.55\text{mm}$$

$$e_a=\left(\frac{600}{30},20\right)_{\max}=20\text{mm}$$

$$e_i=e_0+e_a=49.55+20=69.55\text{mm}<0.3h_0=0.3\times560=168\text{mm}$$

属于小偏心受压。

③ 直墙1的正截面配筋计算

$$\xi_b=0.508,\alpha_1=0.99,\beta_1=0.79,2\beta_1-\xi_b=2\times0.79-0.508=1.072$$
$$N=1126.03\text{kN}<f_cb_ch_c=25.3\times250\times600=3795\text{kN}$$

取 $A_s=\rho_{\min}b_ch_c=0.002\times250\times600=300\text{mm}^2$

$$e=e_i+\frac{h_c}{2}-a=69.55+\frac{600}{2}-40=329.55\text{mm}$$

由 $N=\alpha_1f_cb_cx+f'_yA'_s-\sigma_sA_s,Ne=\alpha_1f_cb_cx(h_0-0.5x)+f'_yA'_s(h_0-a')$，
$\sigma_s=\dfrac{\xi-\beta_1}{\xi_b-\beta_1}f_y$

得：
$$1126.03\times10^3=0.99\times25.3\times250x+360\times A'_s-\sigma_s\times300$$
$$1126.03\times10^3\times329.55=0.99\times25.3\times250x\times(560-0.5x)+360\times A'_s\times(560-40)$$
$$\sigma_s=\frac{x/560-0.79}{0.508-0.79}\times360=1008.51-2.2796x$$

解得：$x=328\text{mm},\sigma_s=260.8\text{N/mm}^2,\xi=\dfrac{x}{h_0}=0.586$

因 $\xi_b<\xi<2\beta_1-\xi_b$，故：

$$A'_s=\frac{1126.03\times10^3\times329.55-0.99\times25.3\times250\times328\times(560-0.5\times328)}{360\times(560-40)}$$
$$=-2362.41\text{mm}^2<0$$

取 $A'_s=\rho_{\min}b_ch_c=0.002\times250\times600=300\text{mm}^2$

选配 5Φ14 的受拉钢筋（$A_s=796\text{ mm}^2$）

选配 5Φ14 的受压钢筋（$A'_s=796\text{ mm}^2$）

根据《混凝土通用规范》GB 55008—2021 第4.4.6条：纵向受力钢筋强度为400MPa的最小配筋百分率 $\rho_{\min}=0.55\%$。

$$0.55\%<\frac{A_s+A'_s}{A}=\frac{796+796}{250\times600}=1.06\%<5\%，满足要求。$$

④ 直墙1的斜截面承载力配筋计算

$$h_w=h_c-a=600-40=560\text{mm}$$

验算截面尺寸：

$$\frac{h_w}{b}=\frac{560}{250}=2.24<4$$

$$0.25\beta_c f_c b_c h_0=0.25\times0.97\times25.3\times250\times560=858.935\text{kN}>V=84.40\text{kN}$$

截面尺寸满足要求。

验算截面是否需按计算配置箍筋：

$$\lambda=\frac{H_n}{2h_0}=\frac{2900}{2\times560}=2.56$$

$$0.3f_c A=0.3\times25.3\times250\times600=1138.50\text{kN}>N=1126.03\text{kN}$$

取 $N=1126.03\text{kN}$

$$\frac{1.75}{\lambda+1}f_t b_c h_0+0.07N=\frac{1.75}{2.56+1}\times1.96\times250\times560+0.07\times1126.03=134.97\text{kN}$$

$$>V=84.40\text{kN}$$

按构造要求配置箍筋。

根据《混规》9.3.2 条：柱中的箍筋应符合下列规定：箍筋直径不应小于 $d/4$，且不应小于 6mm，d 为纵向钢筋的最大直径；箍筋间距不应大于 400mm 及构件截面的短边尺寸，且不应大于 $15d$，d 为纵向钢筋的最小直径。

箍筋选用双肢Φ8@150。

⑤轴压比验算

$$\lambda_N=\frac{N}{f_c A_w}=\frac{1183.81\times10^3}{25.3\times600\times250}=0.31<0.6$$

轴压比满足要求。二级抗震，轴压比 $\lambda=0.31<0.3$，由《高规》表 7.2.14 可知该剪力墙不用设约束边缘构件，直墙 1 为 W1 构造边缘构件的一部分。

直墙 2 配筋计算

W1 为 L 形剪力墙，2 号段长为 3700mm，宽为 250mm，正截面和斜截面最不利内力组合均为组合 30。材料属性：混凝土强度等级为 C55，主筋强度为 360N/mm²，箍筋或墙分布筋强度为 360N/mm²，保护层厚度为 20mm。

重力荷载代表值：$N=6835.50\text{kN}$

内力 30：$M=868.28\text{kN}\cdot\text{m}$，$N=9381.43\text{kN}$，$V=-352.68\text{kN}$

组合 30：1.3(重力恒+0.5 重力活)+0.2×1.5 风-1.4 水平地震

（1）截面尺寸验算

剪力墙截面有效高度：

$$h_{w0}=h-a'_s=3700-250=3450\text{mm}$$

剪跨比：

$$\lambda=\frac{M}{Vh_{w0}}=\frac{868.28\times10^6}{352.68\times10^3\times3450}=0.71$$

由《高规》式（7.2.7-1）得：

$$0.25\beta_c f_c b_w h_{w0}=0.25\times0.97\times25.3\times250\times3450=5291.65(\text{kN})>V=352.68(\text{kN})$$

其中，混凝土强度影响系数 $\beta_c=0.97$（混凝土强度等级小于 C50 时取 1.0，混凝土强度等级为 C80 时取 0.80，其间按线性内插法确定），结果表明满足截面尺寸要求。

（2）轴压比验算

$$\lambda_N=\frac{N}{f_cA_w}=\frac{6835.50\times10^3}{25.3\times3700\times250}=0.29<0.6$$

满足要求。

（3）正截面偏心受压承载力计算

《混凝土结构通用规范》GB 55008—2021 第 4.4.7-1 条：剪力墙的竖向和水平分布钢筋的配筋率，一、二、三级抗震等级时均不应小于 0.25%，四级时不应小于 0.20%。

《高规》7.2.18 条：剪力墙的竖向和水平分布钢筋的间距均不宜大于 300mm，直径不应小于 8mm。剪力墙的竖向和水平分布钢筋的直径不宜大于墙厚的 1/10。

二级抗震，轴压比 $\lambda=0.29<0.3$，由《高规》表 7.2.14 可知该剪力墙不用设约束边缘构件，由《高规》图 7.2.16 可知，矩形暗柱的长度取 400mm 与墙厚 $b_w=200$mm 的较大值，取 $l_{c1}=400$mm。又因为《高规》7.2.15 条注 3：有翼墙或端柱时，不应小于翼墙厚度或端柱沿墙肢方向截面高度加 300mm。因此在有翼墙一侧取 $l_{c2}=250+300=550$mm。

取墙体竖向分布钢筋为双排Φ10@200。

$$\rho_w=\frac{nA_{svl}}{b_ws}=\frac{78.5\times2}{250\times200}=0.314\%>0.25\%$$

满足最小配筋率要求。

$A_{sw}=b_w(h_w-550-300-125)\rho_w=250\times(3700-975)\times0.314\%=2139.13$mm^2

因为

$$\varepsilon_u=0.0033-(f_{cu,k}-50)\times10^{-5}=0.0033-(55-50)\times10^{-5}=0.00325$$

$$\xi_b=\frac{\beta_1}{1+\frac{f_y}{E_s\varepsilon_u}}=\frac{0.79}{1+\frac{f_y}{0.00325E_s}}=\frac{0.79}{1+\frac{360}{0.00325\times2\times10^5}}=0.508$$

$$x=\frac{N+f_{yw}A_{sw}}{\alpha_1f_cb_wh_{w0}+1.5f_{yw}A_{sw}}h_{w0}$$
$$=\frac{9381.43\times10^3+360\times2139.13}{0.99\times25.3\times250\times3450+1.5\times360\times2139.13}\times3450$$
$$=1538.91\text{mm}<\xi_bh_{w0}=0.508\times3450=1752.6\text{mm}$$

所以属于大偏心受压。

《混规》6.2.6 条：当混凝土强度等级不超过 C50 时，α_1 取为 1.0，β_1 取为 0.80；当混凝土强度等级为 C80 时，α_1 取为 0.94，β_1 取为 0.74；其间按线性内插法确定。这里，取 $\alpha_1=0.99$，$\beta_1=0.79$。

$$\xi=\frac{x}{h_{w0}}=\frac{1538.91}{3450}=0.446<\xi_b=0.508$$

$$e_0=\frac{M}{N}=\frac{868.28\times10^6}{9381.43\times10^3}=92.55\text{mm}$$

$$M_{sw}=\frac{1}{2}(h_{w0}-1.5x)^2b_wf_{yw}\rho_w=\frac{1}{2}\times(3450-1.5\times1538.91)^2\times250\times360\times0.314\%$$

$$=184.16\text{kN} \cdot \text{m}$$

$$M_c = \alpha_1 f_c b_w x\left(h_{w0} - \frac{x}{2}\right) = 0.99 \times 25.3 \times 250 \times 1538.91 \times \left(3450 - \frac{1538.91}{2}\right)$$

$$=25830.45\text{kN} \cdot \text{m}$$

$$A_s = A_s' = \frac{N\left(e_0 + h_{w0} - \dfrac{h_w}{2}\right) + M_{sw} - M_c}{f_y(h_{w0} - a_s')}$$

$$=\frac{9381.43 \times 10^3 \times \left(92.55 + 3450 - \dfrac{3700}{2}\right) + 184.16 \times 10^6 - 25830.45 \times 10^6}{360 \times (3450 - 250)}$$

$$=-8478.95\text{mm} < 0，按构造配筋。$$

根据《高规》表 7.2.16，其他部位二级剪力墙构造边缘构件竖向钢筋最小配筋率在 $0.008A_c$ 和 $6\Phi12$（$A_s = 678\text{mm}^2$）中取较大值，$0.008A_c = 0.008 \times 200 \times 400 = 640\text{mm}^2 < 678\text{mm}^2$。

在无暗柱一边的构造边缘构件，选配钢筋 $6\Phi14$（$A_s = 923\text{mm}^2$），箍筋选$\Phi8@150$。

在有暗柱一边的构造边缘构件，直墙 1 内仍按 6.3.1.1 所算结果配筋，即直墙 1 内共配 $10\Phi14$（$A_s = 1538\text{mm}^2$）余下构造边缘构件钢筋选配 $4\Phi14$（$A_s = 615\text{mm}^2$），箍筋选$\Phi8@150$。

（4）斜截面承载力计算

内力组合：$M = 3736.77\text{kN} \cdot \text{m}$，$N = 6331.54\text{kN}$，$V = -839.56\text{kN}$

组合 30：1.3（重力恒 + 0.5 重力活）+ 0.2 × 1.5 风 − 1.4 水平地震

由《高规》7.2.10-2 条，地震设计状况要满足

$$V < \frac{1}{\lambda - 0.5}\left(0.4 f_t b_w h_{w0} + 0.1 N \frac{A_w}{A}\right) + 0.8 f_{yh} \frac{A_{sh}}{s} h_{w0} \tag{5-35}$$

式中　N——剪力墙截面轴向压力设计值，$N > 0.2\beta_c f_c b_w h_{w0}$ 时，取 $0.2\beta_c f_c b_w h_{w0}$；

λ——计算截面的剪跨比，$\lambda < 1.5$ 时，取 $\lambda = 1.5$；$\lambda > 2.2$ 时，取 $\lambda = 2.2$；

A——剪力墙全截面面积；

A_w——T 形或 I 形截面剪力墙腹板的面积，矩形截面时应取 A；

A_{sh}——剪力墙水平分布钢筋的全部截面面积。

$0.2\beta_c f_c b_w h_{w0} = 0.2 \times 0.97 \times 25.3 \times 250 \times 3450 = 4233.32\text{kN} < N = 6331.54\text{kN}$，取 $N = 4233.32\text{kN}$

剪跨比：

$$\lambda = \frac{M}{V h_{w0}} = \frac{3736.77 \times 10^6}{839.56 \times 10^3 \times 3450} = 1.29 < 1.5，故取 \lambda = 1.5。$$

水平分布钢筋取双排$\Phi10@200$。

验算斜截面受剪承载力：

$$\frac{1}{\lambda - 0.5}\left(0.4 f_t b_w h_{w0} + 0.1 N \frac{A_w}{A}\right) + 0.8 f_{yh} \frac{A_{sh}}{s} h_{w0}$$

$$=\frac{1}{1.5 - 0.5}\left(0.4 \times 1.96 \times 250 \times 3450 + 0.1 \times 4233.32 \times 1\right) + 0.8 \times 360 \times \frac{78.5 \times 2}{200} \times 3450$$

$$=1456.70\text{kN} > V=839.56\text{kN}$$

故满足要求。

（5）平面外轴心受压承载力计算

$$\frac{l_0}{b}=\frac{2900}{250}=11.6$$

查《混规》表 6.2.15，可得稳定系数 $\varphi=0.956$。

$$0.9\varphi(f_c A+f'_y A_s)=0.9\times0.956\times(25.3\times3700\times250+360\times1419)$$
$$=20575\text{kN} > N=6331.54\text{kN}$$

故满足要求。

（6）首层墙 1 配筋图

首层 W1 约束边缘构件配筋图如图 5-69 所示。

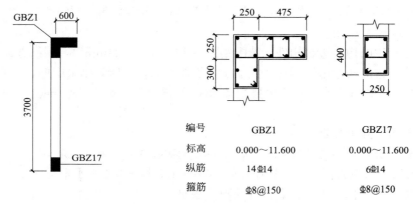

编号	GBZ1	GBZ17
标高	0.000～11.600	0.000～11.600
纵筋	14Φ14	6Φ14
箍筋	Φ8@150	Φ8@150

图 5-69　首层 W1 约束边缘构件配筋图

二、柱子

1. 计算原理

当构件受到位于截面形心的轴向压力作用时，称为轴心受压构件。在实际结构中，严格的轴心受压构件是很少的，通常由于实际存在的结构节点构造、混凝土组成的非均匀性、纵向钢筋的布置以及施工中的误差等原因，轴心受压构件截面都或多或少存在弯矩的作用。但是在实际工程中，例如钢筋混凝土桁架拱中的某些杆件（如受压腹杆）是可以按轴心受压构件设计的；同时，由于轴心受压构件计算简便，故可作为受压构件初步估算截面、复核承载力的手段。

轴心受压构件正截面承载力计算式为：

$$\gamma_0 N_d \leqslant N_u=0.9\varphi(f_{cd}A+f'_{sd}A'_s) \tag{5-36}$$

式中　N_d——轴向力组合设计值；

　　　φ——轴心受压构件稳定系数，按《混规》4.1.4-1 条取用；

　　　A——构件毛截面面积；

　　　A'_s——全部纵向钢筋截面面积；

　　　f_{cd}——混凝土轴心抗压强度设计值；

f'_{sd}——纵向普通钢筋抗压强度设计值。

当纵向钢筋配筋率 $\rho'=\dfrac{A'_s}{A}>3\%$ 时，式（5-36）中 A 应改用混凝土截面净面积 $A_n=A-A'_s$。

普通箍筋柱的正截面承载力计算分为截面设计和强度复核两种情况（图 5-70）。

2. 算例

预制的钢筋混凝土轴心受压构件截面尺寸为 $b\times h=300\text{mm}\times 350\text{mm}$，计算长度 $l_0=4.5\text{m}$。采用 C25 混凝土，HRB400 级钢筋（纵向钢筋）和 HPB300 级钢筋（箍筋）。作用的轴向压力组合设计值 $N_d=1600\text{kN}$，I 类环境条件，安全等级二级，试进行构件的截面设计。

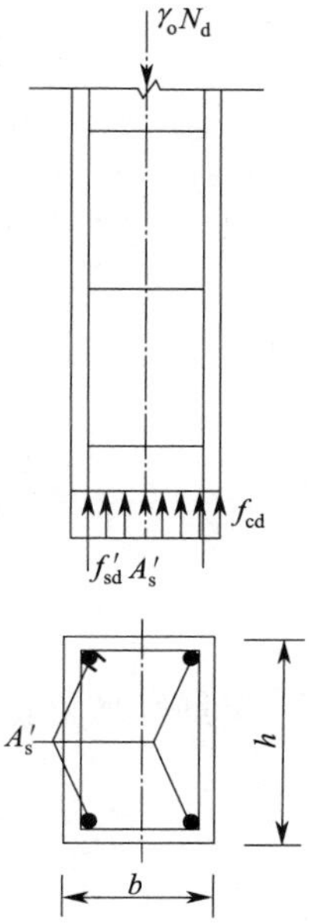

解： 轴心受压构件截面短边尺寸 $b=300\text{mm}$，则计算长细比 $\lambda=\dfrac{l_0}{b}=\dfrac{4.5\times 10^3}{300}=15$，查表可得到稳定系数 $\varphi=0.895$。混凝土抗压强度设计值 $f_c=11.5\text{MPa}$，纵向钢筋的抗压强度设计值 $f'_y=280\text{MPa}$，现取轴心压力计算值 $N=\gamma_0 N_d=1700\text{kN}$，可得所需要的纵向钢筋数量 A'_s 为：

$$A'_s=\frac{1}{f'_y}\left(\frac{N}{0.9\varphi}-f_c A\right)=\frac{1}{280}\left[\frac{1600\times 10^3}{0.9\times 0.895}-11.5(300\times 350)\right]=2782\text{mm}^2$$

现选用纵向钢筋为 8Φ22，$A'_s=3041\text{mm}^2$，截面配筋率 $\rho'=\dfrac{A'_s}{A}=\dfrac{3041}{300\times 350}=2.89\%>\rho'_{min}(=0.5\%)$，且小于 $\rho'_{max}=5\%$。截面一侧的纵筋配筋率 $\rho'=\dfrac{1140}{300\times 350}=1.09\%>0.2\%$。

图 5-70　轴心受压构件受力及配筋示意图

纵向钢筋在截面上布置如图 5-71 所示。纵向钢筋距截面边缘净距 $c=45-25.1/2=32.5\text{mm}>30\text{mm}$ 及 $d=22\text{mm}$，则布置在截面短边 b 方向上的纵向钢筋间距 $S_n=(300-2\times 32.5-3\times 25.4)/2\approx 80\text{mm}>50\text{mm}$，且小于 350mm，满足规范要求。

封闭式箍筋选用 $\phi 8$，满足直径大于 $\dfrac{1}{4}d=\dfrac{1}{4}\times 22=5.5\text{mm}$，且不小于 8mm 的要求。根据构造要求，箍筋间距 S 应满足：$S\leqslant 15d=15\times 22=330\text{mm}$；$S\leqslant b=300\text{mm}$；$S\leqslant 400\text{mm}$，故选用箍筋间距 $S=300\text{mm}$。

三、梁

1. 计算原理

（1）计算简图（图 5-72）

（2）基本公式

①公式法的三个基本公式

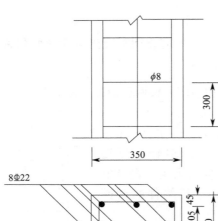

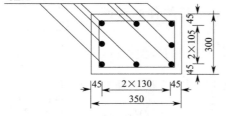

图 5-71　纵筋排布图

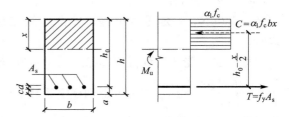

图 5-72　单筋矩形梁正截面受弯承载力计算简图

单筋矩形梁正截面受弯承载力计算的三个基本公式：

$$\alpha_1 f_c bx = f_y A_s \tag{5-37}$$

$$M \leqslant M_u = \alpha_1 f_c bx\left(h_0 - \frac{x}{2}\right) \tag{5-38}$$

$$M \leqslant M_u = f_y A_s\left(h_0 - \frac{x}{2}\right) \tag{5-39}$$

式中　M——弯矩设计值；

M_u——受弯承载力设计值，即破坏弯矩设计值；

$\alpha_1 f_c$——混凝土等效矩形应力图的应力值；

f_y——钢筋抗拉强度设计值；

A_s——受拉钢筋截面积；

b——梁截面宽度；

x——混凝土受压区高度；

h_0——截面有效高度，即截面受压边缘到受拉钢筋合力点的距离，$h_0 = h - a$；

a——受拉钢筋合力点到梁受拉边缘的距离，当受拉钢筋为一排时，$a = c + d/2$；

c——混凝土保护层厚度；

d——受拉钢筋直径。

②系数法的基本公式

系数的公式：

$$\alpha_s = \xi(1 - 0.5\xi) \tag{5-40}$$

$$\xi = 1 - \sqrt{1 - 2\alpha_s} \tag{5-41}$$

$$\gamma_s = \frac{1 + \sqrt{1 - 2\alpha_s}}{2} = 1 - 0.5\xi \tag{5-42}$$

基本公式：

$$M=\alpha_1 f_c b h_0^2 \xi(1-0.5\xi)=\alpha_1 \alpha_s f_c b h_0^2 \qquad (5\text{-}43)$$

$$M=f_y A_s \gamma_s h_0 \qquad (5\text{-}44)$$

③基本公式的适用条件

防止超筋破坏：$\xi \leqslant \xi_b$ 或 $\rho \leqslant \rho_b$ 或 $x \leqslant \xi_b h_0$

防止少筋破坏：$A_s \geqslant A_{s,min}=\rho_{min} bh$

2. 算例

某高层剪力墙结构住宅楼，梁材料属性：混凝土强度等级为 C35，主筋强度为 $360N/mm^2$，箍筋强度为 $360N/mm^2$，保护层为 25mm。

连梁 B1 配筋计算（图 5-73、图 5-74）：

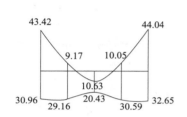

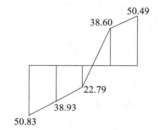

图 5-73 连梁 B1 弯矩包络图（kN/m）   图 5-74 连梁 B1 最大剪力图（kN）

$$b_b=200mm, l_0=3250mm, h_b=500mm, a_s=40$$

$$M_{跨中}=20.43kN \cdot m, M_{支座}=-44.04kN \cdot m, V=50.83kN$$

最小弯矩与最大剪力来自组合 21：1.3 恒＋0.7×1.5 重力活＋1.5 风

最大弯矩来自组合 6：1.0 恒＋1.5 风力

（1）连梁截面尺寸验算：

跨高比：

$$\frac{l_0}{h_b}=\frac{3250}{500}=6.5$$

$$h_{b0}=h_b-a_s=500-40=460mm$$

由《高规》式（7.2.22）：

$$0.25\beta_c f_c b_b h_{b0}=0.25×1.0×16.7×200×460=384.1kN>V=50.83kN$$

故截面尺寸满足要求。

（2）正截面抗弯承载力验算

《高规》7.2.24 条：跨高比大于 1.5 的连梁，其纵向钢筋的最小配筋率可按框架梁的要求采用。

支座配筋计算：

$$\alpha_s=\frac{M}{\alpha_1 f_c b h_0^2}=\frac{44.04×10^6}{1.0×16.7×200×460^2}=0.062$$

$$\xi=1-\sqrt{1-2\alpha_s}=1-\sqrt{1-2×0.056}=0.0643<\xi_b=0.518$$

满足要求。

$$A_s = \frac{\alpha_1 f_c b h_0 \xi}{f_y} = \frac{1.0 \times 16.7 \times 200 \times 460 \times 0.0593}{360} = 253.08 \text{mm}^2$$

钢筋选取 2Φ14（$A_s = 308 \text{mm}^2$）

验算最小配筋率：

$$\rho_1 = \frac{A_s}{bh} = \frac{308}{200 \times 500} = 0.31\% > \rho_{\min} = 0.45 \frac{f_t}{f_y} = 0.45 \times \frac{1.57}{360} = 0.20\%$$

同时，$\rho_1 > 0.2\%$，满足最小配筋率要求。

跨中配筋计算：

$$\alpha_s = \frac{M}{\alpha_1 f_c b h_0^2} = \frac{20.43 \times 10^6}{1.0 \times 16.7 \times 200 \times 460^2} = 0.0289$$

$$\xi = 1 - \sqrt{1 - 2\alpha_s} = 1 - \sqrt{1 - 2 \times 0.0288} = 0.0293 < \xi_b = 0.518$$

满足要求。

$$A_s = \frac{\alpha_1 f_c b h_0 \xi}{f_y} = \frac{1.0 \times 16.7 \times 200 \times 460 \times 0.0293}{360} = 125.05 \text{mm}^2$$

钢筋选取 2Φ14（$A_s = 308 \text{mm}^2$）

验算最小配筋率：

$$\rho_1 = \frac{A_s}{bh} = \frac{308}{200 \times 500} = 0.31\% > \rho_{\min} = 0.45 \frac{f_t}{f_y} = 0.45 \times \frac{1.57}{360} = 0.20\%$$

同时，$\rho_1 > 0.2\%$，满足最小配筋率要求。

（3）斜截面受剪承载力验算

由《高规》7.2.23 条永久、短暂设计状况：

$$V < 0.7 f_t b_b h_{b0} + f_{yv} \frac{A_{sv}}{s} h_{b0} \tag{5-45}$$

钢筋选取双肢 Φ8@100（$A_s = 50.3 \text{mm}^2$）

$$0.7 f_t b_b h_{b0} + f_{yv} \frac{A_{sv}}{s} h_{b0} = 0.7 \times 1.57 \times 200 \times 460 + 360 \times \frac{50.3 \times 2}{100} \times 460$$

$$= 267.7 \text{kN} > V = 50.83 \text{kN}$$

故满足要求。

第十三节　楼板在恒、活荷载下的内力验算

梁、板内力计算方法有两种：

（1）按弹性理论计算。按弹性理论计算内力的方法一般是按结构力学所述的方法进行计算，计算结果配筋偏于安全。

（2）按塑性理论计算。按塑性理论计算内力，并进行配筋，可节省钢筋、便于施工。

一、弹性理论计算

1. 计算原理

1）单区格双向板的内力计算

精确计算双向板的内力是比较复杂的。所以，目前一般采用根据弹性薄板理论计算公式编制的实用计算表格进行单区格双向板计算。六种不同边界条件的矩形板在均布荷载作用下的挠度及弯矩系数可查"双向板弯矩计算表"。计算时，取单位板宽 $b=$ 1000mm，根据边界条件和短跨与长跨的比值，可直接查出弯矩系数，计算其相应的弯矩值：

$$m＝表中系数×(g＋q)l^2 \tag{5-46}$$

$$v＝表中系数×\frac{(g＋q)l^4}{B_c} \tag{5-47}$$

式中　m——跨中或支座单位板宽内的弯矩设计值（kN·m/m）；

　　　g——作用在板上的均布恒荷载设计值（kN/m²）；

　　　q——作用在板上的均布活荷载设计值（kN/m²）；

　　　l——短跨方向的计算跨度（m），即 l_x 和 l_y 中较小值；

　　　v——挠度；

　　　B_c——板的抗弯刚度。

"双向板弯矩计算表"是根据材料的泊松比 $v＝0$ 制定的。当 $v≠0$ 时，对于跨内弯矩尚需考虑横向变形的影响，可按下式计算跨中弯矩：

$$m_x^{(v)}＝m_x＋vm_y \tag{5-48}$$

$$m_y^{(v)}＝m_y＋vm_x \tag{5-49}$$

式中　$m_x^{(v)}$、$m_y^{(v)}$——考虑 v 的影响 l_x 及 l_y 方向的跨内弯矩；

　　　m_x、m_y——$v＝0$ 时，l_x 及 l_y 方向的跨内弯矩；

　　　v——泊松比，钢筋混凝土材料取 $v＝0.2$。

2）多区格等跨连续双向板的内力计算

精确计算等跨连续双向板内力通常相当的复杂，因此为简化，计算工程中采用实用计算法，该法通过对双向板上可变荷载的最不利布置及支承情况等进行合理简化，将多区格连续板转化为单区格板，然后通过查内力系数表来进行计算，方法简单实用。当连续双向板在同一方向相邻跨的最大跨度差不大于20％时，可按该法进行内力计算。

（1）计算时采用的基本假定

①支承梁的抗弯刚度很大，其竖向变形可忽略不计；

②支承梁的抗扭刚度很小，可以自由转动。

根据上述假定可将梁视为双向板的不动铰支座，从而使计算简化。

（2）各区格板跨中最大弯矩的计算

①可变荷载的最不利布置

当求某区格板跨中最大弯矩时，在该区格及其前后左右每隔一区格布置活荷载，即为棋盘式布置，如图 5-75（a）所示。此时在活荷载作用的区格内，将产生跨中最大弯矩。

②分解可变荷载

为了利用单区格双向板的内力计算系数表计算内力，将按棋盘式布置的可变荷载（图 5-75b）分解成各跨满布对称荷载 $q/2$ 和各跨向上向下相间作用的反对称荷载 $\pm q/2$，如图 5-75（c）、（d）所示。

对称荷载：$g' = g + q/2$

反对称荷载：$q' = \pm q/2$

③跨中最大弯矩的计算

a. 对称荷载 $g' = g + q/2$ 作用下弯矩的计算；

b. 反对称荷载 $q' = \pm q/2$ 作用下弯矩的计算；

c. 跨中弯矩相叠加。

（3）支座最大弯矩的计算

求支座最大弯矩时，为了简化计算，永久荷载和可变荷载都满布连续双向板所有区格作为可变荷载的最不利布置。中间支座均视为固定支座，内区格板均可按四边固定的双向板计算其支座弯矩。对于边、角区格边界条件，应按实际情况考虑。

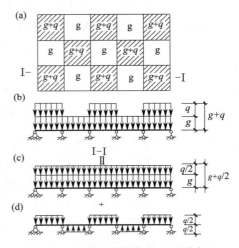

图 5-75　双向板活荷载的最不利布置

对中间支座，由相邻两个区格求出的支座弯矩值常常不相等，在进行配筋计算时可近似地取其平均值。

（4）支座处内力取值

连续双向板按弹性理论计算时，与单向板一样计算跨度取轴线尺寸，虽然在支座中心线处求得的内力可能是最大的，但此处的截面高度由于与支承梁（或柱）整体连接而增大，通常并不是最危险的截面，因此，计算时应采用支座边缘截面的内力进行设计。

3）双向板的截面设计要点

（1）双向板的空间内拱作用

试验研究表明双向板的实际承载能力往往大于其计算值。双向板也在荷载作用下由于裂缝不断地出现与展开，同时由于支座的约束，导致在板的平面内，逐渐产生相当大的水平推力，整块板存在着内拱的作用，使板的跨中弯矩减小，提高了板的承载力。因此截面设计时，为了考虑这一有利影响，四边与梁整体连接板的弯矩可乘以下列折减系数：

①连续板中间区格的跨中及中间支座截面，折减系数为 0.8；

②边区格的跨中及自楼板边缘算起的第二支座截面，当 $l_b/l<1.5$ 时，折减系数为 0.8；当 $1.5\leqslant l_b/l<2.0$ 时，折减系数为 0.9。l_b 为区格沿楼板边缘方向的跨度，l 为区格垂直于楼板边缘方向的跨度，如图 5-76 所示。

③角区格的各截面不折减。

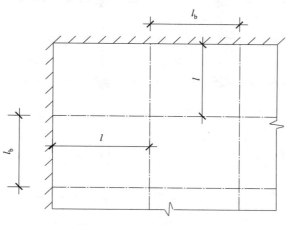

图 5-76 双向板的跨度图

（2）截面有效高度的确定

考虑短跨方向的弯矩比长跨方向的大，因此应将短跨方向的跨中受拉钢筋放在长跨方向的外侧，以得到较大的截面有效高度。截面有效高度 h_0 通常分别取值如下：

短跨方向：

$$h_0=h-a_s \tag{5-50}$$

长跨方向：

$$h_0=h-a_s-d \tag{5-51}$$

式中 h——板厚（mm）；

d——短向钢筋直径（mm）。

2. 算例

使用年限为 50 年，结构布置如图 5-77 所示某现浇钢筋混凝土双向板肋梁楼盖设计。

材料：混凝土强度等级为 C25，板内受力钢筋采用 HRB400 级钢。

梁截面尺寸：

$$XXL1 \quad b\times h=200mm\times450mm$$

$$XXL2 \quad b\times h=250mm\times500mm$$

建筑做法：20mm 厚水泥砂浆抹面，100mm 厚钢筋混凝土现浇板，板底抹 20mm 厚混合砂浆。

活荷载：承受非动力荷载标准值 $q_k=5.38kN/m^2$。

（1）荷载计算

恒荷载：20mm 厚水泥砂浆面层：$0.02\times20=0.4kN/m^2$

100mm 厚钢筋混凝土现浇板：$0.1\times25=2.5kN/m^2$

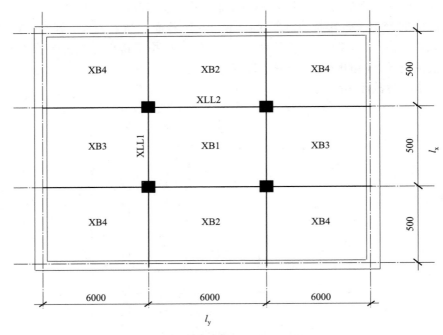

图 5-77 某厂房双向板肋梁楼盖结构布置

20mm 厚混合砂浆顶棚抹灰：$0.02 \times 17 = 0.34 \text{kN/m}^2$

恒荷载标准值：

$$g_k = 3.24 \text{kN/m}^2$$

恒荷载设计值：

$$g = 1.3 \times 3.24 = 3.89 \text{kN/m}^2$$

活荷载标准值：

$$q_k = 5.38 \text{kN/m}^2$$

活荷载设计值：

$$q = 1.5 \times 5.38 = 7 \text{kN/m}^2$$

总荷载设计值：

$$p = g + q = 10.89 \text{kN/m}^2$$

（2）按弹性理论设计

计算跨度：

XB1：$l_x = 5.0 \text{m}$，$l_y = 6.0 \text{m}$

XB2：$l_{xn} = 5.0 - 0.12 - 0.125 = 4.755 \text{m}$

$l_x = 4.755 + 0.125 + 0.05 = 4.93 \text{m} < 4.755 + 0.125 + 0.06 = 4.94 \text{m}$

$l_y = 6.0 \text{m}$

XB3：$l_x = 5.0 \text{m}$

$l_{yn} = 6.0 - 0.12 - 0.1 = 5.78 \text{m}$

$l_y = 5.78 + 0.1 + 0.05 = 5.93 \text{m} < 5.78 + 0.1 + 0.06 = 5.94 \text{m}$

XB4：$l_x = 4.93 \text{m}$

$l_y = 5.93\mathrm{m}$

①跨中正弯矩——恒荷载满布及活荷载棋盘式布置

$$g' = g + \frac{q}{2} = 3.89 + \frac{7}{2} = 7.39\mathrm{kN/m^2}$$

$$q' = \frac{q}{2} = \frac{7}{2} = 3.5\mathrm{kN/m^2}$$

②支座负弯矩——恒荷载及活荷载满布各区格板

$$p = g + q = 10.89\mathrm{kN/m^2}$$

计算简图及计算结果如表 5-70 所示。

弯矩计算（kN·m/m）　　　　　　　　　　　　　　　　　　表 5-70

区格			XB1	XB2
l_x/l_y			$5/6 = 0.83$	$4.930/6 = 0.82$
跨中	$\mu = 0$	m_x	$(0.0256 \times 7.39 + 0.0528 \times 3.5) \times 5^2 = 9.35$	$(0.03 \times 7.39 + 0.0539 \times 3.5) \times 4.925^2 = 9.95$
		m_y	$(0.015 \times 7.39 + 0.0342 \times 3.5) \times 5^2 = 5.782$	$(0.0227 \times 7.39 + 0.034 \times 3.5) \times 4.925^2 = 6.96$
	$\mu = 0.2$	m_x	$9.35 + 0.2 \times 5.782 = 10.51$	$9.95 + 0.2 \times 6.96 = 11.342$
		m_y	$5.782 + 0.2 \times 9.35 = 7.652$	$5.28 + 0.2 \times 9.95 = 7.27$
支座	计算简图		$g+q$	$g+q$
	m_x'		$0.0641 \times 10.89 \times 5^2 = 17.45$	$0.0748 \times 10.89 \times 4.925^2 = 19.76$
	m_y'		$0.0554 \times 10.89 \times 5^2 = 15.083$	$0.0697 \times 10.89 \times 4.925^2 = 18.41$
区格			XB3	XB4
l_x/l_y			$5/5.93 = 0.84$	$4.93/5.93 = 0.83$
跨中	计算简图		g' q'	g' q'
	$\mu = 0$	m_x	$(0.0297 \times 7.39 + 0.0517 \times 3.5) \times 5^2 = 10.01$	$(0.0341 \times 7.39 + 0.0528 \times 3.5) \times 4.93^2 = 10.62$
		m_y	$(0.0153 \times 7.39 + 0.0345 \times 3.5) \times 5^2 = 5.85$	$(0.0225 \times 7.39 + 0.0342 \times 3.5) \times 4.93^2 = 6.95$
	$\mu = 0.2$	$m_x^{(\mu)}$	$10.01 + 0.2 \times 5.85^2 = 11.18$	$10.62 + 0.2 \times 6.95^2 = 12.01$
		$m_y^{(\mu)}$	$5.85 + 0.2 \times 10.01 = 7.85$	$6.95 + 0.2 \times 10.62 = 9.07$
支座	计算简图		$g+q$	$g+q$
	m_x'		$0.0699 \times 10.89 \times 5^2 = 19.03$	$0.0851 \times 10.89 \times 4.93^2 = 22.52$
	m_y'		$0.0568 \times 10.89 \times 5^2 = 15.46$	$0.0739 \times 10.89 \times 4.93^2 = 19.56$

由表 5-70 可见，板间支座弯矩是不平衡的。实际应用时可近似取相邻两区格板支座弯矩的平均值，即：

支座 XB1－XB2：

$$m'_x = (-17.45 - 19.76) \times \frac{1}{2} = -18.61 \text{kN} \cdot \text{m/m}$$

支座 XB1—XB3：

$$m'_y = (-15.08 - 15.46) \times \frac{1}{2} = -15.27 \text{kN} \cdot \text{m/m}$$

支座 XB2—XB4：

$$m'_y = (-18.41 - 19.56) \times \frac{1}{2} = -18.99 \text{kN} \cdot \text{m/m}$$

支座 XB3—XB4：

$$m'_x = (-19.03 - 22.52) \times \frac{1}{2} = -20.78 \text{kN} \cdot \text{m/m}$$

各跨中、支座弯矩既已求得（考虑 XB1 区格板四周与梁整体连接，乘以折减系数 0.8）即可近似按 $A_s = \dfrac{m}{f_y 0.95 h_0}$ 算出相应的钢筋截面面积，取跨中及支座截面 $h_{0x} = 75\text{mm}$，$h_{0y} = 65\text{mm}$，具体计算不叙述。

（3）按塑性理论设计

弯矩计算：

a. 中间区格板 XB1

计算跨度

$$l_x = 5 - 025 = 4.75\text{m}$$
$$l_y = 6 - 02 = 5.8\text{m}$$
$$n = \frac{l_y}{l_x} = \frac{5.8}{4.75} = 1.22$$
$$\alpha = \frac{1}{n^2} \approx 0.7, \quad \beta = 2$$

采用分离式配筋，故得跨中及支座塑性铰线上的总弯矩为：

$$M_x = l_y m_x = 5.8 m_x$$
$$M_y = \alpha l_x m_x = 0.7 \times 4.75 m_x = 3.325 m_x$$
$$M'_x = M''_x = \beta l_y m_x = 2 \times 5.8 m_x = 11.6 m_x$$
$$M'_y = M''_y = \beta \alpha l_x m_x = 2 \times 0.7 \times 4.75 m_x = 6.65 m_x$$

$$2M_x + 2M_y + M'_x + M''_x + M'_y + M''_y = \frac{P l_x^2}{12}(3 l_y - l_x) \tag{5-52}$$

代入式（5-52），因 XB1 四周与梁整浇，考虑内拱影响，内力折减系数为 0.8。

$$2 \times 5.8 m_x + 2 \times 3.325 m_x + 2 \times 11.6 m_x + 2 \times 6.65 m_x$$
$$= \frac{0.8 \times 10.89 \times 4.75^2 \times (3 \times 5.8 - 4.75)}{12}$$

故得：

$$m_x = 3.78 \text{kN} \cdot \text{m/m}$$
$$m_y = \alpha m_x = 0.7 \times 3.78 = 2.65 \text{kN} \cdot \text{m/m}$$
$$m'_x = m''_x = \beta m_x = 2 \times 3.78 = 7.56 \text{kN} \cdot \text{m/m}$$

$$m_y'=m_y''=\beta m_y=2\times2.65=5.3\text{kN}\cdot\text{m/m}$$

b. 边区格板 XB2

$$l_x=5-\frac{0.25}{2}-0.12+\frac{0.1}{2}\approx4.8\text{m}$$

$$l_y=6-0.2=5.8\text{m}$$

$$n=\frac{l_y}{l_x}=\frac{5.8}{4.8}=1.21,\alpha=\frac{1}{n^2}\approx0.7,\beta=2.0$$

因 XB2 区格板三边连续，一边简支，无边梁，不考虑水平推力影响，内力不折减，又由于长边支座弯矩已知：

$$m_x'=7.56\text{kN}\cdot\text{m/m}$$

$$M_x=l_y m_x=5.8m_x$$

$$M_y=\alpha l_x m_x=0.7\times4.8m_x=3.36m_x$$

$$M_x'=7.56\times5.8=43.85\quad M_x''=0$$

$$M_y'=M_y''=\beta\alpha l_x m_x=2\times0.7\times4.8m_x=6.72m_x$$

代入式（5-43），得：

$$2\times5.8m_x+2\times3.36m_x+43.85+2\times6.72m_x=\frac{10.89\times4.8^2(3\times5.8-4.8)}{12}$$

故得：

$$m_x=6.91\text{kN}\cdot\text{m/m}$$

$$m_y=\alpha m_x=0.7\times6.91=4.84\text{kN}\cdot\text{m/m}$$

$$m_y'=m_y''=\beta m_y=2\times4.84=9.68\text{kN}\cdot\text{m/m}$$

c. 边区格板 XB3

$$l_x=5000-250=4750\text{mm}=4.75\text{m}$$

$$l_y=6000-120-\frac{250}{2}+\frac{100}{2}=5805\text{mm}=5.805\text{m}$$

$$n=\frac{l_y}{l_x}=\frac{5.805}{4.75}=1.22,\alpha=\frac{1}{n^2}\approx0.7,\beta=2.0$$

XB3 同 XB2 一样，内力不折减，短边支座弯矩已知：

$$m_y'=5.3\text{kN}\cdot\text{m/m}$$

$$M_x=l_y m_x=5.805m_x$$

$$M_y=\alpha l_x m_x=0.7\times4.75m_x=3.325m_x$$

$$M_x'=M_x''=\beta M_x=2\times5.805m_x=11.61m_x$$

$$M_y'=5.3\times4.75=25.18,M_y''=0$$

代入式（5-43），得：

$$2\times5.805m_x+2\times3.325m_x+2\times11.61m_x+25.1=\frac{10.89\times4.75^2(3\times5.805-4.75)}{12}$$

故得：

$$m_x=5.64\text{kN}\cdot\text{m/m}$$

$$m_y=\alpha m_x=0.7\times5.64=3.95\text{kN}\cdot\text{m/m}$$

$$m'_x = m''_x = \beta m_x = 2 \times 5.64 = 11.28 \text{kN} \cdot \text{m/m}$$

d. 角区格板 XB4

$$l_x = 5000 - \frac{250}{2} - 120 + \frac{100}{2} \approx 4.8 \text{m}$$

$$l_y \approx 5.8 \text{m}$$

$$n = \frac{l_y}{l_x} = \frac{5.8}{4.8} = 1.21, \alpha = \frac{1}{n^2} \approx 0.7, \beta = 2.0$$

XB4 为角区格板，内力不折减，支座弯矩已知：

$$m'_x = 11.28 \text{kN} \cdot \text{m/m}, m'_y = 9.68 \text{kN} \cdot \text{m/m}, m''_x = 0, m''_y = 0$$

$$M_x = l_y m_x = 5.8 m_x$$

$$M_y = \alpha l_x m_x = 0.7 \times 4.8 m_x = 3.36 m_x$$

代入式（5-43），得：

$$2 \times 5.8 m_x + 2 \times 3.36 m_x + 11.28 + 9.68 = \frac{10.89 \times 4.8^2 (3 \times 5.8 - 4.8)}{12}$$

$$m_x = 13.24 \text{kN} \cdot \text{m/m}$$

$$m_y = \alpha m_x = 0.7 \times 13.24 = 9.27 \text{kN} \cdot \text{m/m}$$

二、塑性理论计算方法

1. 计算原理

在分析内力时，假定板为四边支承的正交异性板，采用极限平衡法进行分析，要适用于四边支承钢筋混凝土板考虑弹塑性变形的计算。

四边支承的正交异性板在任意支座情况下的计算图形如图 5-78 所示。图中 M_1、M_2、M_I、M_{II}、M'_I、M'_{II} 分别为各塑性铰线上单位长度的极限内力矩；γ、γ'、K 分别为各塑性铰线位置的参变数；l_1、l_2 分别为板在短跨方向及长跨方向的计算跨度。

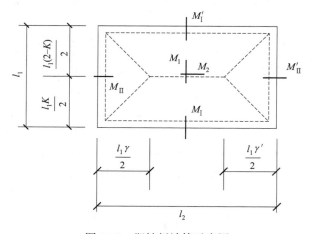

图 5-78 塑性板计算示意图

计算塑性板内力使用的表格为《建筑结构静力计算手册》表 4-42～表 4-50，适用于钢筋混凝土四边支承板。表中，对于每个 λ 值按给定的 α 与 β 列出了对应的系数。当取用

其他的 α 与 β 值时,可用插入法求系数。

当跨中钢筋在支座处不减少时,弯矩 M_1 按下式计算:

$$M_1 = \zeta q_c l_1^2 \tag{5-53}$$

当跨中钢筋的有效面积在距支座 $l_1/4$ 范围内减少 50% 时,弯矩 M_1 可按下式计算:

$$M_1 = C \zeta q_c l_1^2 \tag{5-54}$$

上述两式中: ζ、C 可由《建筑结构静力计算手册》表 4-42~4-50 查得。

系数 ζ 的求法:

当 $\left(\dfrac{l_1\gamma}{2} + \dfrac{l_1\gamma'}{2}\right) \leqslant l_2$ 时, $\zeta = \dfrac{\gamma^2}{24\alpha(1+\beta_2)}$;

当 $\left(\dfrac{l_1\gamma}{2} + \dfrac{l_1\gamma'}{2}\right) > l_2$ 时, $\zeta = \dfrac{\lambda^2 Z^2}{24(1+\beta_1)}$。

系数 C 为跨中钢筋在支座处减少时与不减少时极限内力矩的比值。由于考虑塑性铰线位置变动时 C 值的求解相当复杂,故近似地按斜塑性铰线与板边的交角恒为 45° 计算。假定跨中钢筋的有效面积在距支座 $l_1/4$ 处减少 50%,并近似地认为其相应的极限内力矩也减少 50%。由钢筋减少时的极限内力矩与不减少时的极限内力矩相比,得系数 C 如下:

$$C = 1 + \dfrac{1+\alpha}{2\lambda(2+\beta_1+\beta_1') + 2\alpha(2+\beta_2+\beta_2') - (1+\alpha)} \tag{5-55}$$

当板的四周与梁整体连接,计算弯矩时可按钢筋混凝土结构设计规范的有关规定予以折减。

按考虑塑性板变形的方法设计四边支承的钢筋混凝土板时,应注意其配筋率及钢筋的选择等,使塑性铰线有足够的延性,以免使结构发生突然的脆性破坏。

2. 算例

某高层框架结构宿舍楼,楼面板采用塑性法计算,楼板划分见图 5-79。

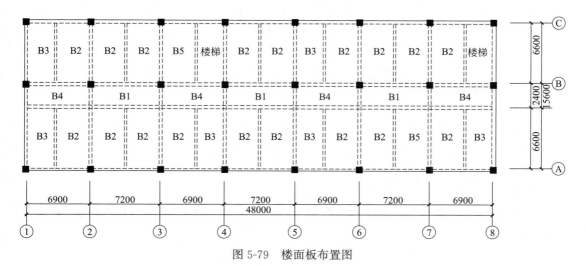

图 5-79 楼面板布置图

对于走廊区隔板 B1、B4,楼面恒荷载标准值 $g_k = 3.535 \mathrm{kN/m}^2$,活荷载标准值 $q_k = 2.0 \mathrm{kN/m}^2$

由恒荷载效应控制时：$S_1=1.3\times3.353+1.5\times0.7\times2.0=6.46\text{kN/m}^2$

由活荷载效应控制时：$S_2=1.3\times3.353+1.5\times2.0=7.36\text{kN/m}^2$

$S_2>S_1$，故取由活荷载效应控制的设计值进行计算。

弯矩计算：

（1）区格板 B1

计算跨度：

$$l_{0x}=2.4-0.325=2.075\text{m}$$
$$l_{0y}=7.2-0.3=6.9\text{m}$$

$$n=\frac{l_{0y}}{l_{0x}}=\frac{6.9}{2.075}=3.33，\text{取}\ \alpha=\frac{1}{n^2}=\frac{1}{3.33^2}=0.09，\beta=2$$

B4 区格为四边连续板，考虑内拱作用，内力折减系数取 0.8，采用分离式配筋，各塑性铰线上总弯矩为：

$$M_x=nl_{0x}m_x=l_{0y}m_x=6.9m_x$$
$$M_y=l_{0x}m_y=\alpha l_{0x}m_x=0.09\times2.075m_x=0.187m_x$$
$$M_x'=M_x''=\beta nl_{0x}m_x=\beta l_{0y}m_x=2\times6.9m_x=13.8m_x$$
$$M_y'=M_y''=\alpha\beta l_{0x}m_x=0.375m_x$$

代入总弯矩极限平衡方程：

$$2M_x+2M_y+2M_x'+2M_y'=\frac{0.8pl_{0x}^2}{12}(3l_{0y}-l_{0x}) \tag{5-56}$$

$$2\times6.9m_x+2\times0.187m_x+2\times13.8m_x+2\times0.375m_x$$
$$=\frac{0.8\times7.32\times2.075^2}{12}\times(3\times6.9-2.075)$$

可得：

$$m_x=0.92\text{kN}\cdot\text{m/m}$$
$$m_y=\alpha m_x=0.083\text{kN}\cdot\text{m/m}$$
$$m_x'=m_x''=\beta m_x=1.84\text{kN}\cdot\text{m/m}$$
$$m_y'=m_y''=\beta m_y=0.166\text{kN}\cdot\text{m/m}$$

（2）区格板 B4

计算跨度：

$$l_{0x}=2.4-0.325=2.075\text{m}$$
$$l_{0y}=6.9-0.3=6.6\text{m}$$

$$n=\frac{l_{0y}}{l_{0x}}=\frac{6.6}{2.075}=3.18，\text{取}\ \alpha=\frac{1}{n^2}=\frac{1}{3.33^2}=0.098，\beta=2$$

B1 区格为四边连续板，考虑内拱作用，内力折减系数取 0.8，采用分离式配筋，各塑性铰线上总弯矩为：

$$M_x=nl_{0x}m_x=l_{0y}m_x=6.6m_x$$
$$M_y=l_{0x}m_y=\alpha l_{0x}m_x=0.098\times2.075m_x=0.21m_x$$
$$M_x'=M_x''=\beta nl_{0x}m_x=\beta l_{0y}m_x=2\times6.6m_x=13.2m_x$$
$$M_y'=M_y''=\alpha\beta l_{0x}m_x=2\times0.187m_x=0.41m_x$$

代入总弯矩极限平衡方程：

$$2 \times 6.6 m_x + 2 \times 0.121 m_x + 2 \times 13.2 m_x + 2 \times 0.41 m_x$$
$$= \frac{0.8 \times 7.32 \times 2.075^2}{12} \times (3 \times 6.6 - 2.075)$$

可得：

$$m_x = 0.91 \mathrm{kN \cdot m/m}$$
$$m_y = \alpha m_x = 0.09 \mathrm{kN \cdot m/m}$$
$$m_x' = m_x'' = \beta m_x = 1.82 \mathrm{kN \cdot m/m}$$
$$m_y' = m_y'' = \beta m_y = 0.18 \mathrm{kN \cdot m/m}$$

（3）区格板 B2

计算跨度：

$$l_{0x} = 2.4 - 0.325 = 2.075 \mathrm{m}$$
$$l_{0y} = 3.6 - 0.3 = 3.3 \mathrm{m}$$

$$n = \frac{l_{0y}}{l_{0x}} = \frac{3.3}{2.075} = 1.59, \ 取 \ \alpha = \frac{1}{n^2} = \frac{1}{1.59^2} = 0.39, \ \beta = 2$$

B2 区格为四边连续板，考虑内拱作用，内力折减系数取 0.8，采用分离式配筋，各塑性铰线上总弯矩为：

$$M_x = n l_{0x} m_x = l_{0y} m_x = 3.3 m_x$$
$$M_y = l_{0x} m_y = \alpha l_{0x} m_x = 0.39 \times 2.075 m_x = 0.82 m_x$$
$$M_x' = M_x'' = \beta n l_{0x} m_x = \beta l_{0y} m_x = 2 \times 3.3 m_x = 6.6 m_x$$
$$M_y' = M_y'' = \alpha \beta l_{0x} m_x = 1.64 m_x$$

代入总弯矩极限平衡方程：

$$2 \times 3.3 m_x + 2 \times 0.82 m_x + 2 \times 6.6 m_x + 2 \times 1.64 m_x$$
$$= \frac{0.8 \times 7.32 \times 2.075^2}{12} \times (3 \times 3.3 - 2.075)$$

可得：

$$m_x = 0.665 \mathrm{kN \cdot m/m}$$
$$m_y = \alpha m_x = 0.26 \mathrm{kN \cdot m/m}$$
$$m_x' = m_x'' = \beta m_x = 1.33 \mathrm{kN \cdot m/m}$$
$$m_y' = m_y'' = \beta m_y = 0.526 \mathrm{kN \cdot m/m}$$

（4）区格板 B3

计算跨度：

$$l_{0x} = 2.4 - 0.325 = 2.075 \mathrm{m}$$
$$l_{0y} = 3 - 0.3 = 2.7 \mathrm{m}$$

$$n = \frac{l_{0y}}{l_{0x}} = \frac{2.7}{2.075} = 1.30, \ 取 \ \alpha = \frac{1}{n^2} = \frac{1}{1.30^2} = 0.59, \ \beta = 2$$

B3 区格为四边连续板，考虑内拱作用，内力折减系数取 0.8，采用分离式配筋，各塑性铰线上总弯矩为：

$$M_x = n l_{0x} m_x = l_{0y} m_x = 2.7 m_x$$

$$M_y = l_{0x} m_y = \alpha l_{0x} m_x = 0.59 \times 2.075 m_x = 1.225 m_x$$

$$M'_x = M''_x = \beta n l_{0x} m_x = \beta l_{0y} m_x = 2 \times 2.7 m_x = 5.4 m_x$$

$$M'_y = M''_y = \alpha \beta l_{0x} m_x = 2.45 m_x$$

代入总弯矩极限平衡方程:

$$2 \times 2.7 m_x + 2 \times 0.1.225 m_x + 2 \times 2.7 m_x + 2 \times 2.45 m_x$$

$$= \frac{0.8 \times 7.32 \times 2.075^2}{12} \times (3 \times 2.7 - 2.075)$$

可得:

$$m_x = 0.54 \mathrm{kN \cdot m/m}$$

$$m_y = \alpha m_x = 0.31 \mathrm{kN \cdot m/m}$$

$$m'_x = m''_x = \beta m_x = 1.07 \mathrm{kN \cdot m/m}$$

$$m'_y = m''_y = \beta m_y = 0.63 \mathrm{kN \cdot m/m}$$

第十四节　楼板配筋验算

一、计算原理

1. 配筋计算

在求得板各跨跨中及各支座截面的弯矩设计值后，可根据正截面受弯承载力的计算来确定配筋。双向板在两个方向的配筋都应按计算确定。

板的计算宽度取 $b=1000$mm，按单筋矩形截面设计。则截面配筋计算公式为：

$$A_s = \frac{M}{\gamma_s f_y h_0} \tag{5-57}$$

式中　M、h_0——板的任意方向跨中和支座弯矩及有效高度；

　　　　γ_s——内力臂系数，可近似地取 $\gamma_s = 0.90 \sim 0.95$。

2. 双向板的构造要求

（1）双向板的厚度

一般不宜小于80mm，也不大于160mm。

（2）钢筋的配置

双向板配筋的分区和配筋量规定如图5-80所示。

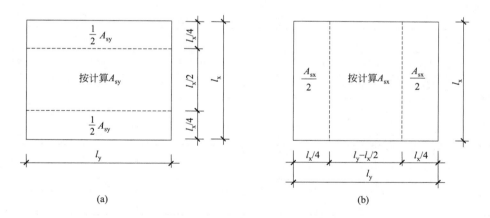

图5-80　双向板配筋的分区和配筋量规定示意图

（a）平行于 l_y 方向的钢筋；（b）平行于 l_x 方向的钢筋

为防止发生"倒锥台形"破坏，跨中钢筋保证距支座 $l_x/4$（l_x 是较小跨度）处弯起；为防止发生"正锥台形"破坏，支座负弯矩钢筋保证距支座边 $l_x/4$ 处切断（下弯）。

按弹性理论计算时，其跨中弯矩不仅沿板长变化，而且沿板宽向两边逐渐减小；板底钢筋是按中间板带跨中最大弯矩求得的，故可在两边边缘板带予以减少。将板按纵、横两个方向各划分为两个宽为 $l_x/4$（l_x 为较小跨度）的边缘板带和一个中间板带（图5-80）。

边缘板带的配筋为中间板带配筋的 50%。连续板支座上的负弯矩钢筋，应沿全支座均匀布置。受力钢筋的直径、间距、弯起点及截断点的位置等均可参照单向板配筋的有关规定。

按塑性铰线法计算时，板的跨中钢筋全板均匀配置；支座上的负弯矩钢筋按计算值沿支座均匀配置。沿墙边、墙角处的构造钢筋，与单向板楼盖中相同。

二、算例

某高层框架结构工程，通过广厦结构 CAD 建模、计算之后，验算楼面板配筋。楼面板板厚 $h = 100 \text{mm}$。各区格板跨中及支座弯矩已求得。

截面高度、内力臂系数、板的受力钢筋等级的取值如下，计算见表 5-71 和表 5-72，$h_{0x} = 100 - 20 = 80 \text{mm}$，$h_{0y} = 100 - 30 = 70 \text{mm}$，$\gamma_s = 0.95$，$f_y = 360 \text{N/mm}^2$

$$\rho_{min} = \max\left(0.45 \frac{f_t}{f_y}, 0.2\%\right) = \max\left(0.45 \times \frac{1.71}{360} = 0.214\%, 0.2\%\right) = 0.214\%$$

$$A_{s,min} = \rho_{min} bh = 0.214\% \times 1000 \times 100 = 214 \text{mm}^2$$

近似按 $A_s = \dfrac{M}{0.95 f_y h_0}$ 计算钢筋截面面积。

楼面板跨中截面配筋计算　　　　　　　　　表 5-71

跨中截面		$M(\text{kN} \cdot \text{m})$	$h_0(\text{mm})$	$A_s = \dfrac{M}{0.95 f_y h_0}(\text{mm}^2)$	选配钢筋	实配钢筋(mm^2)
B1 区格	l_{0x} 方向	0.92	80	33.63	8@200	251
	l_{0y} 方向	0.08	70	3.48	8@200	251
B2 区格	l_{0x} 方向	0.67	80	24.31	8@200	251
	l_{0y} 方向	0.26	70	10.98	8@200	251
B3 区格	l_{0x} 方向	0.54	80	19.64	8@200	251
	l_{0y} 方向	0.32	70	13.26	8@200	251
B4 区格	l_{0x} 方向	0.91	80	33.34	8@200	251
	l_{0y} 方向	0.09	70	3.77	8@200	251
B5 区格	l_{0x} 方向	5.73	80	209.58	8@200	251
	l_{0y} 方向	2.06	70	86.09	8@200	251

楼面板支座截面配筋计算　　　　　　　　　表 5-72

支座截面	$M(\text{kN} \cdot \text{m})$	$h_0(\text{mm})$	$A_s = \dfrac{M}{0.95 f_y h_0}(\text{mm}^2)$	选配钢筋	实配钢筋(mm^2)
B1-B2	1.84	80	67.27	8@200	251
B1-B4	0.18	80	6.59	8@200	251
B1-B5	6.86	80	250.68	8@200	251
B2-B2	1.33	80	48.61	8@200	251

续表

支座截面	$M(\text{kN} \cdot \text{m})$	$h_0(\text{mm})$	$A_s = \dfrac{M}{0.95 f_y h_0}(\text{mm}^2)$	选配钢筋	实配钢筋(mm^2)
B2-B3	0.63	80	23.21	8@200	251
B2-B4	0.53	80	19.22	8@200	251
B2-B5	9.78	80	357.35	10@200	392
B3-B4	0.63	80	23.21	8@200	251
B4-B5	2.06	80	75.32	8@200	251

第十五节 基础计算

一、独立基础

1. 计算原理

独立基础是配置于整个结构物之下的无筋或配筋的单个基础。

独立基础设计计算基本步骤：

①基础埋置深度的选择：选择基础的埋置深度是基础设计工作中的重要一环，因为关系到地基是否可靠、施工的难易及造价的高低。

②地基承载力设计值：地基基础设计首先必须保证在荷载作用下的地基对土体产生剪切破坏而失效方面，应具有足够的安全度。按地基载荷试验确定：当基础宽度大于 3m 或埋置深度大于 0.5m 时，应按下式计算地基承载力设计值：

$$f_a = f_{ak} + \eta_b \gamma(b-3) + \eta_d \gamma_m (d-0.5) \tag{5-58}$$

③按地基承载力确定基础底面尺寸。

2. 算例

某工程通过广厦结构 CAD 软件建模、计算之后，进行独立基础设计。选用 C25 混凝土，HRB400 钢筋。保护层厚度为 40mm。地质资料如下：

第一层杂填土，厚 0.5m，含部分建筑垃圾；

第二层粉质黏土，厚 1.2m，软塑，潮湿，承载力特征值 $f_{ak}=130kPa$；

第三层黏土，厚 1.5m，可塑，稍湿，承载力特征值 $f_{ak}=180kPa$；

第四层全风化砂质泥岩，厚 2.7m，承载力特征值 $f_{ak}=240kPa$；

地下水对混凝土无侵蚀性，地下水位于地表下 1.5m。

由 AutoCAD 基础软件可获取柱底荷载效应标准组合值和柱底荷载效应基本组合值，如图 5-81 所示。

分别在基本组合内力和标准组合内力当中获取轴力、弯矩和剪力的最大值。

可得，柱底荷载效应标准组合值：$F_k=1534kN$，$M_k=335kN \cdot m$，$V_k=109kN$；

柱底荷载效应基本组合值：$F=2028kN$，$M=426kN \cdot m$，$V=116kN$。

持力层选用第三土层，承载力特征值 $f_{ak}=180kPa$，框架柱截面尺寸为 500mm×500mm，室外地坪标高同自然地面，室内外高差 450mm。

（1）基础埋深选择

取基础底面高时最好取至持力层下 0.5m，本设计取第三层土为持力层，所有考虑室外地坪到基础底面为 0.5+1.2+0.5=2.2m。由此得基础剖面如图 5-82 所示。

（2）地基承载力特征值 f_a

根据黏土 $e=0.58$，$I_L=0.78$，查表得 $\eta_b=0.3$，$\eta_d=1.6$。

基底以上土的加权平均重度：

图 5-81　AutoCAD 基础软件显示柱底内力

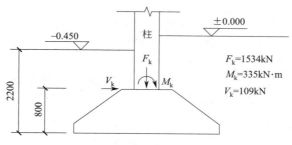

图 5-82　基础剖面示意图

$$\gamma_{\mathrm{m}}=\frac{18\times0.5+20\times1+(20-10)\times0.2+9.4\times0.5}{2.2}=16.23\mathrm{kN/m^3}$$

持力层承载力特征值 f_{a}（先不考虑对基础宽度修正）：

$$f_{\mathrm{a}}=f_{\mathrm{ak}}+\eta_{\mathrm{d}}\gamma_{\mathrm{m}}(d-0.5)=180+1.6\times16.23\times(2.2-0.5)=224.15\mathrm{kPa}$$

上式中，d 按室外地面算起。

（3）初步选择基底尺寸

取柱底荷载标准值：$F_{\mathrm{k}}=1534\mathrm{kN}$，$M_{\mathrm{k}}=335\mathrm{kN\cdot m}$，$V_{\mathrm{k}}=109\mathrm{kN}$。

计算基础和回填土重 G_{k} 时的基础埋深：

$$d=\frac{1}{2}\times(2.2+2.65)=2.425\mathrm{m}$$

基础底面积：

$$A_0 = \frac{F_k}{f_a - \gamma_G \cdot d} = \frac{1534}{224.15 - 0.7 \times 10 - 1.725 \times 20} = 8.40 \text{m}^2$$

由于偏心不大，基础底面积按 20% 增大，即 $A = 1.2 A_0 = 1.2 \times 8.40 = 10.08 \text{m}^2$

初步选定基础底面面积 $A = lb = 4.1 \times 2.5 = 10.25 \text{m}^2$，且 $b = 2.5 \text{m} < 3 \text{m}$ 不需要再对 f_a 进行修正。

（4）验算持力层地基承载力

回填土和基础重：

$$G_k = \gamma_G d A = (0.7 \times 10 + 1.725 \times 20) \times 10.25 = 425.38 \text{kN}$$

偏心距：

$$e_k = \frac{M_k}{F_k + G_k} = \frac{335 + 109 \times 0.8}{1534 + 425.38} = 0.215 \text{m} < \frac{l}{6} = 0.68 \text{m}，所以 P_{k,min} > 0，满足。$$

基底最大压力：

$$P_{k,max} = \frac{F_k + G_k}{A}\left(1 + \frac{6 e_k}{l}\right) = \frac{1534 + 425.38}{10.25} \times \left(1 + \frac{6 \times 0.215}{4.1}\right) = 251.30 \text{kPa}$$

$< 1.20 f_a = 268.98 \text{kPa}$

所以，最后确定基础底面面积长 4.1m，宽 2.5m。

（5）计算基底净反力

取柱底荷载效应基本组合设计值：$F = 2028 \text{kN}$，$M = 426 \text{kN} \cdot \text{m}$，$V = 116 \text{kN}$。

净偏心距：

$$e_{n,0} = \frac{M}{N} = \frac{426 + 116 \times 0.8}{2028} = 0.256 \text{m}$$

基础边缘处的最大和最小净反力：

$$p_{j,min}^{j,max} = \frac{F}{lb}\left(\frac{1 \pm 6 e_{n,0}}{l}\right) = \frac{2028}{4.1 \times 2.5} \times \left(\frac{1 \pm 6 \times 0.256}{4.1}\right) = \begin{matrix} 122.38 \text{kPa} < 224.51 \text{kPa} \\ -29.43 \text{kPa} \end{matrix}$$

（6）基础冲切破坏验算

冲切荷载 $F_l = A_l \cdot p_{j,max}$

式中 A_l——基础底面上冲切锥范围以外的面积（m²）（图 5-83 中阴影面积）。

$$A_l = \left(\frac{a}{2} - \frac{a_c}{2} - h_0\right)b - \left(\frac{b}{2} - \frac{b_c}{2} - h_0\right)^2 = \left(\frac{4.1}{2} - \frac{0.5}{2} - 0.76\right) \times 2.5 - \left(\frac{2.5}{2} - \frac{0.5}{2} - 0.76\right)^2 = 2.024 \text{m}^2$$

$$F_l = A_l \cdot p_{j,max} = 2.024 \times 122.38 = 247.70 \text{kN}$$

验算冲切破坏面的抗剪承载力：

$$[V] = 0.7 \beta_{hp} f_t b_p h_0 \tag{5-59}$$

式中 $b_p = (b_c + b_b)/2 = b_c + h_0$

因为 $h_0 = 760 \text{mm} < 800 \text{mm}$，故 $\beta_{hp} = 1.0$。基础用 C25 混凝土，其轴心抗拉强度设计值 $f_t = 1.27 \text{kN/mm}^2 = 1270 \text{kN/m}$，故：

$$[V] = 0.7 \beta_{hp} f_t b_p h_0 = 0.7 \times 1.0 \times 1270 \times (0.5 + 0.76) \times 0.76 = 851.31 \text{kN}$$

满足 $F_l < [V]$ 要求，基础不会发生冲切破坏。

（7）基础剪切破坏验算

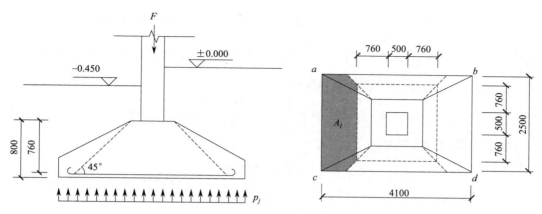

图 5-83 中心荷载冲切验算

因为基础底面宽度大于柱宽加 2 倍基础有效高度，所以不需要进行剪切破坏验算。

（8）配筋计算

选用 HRB400 级钢筋，$f_y = 360\text{N/mm}^2$，由图 5-84 可得 Ⅰ-Ⅰ 截面的弯矩 $p_{j,\mathrm{I}}$ 为 66.65kPa。

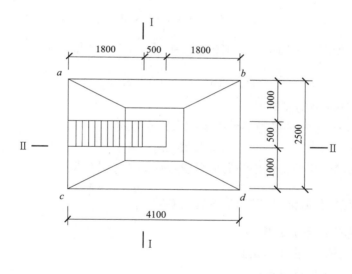

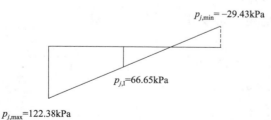

图 5-84 偏心荷载下弯矩计算图

截面 Ⅰ-Ⅰ 处的弯矩为：

$$M_{\mathrm{I}} = \frac{1}{48}(a-a_{\mathrm{c}})^2 \left[(p_{j,\max}+p_{j,\mathrm{I}})(2b+b_{\mathrm{c}}) + (p_{j,\max}-p_{j,\mathrm{I}})b \right]$$

$$= \frac{1}{48}(4.1-0.5)^2 \left[(122.38+66.65)(2\times2.5+0.5) + (122.38-66.65) \right.$$

$$\left. \times 2.5 \right] = 318.33\mathrm{kN} \cdot \mathrm{m}$$

$$A_{s,\mathrm{I}} = \frac{M_{\mathrm{I}}}{0.9f_y h_0} = \frac{318.33\times10^6}{0.9\times360\times760} = 1292.75\mathrm{mm}^2$$

截面Ⅱ-Ⅱ处的弯矩为：

$$p_j = \frac{F_k + G_k}{A} = \frac{1534+425.38}{10.25} = 191.16\mathrm{kPa}$$

$$M_{\mathrm{II}} = \frac{p_j}{24}(b-b_{\mathrm{c}})^2(2a+a_{\mathrm{c}}) = \frac{191.16}{24}\times(2.5-0.5)^2\times(2\times4.1+0.5) = 283.55\mathrm{kN} \cdot \mathrm{m}$$

$$A_{s,\mathrm{II}} = \frac{M_{\mathrm{II}}}{0.9f_y h_0} = \frac{283.55\times10^6}{0.9\times360\times760} = 1151.54\mathrm{mm}^2$$

在截面Ⅰ-Ⅰ处配Φ8@150，钢筋根数 $n = \frac{4100}{150} + 1 = 28$ 根，

$$A_s = 28\times50.3 = 1408.4\mathrm{mm}^2$$

在截面Ⅱ-Ⅱ处配Φ10@160，钢筋根数 $n = \frac{2500}{150} + 1 = 16$ 根，

$$A_s = 16\times78.5 = 1256\mathrm{mm}^2$$

（9）局部受压承载力验算

由《混规》6.6.1条可得局部受压承载力验算公式：

$$F_l \leqslant 1.35\beta_{\mathrm{c}}\beta_l f_{\mathrm{c}} A_{l\mathrm{n}} \qquad (5\text{-}60)$$

式中　F_l——局部受压面上作用的局部荷载或局部压力设计值；

　　　β_l——混凝土局部受压时的强度提高系数，$\beta_l = \sqrt{\dfrac{A_{\mathrm{b}}}{A_l}}$；

　　　A_l——混凝土局部受压面积；

　　　A_{b}——局部受压的计算底面积；

　　　$A_{l\mathrm{n}}$——混凝土局部受压净面积。

由《混规》6.6.2条确定局部受压的计算底面积 A_{b}，如图5-85所示。

$$A_{\mathrm{b}} = 1.5\times1.5 = 2.25\mathrm{m}^2$$

$$A_l = 0.5\times0.5 = 0.25\mathrm{m}^2$$

所以，$\beta_l = \sqrt{\dfrac{A_{\mathrm{b}}}{A_l}} = \sqrt{\dfrac{2.25}{0.25}} = 3$

$$1.35\beta_{\mathrm{c}}\beta_l f_{\mathrm{c}} A_{l\mathrm{n}} = 1.35\times1.0\times3\times11.9\times10^3\times0.25$$

$$= 12048\mathrm{kN} \geqslant F_l = 2028\mathrm{kN}$$

故满足要求。

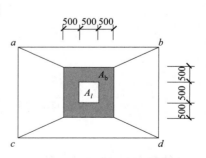

图5-85　局部受压验算示意图

二、桩基础

1. 计算原理

（1）基本设计资料

设计桩基前必须具备各种资料：建筑物类型及其规模、岩土工程勘察报告、施工机具和技术条件、环境条件及当地桩基工程经验。勘察报告应符合勘察规范的一般规定和桩基工程的专门勘察要求。

（2）桩型、截面和桩长的选择以及单桩承载力的确定

单桩极限承载力 Q_u 由总极限侧阻力 Q_{su} 和总极限端阻力 Q_{pu} 组成，若忽略二者间的相互影响，可表示为：

$$Q_u = Q_{su} + Q_{pu} = \sum U_i l_i q_{sui} + A_p q_{pu} \tag{5-61}$$

式中　l_i、U_i——桩周第 i 层土厚度和相应的桩身周长；

　　　　A_p——桩底面积；

　　q_{sui}、q_{pu}——第 i 层土的极限侧阻力和持力层极限端阻力。

（3）桩的根数和布置

初步估计桩数时，先不考虑群桩效应，在确定了单桩承载力设计值 R 后，可对桩数进行估算。当桩基为轴心受压时，桩数 n 应满足下式要求：

$$n \geqslant \frac{F+G}{R} \tag{5-62}$$

式中　F——作用在承台上的轴向压力设计值；

　　　　G——承台及其上方填土的重力。

偏心受压时，对于偏心距固定的桩基，如果桩的布置使得群桩横截面的重心与荷载合力作用点重合，则仍可按上式估算桩数；否则，桩的根数应按上式确定的增加 10%～20%。对桩数超过 3 根的非端承群桩基础，在求得基桩承载力设计值后应重新估算桩数；如有必要，还要通过桩基软弱下卧层承载力和桩基沉降验算才能最终确定。

2. 算例

某高层框架结构项目，建筑场地图层按其成因、土性特征和物理力学性质的不同，物理力学性质指标见表 5-73。

场地土层物理力学指标　　　　　　　　　表 5-73

序号	土层名称	厚度(m)	承载力特征值参考 f_{ak}(kPa)	重度 γ(kN/m³)	混凝土预制桩极限承载力标准值(kPa)	
					q_{sik}	q_{pk}
1	杂填土	1.5	80	17		
2	淤泥	2.5	100	18	20	
3	粉土	6	169	19.5	56	
4	黏土	6	300	19.7	90	
5	砂岩				110	6000

广厦软件柱底内力如表 5-74～表 5-76 所示。

第一层柱底 M_k、N_k、V_k 计算（1） 　　　　表 5-74

柱子轴线	截面位置	内力	荷载类型						
			S_{GE}	S_{Gk}	S_{Qk}	S_{wk}		S_{Ek}	
						左风	右风	左震	右震
A	柱底	M	68.05	61.50	13.10	−213.80	213.80	−285.80	285.80
		N	−2824.75	−2630.00	−389.50	189.00	−189.00	266.70	−266.70
		V	−39.50	−35.60	−7.80	61.50	−61.50	81.90	−81.90
B	柱底	M	−35.85	−32.60	−6.50	−229.20	229.20	−306.70	306.70
		N	−4170.40	−3838.70	−663.40	−41.00	41.00	−57.70	57.70
		V	25.85	23.60	4.50	71.20	−71.20	95.00	−95.00
C	柱底	M	−17.70	−15.30	−4.80	−199.10	199.10	−266.00	266.00
		N	−2178.25	−2034.10	−288.30	−148.10	148.10	−208.90	208.90
		V	14.40	12.70	3.40	52.30	−52.30	69.50	−69.50

注：表中弯矩的单位是 kN·m，剪力、轴力的单位是 kN。

第一层柱底 M_k、N_k、V_k 计算（2） 　　　　表 5-75

柱子轴线	截面位置	内力	$S_{Gk}+S_{Qk}+S_{wk}$		$1.0S_{GE}+S_{Ek}$		$[M]_{max}$	N_{max}	N_{min}
			左风	右风	左震	右震			
A	柱底	M	−139.20	288.40	−217.75	353.85	353.85	288.40	−217.75
		N	−2830.50	−3208.50	−2558.05	−3091.45	−3091.45	−3208.50	−2558.05
		V	18.10	−104.90	42.40	−121.40	−121.40	−104.90	42.40
B	柱底	M	−268.30	190.10	−342.55	270.85	−342.55	−268.30	270.85
		N	−4543.10	−4461.10	−4228.10	−4112.70	−4228.10	−4543.10	−4112.70
		V	99.30	−43.10	120.85	−69.15	120.85	99.30	−69.15
C	柱底	M	−219.20	179.00	−283.70	248.30	−283.70	−219.20	248.30
		N	−2470.50	−2174.30	−2387.15	−1969.35	−2387.15	−2470.50	−1969.35
		V	68.40	−36.20	83.90	−55.10	83.90	68.40	−55.10

基础承受的上部荷载 　　　　表 5-76

内力组合		$M(kN·m)$	$N(kN)$	$V(kN)$	$M_k(kN·m)$	$N_k(kN)$	$V_k(kN)$
A柱基础	M_{max} 组合	362.56	−2989.128	−130.7895	353.85	−3091.45	−121.40
	N_{max} 组合	95.863	−3932.21	−55.704	288.40	−3208.50	−104.90
	N_{min} 组合	−231.904	−2434.392	50.2095	−217.75	−2558.05	42.40
B柱基础	M_{max} 组合	−353.384	−4063.592	131.342	−342.55	−4228.10	120.85
	N_{max} 组合	−50.38	−5832.377	36.27	−268.30	−4543.10	99.30
	N_{min} 组合	284.552	−3943.576	−78.608	270.85	−4112.70	−69.15
C柱基础	M_{max} 组合	−293.632	−2308.376	91.4855	−283.70	−2387.15	83.90
	N_{max} 组合	−25.359	−3028.569	20.477	−219.20	−2470.50	68.40
	N_{min} 组合	259.648	−1873.864	−62.1095	248.30	−1969.35	−55.10

取 C 柱的最大轴力进行设计。

1）单桩承载力确定

（1）桩基持力层、桩型、桩长的确定

根据勘察设计所提供的资料，分析表明，在柱下荷载作用下，天然地基基础难以满足设计要求，故考虑选用桩基础。根据地质勘察资料，确定第 5 层砂岩为桩端持力层。

采用桩径 600mm 的预制钢筋混凝土桩。桩长为 16m。承台埋深设计 1.6m，桩顶嵌入承台 0.05m，则桩端进持力层 1.6m。

桩身材料：混凝土为 C40，轴心抗压强度设计值 $f_c=19.1\text{N/mm}^2$，弯曲抗压强度设计值 $f_m=21.5\text{N/mm}^2$；主筋采用 6Φ16 HRB400 钢筋，其强度设计值 $f_y=360\text{N/mm}^2$。

承台材料：混凝土为 C40，轴心抗压强度设计值 $f_c=19.1\text{N/mm}^2$，抗拉强度设计值 $f_t=1.71\text{MPa}$；采用 HRB400 钢筋强度设计值 $f_y=360\text{N/mm}^2$。

（2）确定单桩竖向承载力标准值 Q_{uk}

$$u=\pi\times 0.6=1.88\text{m}, A_p=\pi\times(0.6/2)^2=0.28\text{m}^2$$

按静力触探法确定单桩竖向极限承载力标准值：

$$Q_{uk}=Q_{sk}+Q_{pk}=u\sum q_{sik}l_i+q_{pk}A_p$$
$$=1.88\times(2.4\times 20+6\times 56+6\times 90+1.6\times 110)+6000\times 0.28=3748\text{kN}$$

（3）确定单桩竖向承载力设计值 R_a

不考虑群桩效应，估算单桩竖向承载力设计值 R_a 为：

$$R_a=Q_{uk}/2=3748/2=1874\text{kN}$$

2）桩基础设计

（1）确定桩数

初步假定承台底面的尺寸为 3m×3m，则 $G_k=20\times 3\times 3\times 1.6=288\text{kN}$

$$n=\frac{F_k+G_k}{R_a}=\frac{4543.10+288}{1874}=2.57$$，暂定取 4 根桩。

（2）桩的中心距

通长桩的中心距为 $(3\sim 4)d=1.8\sim 2.4\text{m}$，取 $S_a=1.8\text{m}$。

（3）桩承台底面尺寸设计（图 5-86）

根据桩的外缘每边外伸净距为 $0.5d=300\text{mm}$，则承台为方形且边长为 3000mm。

取承台及上覆土的平均重度 $\gamma_G=20\text{kN/m}^3$，桩外缘与承台边间距 250mm，不小于 150mm，桩中心到承台外边缘 500mm，不小于桩的直径。均符合规范要求。

3）确定复合基桩竖向承载力设计值

单桩的平均竖向力为：

$$Q_k=\frac{(F_k+G_k)}{n}=\frac{4530.10+288}{4}=1204.52\text{kN}<1874\text{kN}$$

单桩偏心荷载下最大竖向力为：

$$Q_{k,\max}=\frac{(F_k+G_k)}{n}+\frac{M_y x_i}{\sum x_i^2}=1204.52+\frac{(268.30-99.30\times 1.6)\times 1.0}{4\times 0.9^2}=1204.52+33.77$$
$$=1238.29\text{kN}$$

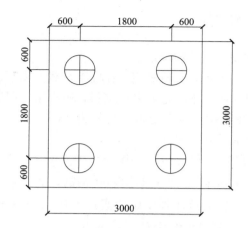

图 5-86　桩的布置及承台尺寸

按照公式要求：$Q_{k,max}<1.2R_a=2248.80\text{kN}$，满足要求。

由于水平力 $H_k=99.30\text{kN}$ 较小，此处不验算单桩水平承载力。

4）承台抗弯计算和配筋设计

（1）求取荷载设计值

在承台结构计算中，取相应于荷载效应基本组合的设计值，可按下式计算：$S=1.3S_k$

$$F=1.3F_k=1.3\times4530.10=5889.13\text{kN}$$
$$M=1.3M_k=1.3\times268.30=348.79\text{kN}$$
$$H=1.3H_k=1.3\times99.30=129.09\text{kN}$$

承台设计如图 5-87、图 5-88 所示。

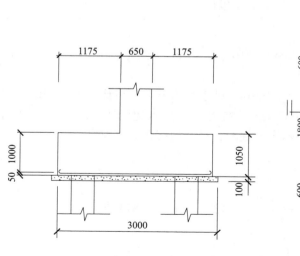

图 5-87　承台设计计算图 1

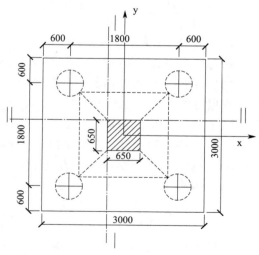

图 5-88　承台设计计算图 2

对承台进一步设计为：取承台厚 1050mm，下设厚度 100mm，强度等级为 C10 的混凝土垫层，保护层厚度为 50mm，则 $h_0=1$m；混凝土强度等级为 C40，混凝土的抗拉强度 $f_t=1.71$N/mm^2，受力钢筋选用 HRB400 级，$f_y=360$N/mm^2，规范要求承台混凝土等级不低于 C20，基地设有混凝土垫层时，保护层厚度不小于 40mm，故此设计均满足规范要求。

（2）Ⅰ-Ⅰ断面验算

各桩不计承台及其上土重 G_k 部分的净反力 N_i 为各桩平均竖力：

$$\bar{N}=1.3\frac{F_k}{n}=1.3\times\frac{4530.10}{4}=1472.28\text{kN}$$

最大竖向力：

$$N_{max}=1.3\left[\frac{F_k}{n}+\frac{M_y x_{max}}{\sum x_i^2}\right]=1526.90+1.3\times3.77=1531.80\text{kN}$$

对于Ⅰ-Ⅰ断面：

$$M_y=\sum N_i x_i=2\times1572.49\times0.575=1808.36\text{kN}\cdot\text{m}$$

钢筋面积：

$$A_s=\frac{M_y}{0.9f_y h_0}=\frac{1808.36\times10^6}{0.9\times360\times(1050-50)}=5581.35\text{mm}^2$$

采用 15Φ22 的钢筋，$A_s=5701.5$mm^2，平行于 x 轴布置。

Ⅱ-Ⅱ断面验算配筋同，采用 15 根直径为 22mm 的钢筋。

5）承台抗冲切验算

（1）柱对承台的向下冲切验算

《建筑桩基技术规范》JGJ 94—2008 规定，对于圆柱及圆桩，计算时应将其截面换算成方柱及方桩，即取换算成柱截面边长 $b_c=0.8d_c$（d_c 为圆柱直径），换算成桩截面边长 $b_p=0.8d$（d 为圆桩直径）。

将该圆桩换算成方桩，方桩截面边长 $b_p=0.8d=0.8\times600=480$mm

根据公式：

$$F_i\leqslant2\left[\beta_{0x}(b_c+a_{0y})+\beta_{0y}(a_c+a_{0x})\right]\beta_{hp}f_t h_0 \tag{5-63}$$

式中　F_i——作用于冲切破坏锥体上的冲切力设计值（kN），即等于作用于桩的竖向荷载设计值 F 减去冲切破坏锥体范围内各基桩底的净反力设计值之和；

　　　　f_t——混凝土抗拉强度设计值（kN）；

　　　　h_0——承台冲切破坏锥体的有效高度（m）；

β_{0x},β_{0y}——冲切系数；

　　　　λ——冲跨比，$\lambda=\dfrac{a_0}{h_0}$，a_0 为冲跨，即柱边或承台变阶处到桩边的水平距离，按圆桩的有效宽度进行计算。当 $a_0<0.2h_0$ 时，取 $a_0=0.2h_0$；当 $a_0>0.2h_0$ 时，取 $a_0=h_0$。

$$F_l=6115.63\text{kN},h_0=1\text{m}$$

$$a_{0x}=a_{0y}=1.5-0.325-0.6-0.24=0.335\text{m}$$

$$\lambda_{0x}=\lambda_{0y}=\frac{a_0}{h_0}=\frac{0.335}{1}=0.335$$

$$\beta_{0x} = \beta_{0y} = \frac{0.84}{\lambda + 0.2} = 1.57$$

$$a_c = b_c = 0.65\text{m}$$

$$\beta_{hp} = 1 - \frac{1 - 0.9}{2000 - 650}(1000 - 650) = 0.974$$

$$2[\beta_{0x}(b_c + a_{0y}) + \beta_{0y}(a_c + a_{0x})]\beta_{hp}f_t h_0$$
$$= 2[1.57 \times (0.65 + 0.335) + 1.57 \times (0.65 + 0.335)] \times 0.974 \times 1.71$$
$$\times 10^3 \times 1 = 10302.70\text{kN}$$

$$F_i \leq 2[\beta_{0x}(b_c + a_{0y}) + \beta_{0y}(a_c + a_{0x})]\beta_{hp}f_t h_0,\text{满足要求。}$$

（2）角桩冲切验算

对于四桩承台，受角桩冲切的承台应满足下式：

$$N_i \leq \left[\beta_{1x}\left(c_2 + \frac{a_{1y}}{2}\right) + \beta_{1y}\left(c_1 + \frac{a_{1x}}{2}\right)\right]f_t h_0 \beta_{hp} \tag{5-64}$$

式中　N_i——作用于角桩顶的竖向力设计值（kN）；

　　　β_{1x}，β_{1y}——角桩的冲切系数；

　　　λ_{1x}，λ_{1y}——角桩冲跨比，其值满足 $0.2 \sim 1.0$，$\lambda_{1x} = \frac{a_{1x}}{h_0}$，$\lambda_{1y} = \frac{a_{1y}}{h_0}$；

　　　c_1，c_2——从角桩内边缘至承台外边缘的距离（m），此处应取桩的有效宽度；

　　　a_{1x}，a_{1y}——从承台底角桩内边缘引 $45°$ 冲切线与承台顶面相交点，至角桩内边缘的水平距离；当柱或承台边阶处位于该 $45°$ 线以内时，取由柱边或变阶处与桩内边缘连线为冲切锥体的锥线。

$$N_i = N_{max} = 1572.49\text{kN}$$

$$c_1 = c_2 = 0.6 + 0.24 = 0.84\text{m}$$

$$a_{1x} = a_{1y} = 0.335\text{m}$$

$$\lambda_{1x} = \lambda_{1y} = \frac{a_0}{h_0} = \frac{0.335}{1} = 0.335$$

$$\beta_{1x} = \beta_{1y} = \frac{0.56}{\lambda + 0.2} = 1.05$$

抗冲切力：

$$\left[\beta_{1x}\left(c_2 + \frac{a_{1y}}{2}\right) + \beta_{1y}\left(c_1 + \frac{a_{1x}}{2}\right)\right]f_t h_0 \beta_{hp}$$
$$= [1.05 \times (0.84 + 0.335/2) + 1.05 \times (0.84 + 0.335/2)] \times 0.974 \times 1.71$$
$$\times 10^3 \times 1 = 3523.86\text{kN}$$

$$N_i \leq \left[\beta_{1x}\left(c_2 + \frac{a_{1y}}{2}\right) + \beta_{1y}\left(c_1 + \frac{a_{1x}}{2}\right)\right]f_t h_0 \beta_{hp},\text{满足要求。}$$

（3）承台抗剪验算

根据公式，剪切力必须不大于抗剪切力，即满足：$V \leq \beta_{hs}\beta f_t b_0 h_0$

对于 I-I 截面处：

$$a_x = 0.335\text{m}, \quad \lambda_x = \frac{a_0}{h_0} = \frac{0.335}{1} = 0.335, \quad \beta = \frac{1.75}{\lambda + 1} = \frac{1.75}{0.335 + 1} = 1.31$$

$$\beta_{hs} = \left(\frac{650}{h_0}\right)^{1/4} = \left(\frac{650}{1000}\right)^{1/4} = 0.898$$

$$V = 2 \times N_{max} = 2 \times 1572.49 = 3144.98\text{kN}$$

抗剪切力 $= 0.898 \times 1.31 \times 1710 \times 3.0 \times 1 = 6034.83\text{kN} > 3144.98\text{kN}$，符合要求。

对于 II-II 截面处：同样符合要求。

三、筏形基础

1. 计算原理

当地基承载力很低，建筑物荷载又很大时，宜采用筏形基础。土层沉积不均匀，有软弱土层的不规则夹层，或者有坚硬的石芽出露，抑或石灰岩层中有不规则溶洞、溶槽时，采用筏形基础调节不均匀沉降或者跨越溶洞。即使地基土相对较均匀时，对不均匀沉降敏感的结构也常采用筏基。

筏板厚度一般不小于柱网最大跨度的 1/20，并不小于 200mm，且应按抗冲切验算。设置肋梁时宜取 200~400mm。筏形基础可适当加设悬臂部分以扩大基底面积和调整基底形心与上部荷载重心尽可能一致。悬臂部分宜沿建筑物宽度方向设置。当肋梁不外伸时板挑出长度不宜大于 2m。混凝土强度等级不低于 C20，垫层厚 100mm。钢筋保护层厚度不小于 35mm。地下水位的地下室底板应考虑抗渗，并进行抗裂度验算。

筏板配筋率一般在 0.5%~1.0% 为宜。当板厚小于 300mm 时单层配置，大于 300mm 时双层布置。受力钢筋最小直径 8mm，一般不小于 12mm，间距 100~200mm；分布钢筋 8~10mm，间距 200~300mm。筏板配筋除符合计算配筋外，纵横方向制作钢筋尚应有 0.15%、0.10%（全部受拉钢筋的 1/2~1/3）的配筋率连通；跨中则按实际配筋率全部贯通。双向悬臂挑出但肋梁不外伸时宜在板底放射状布附加钢筋。平板式筏板柱下板带和跨中板带的底部钢筋应有 1/2~1/3 全部拉通，且配筋率不应小于 0.15%；顶部按实际全部拉通。当板厚小于 250mm 时分布筋为 $\phi 8@250$，板厚大于 250mm 时分布筋 $\phi 10@200$。

2. 算例

某高层住宅楼项目，由于该结构剪力墙之间距离较近且不规则，若墙下分别布置承台，由电算结果发现承台之间面积有重合，因此采用筏形基础。在地下室底板布置平板式筏形基础，基础埋置深度 5.7m，筏板厚 1000mm，剪力墙下梁高 1000mm，宽 350mm。筏形基础底面铺设垫层，厚度为 100mm。

1）筏形基础的布置

（1）埋置深度

筏形基础的埋置深度首先应满足一般基础埋置深度的要求，即选择埋置于较好的土层，并进行地基承载力与下卧层的验算。高层建筑的筏形基础通常也作为地下室的底板，即应考虑按建筑物对地下室结构的要求确定埋置深度。《高层建筑筏形与箱形基础技术规范》JGJ 6—2011 第 5.2.3 条：在抗震设防区，除岩石地基外，天然地基上的筏形与箱形基础的埋置深度不宜小于建筑物高度的 1/15；桩筏与桩箱基础的埋置深度（不计桩长）不宜小于建筑物高度的 1/18。

基础埋深：

$$h = 5.0 - 0.3 + 1.0 = 5.7 > \frac{83.3}{15} = 5.55 \text{m}$$

满足要求。

（2）平面形状和面积

筏形基础的形状和面积取决于建筑的平面布置，要力求规整，尽可能做成矩形、圆形等对称形状（图 5-89）。基底面积按满足承载力的要求确定。要力求使面积的形心与竖向荷载的重心重合，当荷载过大或合力偏心过大不能满足要求时，可适当地将筏板外伸悬挑出上部结构底面以扩大基础面积，改善筏板边缘的压力。对于平板式筏形基础，外伸长度横向不应大于 1500mm，纵向不宜大于 1000mm；如果外伸筏板做成坡形，其边缘厚度不应小于 200mm。本设计纵、横向均沿结构墙柱外边线外伸 1000mm。

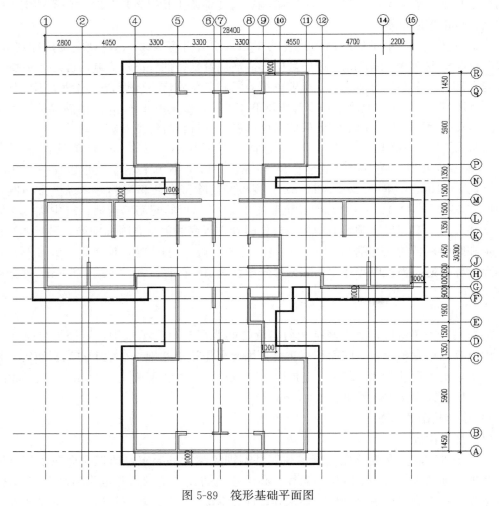

图 5-89　筏形基础平面图

（3）筏板厚度

筏形基础面积较大，又要承载高重建筑物，通常要做成有足够刚度的厚重整体钢筋混凝土板。根据实践经验，一般先按每层楼 50mm 拟设，然后进行受弯、受冲切、受剪承载力验算。平板式筏板结构简单，施工便捷，较之梁板式筏板具有更好的抗冲切和抗剪能力，适应性也较强。筏板厚度除应满足受弯承载力外，还应满足筒形结构下和柱下受冲切承载力和筒边及柱边受剪承载力的要求。对边柱和角柱进行冲切验算时，冲切力应分别乘以 1.1 和 1.2 的放大系数。平板式筏板的最小厚度不应小于 500mm。

本设计中，平板式筏板厚度为 1000mm，满足规范要求。

（4）筏形基础与结构及地面的连接

①筏形基础与上部结构的连接

梁板式筏形基础，当交叉基础梁的宽度小于柱截面的边长时，与基础梁连接处应设置八字角，柱与八字角边缘的净距不宜小于 50mm。柱或墙的边缘至基础梁的边缘不应小于 50mm。

广厦的 AutoCAD 基础软件在剪力墙结构或框架剪力墙结构中布置平板式筏形基础时，会自动在剪力墙下布置基础梁从而提高墙下筏板的抗剪切、抗冲切承载力，其连接构造参考梁板式筏形基础，故本设计中基础梁截面采用 350mm×1000mm。

②筏板与地下室外墙的连接

因地下室外墙要承受外部土压力与地下水压力的作用，一般外墙厚度不应小于 250mm，内墙厚度不小于 200mm。

③筏板与地下室的连接

筏形基础地面铺设垫层，厚度为 100mm。

2）地基计算

（1）参数设置

根据本结构地基情况，基础埋深为 5.7m 时，地基承载力特征值为 169kN/m^2。梁、板混凝土强度等级为 35N/mm^2。保护层厚度均为 40mm，钢筋等级均为 HRB400。

基床反力系数是软件给有侧约束地下室各层加上侧向弹簧以模拟地下室周围土的作用，当为 0 时，有侧约束地下室侧壁不受任何约束，当为 1.0×10^6 时，有侧约束地下室侧壁接近嵌固。本设计中地下室侧壁土壤为可塑～硬塑的砾质黏性土，基床反力系数在 40000～100000kN/m^3 之间，取 100000kN/m^3。基础单元划分如图 5-90 所示。

（2）验算偏心距

《高层建筑筏形基础与箱形基础技术规范》JGJ 6—2011 第 5.1.3 条，对单幢建筑物，在地基均匀的条件下，筏形与箱形基础的基底平面形心宜与结构竖向永久荷载重心重合；当不能重合时，在荷载效应准永久组合下，偏心距 e 宜符合下式规定：

$$e \leqslant 0.1 \frac{W}{A} \tag{5-65}$$

式中　W——与偏心距方向一致的基础底面边缘抵抗矩（m^3）；

　　　A——基础底面积（m^2）。

由电算结果得出，板重心到荷载中心距离：

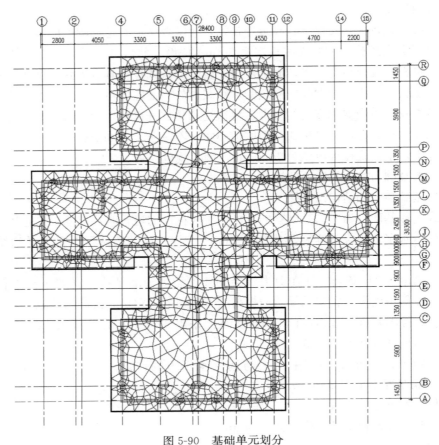

图 5-90　基础单元划分

$$28\text{mm} < 0.1\frac{W}{A} = 413\text{mm}$$

满足要求。

（3）冲切和剪切验算

平板式筏形基础柱下冲切验算应符合《基础规范》8.4.7 条规定，平板式筏形基础受剪承载力应符合《基础规范》8.4.10 条规定，并按式（8.4.10）验算，当筏板的厚度大于 2000mm 时，宜在板厚中间部位设置直径不小于 12mm、间距不大于 300mm 的双向钢筋网。

墙 W5 位置如图 5-91 所示，最大轴力墙肢冲切验算：

内点号 2 到内点号 1：墙宽 $B = 200\text{mm}$，墙长 $L = 900\text{mm}$，板厚 $H = 1000\text{mm}$，保护层厚度 40mm。

$$Fl = N = 1080.0\text{kN}$$

$$a_\text{m} = (a_\text{t} + a_\text{b})/2 = (2.200 + 9.880)/2 = 6.040\text{m}$$

$$0.7\beta_\text{hp}f_\text{t} \times a_\text{m} \times h_0 = 0.7 \times 0.98 \times 1570 \times 6.040 \times 0.96 = 6266.23 \geqslant Fl = 1080.04\text{kN}$$

墙边 h_0 处剪切验算：

$$V_\text{s} \leqslant 0.7\beta_\text{hs}f_\text{t}b_\text{w}h_0 \tag{5-66}$$

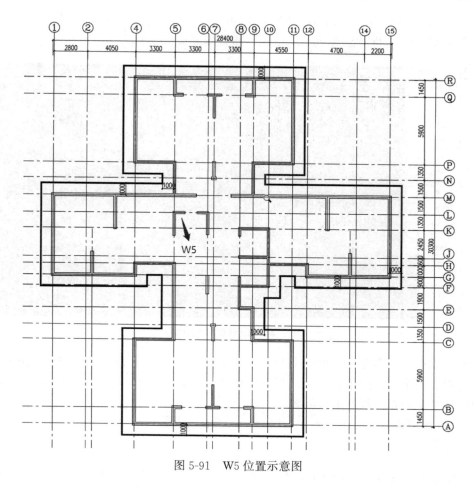

图 5-91　W5 位置示意图

$0.7\beta_{hs}f_{t}b_{w}h_{0}=0.7\times0.96\times1570\times6.040\times0.96=6088.50\geqslant V_{s}=1080.04\text{kN}$
满足要求。

四、弹性地基梁

1. 计算原理

计算弹性地基梁时，不论基于何种地基模型假定，都要满足以下两个基本求解条件：

① 地基和地基梁之间的变形协调条件，即地基和地基梁在计算前后必须保持接触，不得出现分离的现象；

② 满足静力平衡条件，即地基梁在外荷载和基底反力共同作用下必须处于静力平衡状态。地基上梁的分析系经典课题，由于新的地基模型、分析方法和计算手段陆续出现，该课题至今仍在发展之中。弹性地基梁的理论分析和计算方法，是建筑工程上非常重要而且还需要进一步解决的问题。

2. 算例

某框架模型，通过广厦结构 CAD 软件中 GSRevit 模块建模、计算之后，在 Auto-CAD 基础软件中布置弹性地基梁，基础埋深为 1.4m，翼缘上土的重度为 18kN/m³，梁肋宽为 200mm，梁高为 1000mm，翼缘宽 1500mm，翼缘高 400mm，翼缘在梁底。混凝土强度为 $26kN/m^3$，保护层厚度为 40mm。布置效果如图 5-92 所示。

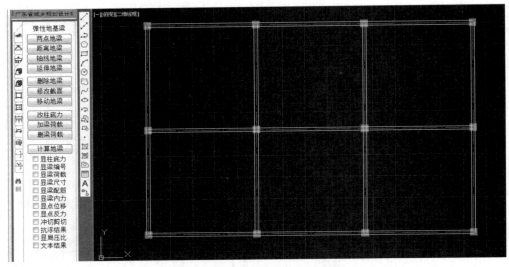

图 5-92　弹性地基梁平面布置图

布置完成后，点击左方菜单栏中的"计算地梁"，软件对弹性地基梁进行有限元计算。因为目前没有完全准确的手算方法，所以只对弹性地基梁的冲切和剪切进行简单验算，以确保弹性地基梁的布置没有太大问题。

1）翼缘冲切验算

（1）计算冲切力：

取 1m 宽弹性地基梁进行计算，根据公式 $p_j = \dfrac{F_k + G_k}{A}$ 计算作用在持力层上的平均基底压力。按公式 $F_l = p_j A_l$ 计算冲切破坏最不利一侧对翼缘的冲切力。

由 AutoCAD 基础软件中，图 5-93 所示可查看由上部结构传递至基础的柱底力，因为弹性地基梁按有限元计算，各柱子之间对弹性地基梁的作用是复杂的，无确切的公式进行计算，因此对 F_k 的取值只能预估。对于冲切和剪切计算应采用柱底内力的基本组合内力。

找到要验算的弹性地基梁梁号，并显示柱底力，查看梁两端柱的最大轴力基本组合内力。

预估 $F_k = 130kN$。

计算 G_k：

翼缘上土的自重

$$G_{k1} = 0.6 \times 0.65 \times 1 \times 18 \times 2 = 14.04kN$$

基础自重

$$G_{k2} = (1.5 \times 1 \times 0.4 + 0.2 \times 0.6 \times 1) \times 26 = 18.72kN$$

$$G_k = G_{k1} + G_{k2} = 14.04 + 18.72 = 32.76kN$$

那么，$p_j = \dfrac{F_k + G_k}{A} = \dfrac{130 + 32.76}{1.5 \times 1} = 108.5kN/m^2$

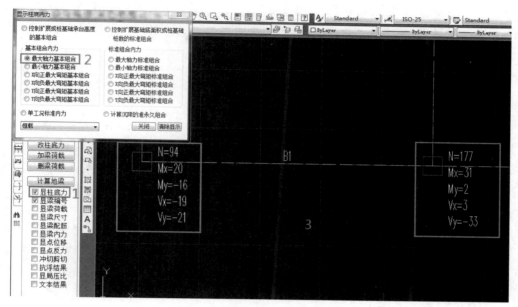

图 5-93　显示柱底力预估 F_k 图

由于广厦 AutoCAD 基础软件中冲切验算按单侧计算，因此取 $p_j = \dfrac{108.5}{2} = 54.25\text{kN/m}^2$。

计算 A_l，计算简图如图 5-94 所示。

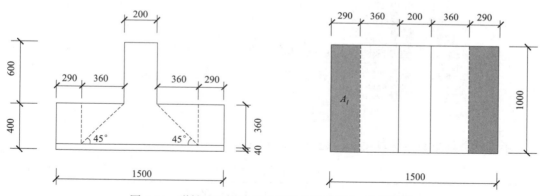

图 5-94　弹性地基梁冲切范围以外的面积 A_l 计算简图

单侧冲切范围以外的面积：

$$A_l = 0.29 \times 1.0 = 0.29\text{m}^2$$

那么，冲切破坏最不利一侧对翼缘产生的冲切力为：

$$F_l = p_j A_l = 54.25 \times 0.29 = 15.73\text{kN}$$

（2）计算受剪承载力并验算

冲切破坏面，即基础板冲切锥的斜截面的受剪承载力：

$$[V] = 0.7\beta_{\text{hp}} f_t a_m h_0 \tag{5-67}$$

式中　β_{hp}——截面高度影响系数，按《混规》当 $h\leqslant800mm$ 时，取 $\beta_{hp}=1.0$；当 $h\geqslant$ $2000mm$ 时，取 $\beta_{hp}=0.9$；其间按线性内插法取用；

f_t——混凝土轴心抗拉强度设计值；

a_m——冲切体破坏面上下边周长的平均值（m）。

$$a_m=\frac{1.0+1.0}{2}=1.0m$$

$$[V]=0.7\beta_{hp}f_ta_mh_0=0.7\times1.0\times1.71\times10^3kPa\times1.0m\times0.36m=430.92kN$$
$$\geqslant F_l=15.73kN，满足要求。$$

与广厦 AutoCAD 基础软件中的电算结果进行对比，点击"文本结果"，找到梁号为 1 的弹性地基梁计算结果，如图 5-95 所示。

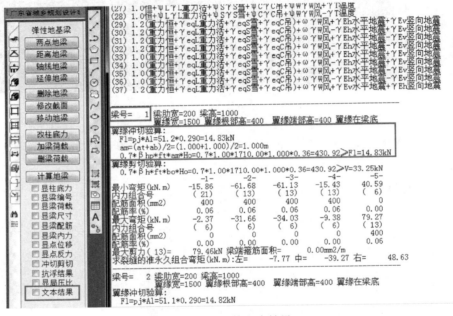

图 5-95　电算文本结果

手算验算结果与电算结果对比如表 5-77 所示。

手算与电算结果对比　　　　　　　　　　　　　　　　　表 5-77

	手算	电算	误差
F_l	15.73kN	14.83kN	6.19%

2）翼缘剪切验算

参考独立基础剪切验算，按下式验算梁与翼缘交接处截面受剪承载力。

$$V_s\leqslant0.7\beta_{hs}f_tA_0 \tag{5-68}$$

式中　V_s——柱与基础交接处的剪力设计值（kN），图 5-96 中的阴影区 ABCD 面积乘以基底平均净反力 p_j；

β_{hs}——受剪切承载力截面高度影响系数；

A_0——BD 验算截面处基础的有效截面面积（m^2）。

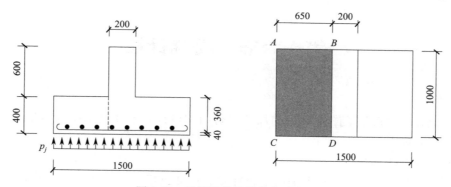

图 5-96　验算受剪切承载力示意图

$$V_s = 0.65\text{m} \times 1.0\text{m} \times 54.25\text{kN/m}^2 = 32.26\text{kN}$$

$$0.7\beta_{hs}f_tA_0 = 0.7 \times 1 \times 1.71 \times 10^3 \times 1.0 \times 0.36 = 430.92\text{kN} > V_s = 32.26\text{kN}$$

满足要求。

与广厦 AutoCAD 基础软件中的电算结果进行对比，点击"文本结果"，找到梁号为 1 的弹性地基梁计算结果，如图 5-97 所示。

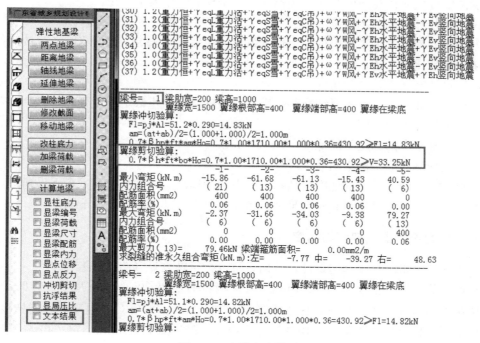

图 5-97　电算文本结果

手算验算结果与电算结果对比如表 5-78 所示。

手算与电算结果对比　　　　　　　　　　　　　表 5-78

	手算	电算	误差
V_s	32.26kN	33.25kN	3.00%

第十六节　楼梯计算

楼梯设计一般按建筑图中给定的尺寸进行结构设计，若建筑图中未给出的可自行设计，具体步骤如下：

（1）设计好楼梯造型

依照建筑空间尺寸，选择合适的楼梯样式。比如进深大、开间小的，选择双跑楼梯；进深大、开间大的，选择双分式平行楼梯；进深小且和开间尺寸相近时，选择三跑楼梯。

（2）设计好楼梯踏步数量和尺寸

参照楼梯的使用要求和建筑的性质，确定好楼梯的踏步尺寸和数量。通常，住宅楼梯的踏步宽度在 $250\sim280$mm 之间，高度在 $160\sim180$mm；共用建筑的楼梯踏步宽度在 $280\sim300$mm，踏步高度 $150\sim170$mm 之间。

（3）设计好梯段宽度

梯段宽度依照楼梯间的开间、楼梯形式和楼梯的使用要求来定。

（4）设计好梯段踏步数量

各梯段的踏步数量主要根据各层踏步数量、楼梯样式来定。比如双跑平行楼梯各层踏步数量为偶数比较合适。

（5）设计好梯段长度和高度

梯段长度和高度的计算要结合踏步尺寸和各梯段的踏步数量来计算。

（6）设计好平台深度

一般楼梯平台的高度不能低于 $500\sim600$mm。

（7）设计好底层楼梯中间平台尺寸

包括楼梯中间平台下的地面标高和中间平台面标高。若底层中间平台下设通道，平台梁底面与地面之间的垂直距离应满足平台净高的要求，即不小于 2000mm。

一、模型不考虑楼梯整体刚度

广厦软件中未进行楼梯的设计，因而自行进行楼梯设计（图 5-98）。

楼梯活荷载标准值 $q_k=3.5$kN/m^2。楼梯踏步面层厚 30mm、重度 $\gamma=0.65$kN/m^2，板底抹灰为厚 20mm 混合砂浆，抹灰重度 $\gamma=17$kN/m^2。采用 C35 混凝土，楼梯板、梁、柱筋均采用 HRB400 级钢筋。采用现浇板式楼梯，踏步高 170.6mm，宽 260mm。梯段长度 $L=260\times17=4420$mm，宽度为 1200mm，平台梁：$b\times h=200\text{mm}\times400\text{mm}$。

根据经验，板式楼梯的梯段板厚取：

$$h=\left(\frac{1}{30}\sim\frac{1}{25}\right)L=\left(\frac{1}{30}\sim\frac{1}{25}\right)\times(4250+200)=148.3\sim178\text{mm},\text{取}\ h=170\text{mm}。$$

1）梯段板的设计

（1）荷载计算（取 1.2m 板宽计算）

楼梯斜板的倾角：

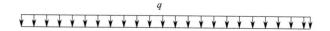

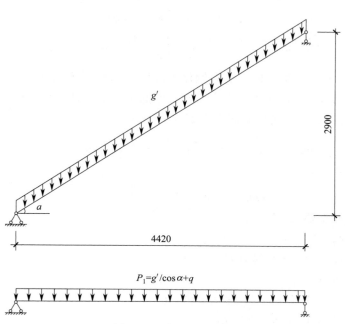

$$P_1 = g'/\cos\alpha + q$$

图 5-98　楼梯荷载简图

$$\cos\alpha = \frac{260}{\sqrt{260^2 + 170.6^2}} = 0.836$$

踏步重：$\frac{1}{2} \times 1.2 \times 0.26 \times 0.1706 \times 26 \div 0.26 = 2.66\text{kN/m}$

斜板重：$0.17 \times 1.2 \times 26 \div 0.836 = 6.34\text{kN/m}$

楼梯面层重：$(0.26 + 0.1706) \times 1.2 \times 0.65 \div 0.26 = 1.29\text{kN/m}$

板底抹灰重：$0.02 \times 1.2 \times 17 \div 0.836 = 0.49\text{kN/m}$

活荷载标准值：$q_k = 3.5\text{kN/m}$

恒荷载标准值：$g_k = 2.66 + 6.34 + 1.29 + 0.49 = 10.78\text{kN/m}$

设计值：

$$P_1 = \gamma_G g_k + \psi_c \gamma_Q q_k = 1.3 \times 10.78 + 1.5 \times 0.7 \times 3.5 = 17.69\text{kN/m}$$

$$P_2 = \gamma_G g_k + \gamma_Q q_k = 1.3 \times 10.78 + 1.5 \times 3.5 = 19.26\text{kN/m}$$

取 $P = 17.98\text{kN/m}$。

（2）内力计算

水平投影计算跨度：

$$l_0 = l_n + b = 4.42 + 0.2 = 4.62\text{m}$$

$$M = \frac{1}{10}Pl_0^2 = \frac{1}{10} \times 17.98 \times 4.62^2 = 38.38\text{kN} \cdot \text{m}$$

$$h_0 = 170 - 20 = 150\text{mm}$$

$\alpha_1 = 1.0$，$\gamma_0 = 1.0$

$$\alpha_s = \frac{\gamma_0 M}{\alpha_1 f_c b h_0^2} = \frac{1.0 \times 38.38 \times 10^6}{1.0 \times 16.7 \times 1200 \times 150^2} = 0.085$$

$$\xi = 1 - \sqrt{1 - 2\alpha_s} = 0.089$$

$$A_s = \frac{\alpha_1 f_c b h_0 \xi}{f_y} = \frac{1.0 \times 16.7 \times 1200 \times 150 \times 0.089}{360} = 743.15 \text{mm}^2$$

根据《混规》9.1.3条：板中受力钢筋的间距，当板厚不大于 150mm 时，不宜大于 200mm；当板厚大于 150mm 时，不宜大于板厚的 1.5 倍，且不宜大于 250mm。

选配钢筋 Φ12@150，实配钢筋面积 $A_s = 754 \text{mm}^2$

$$\rho_{\min} = \max\left\{0.2\%, 0.45 \frac{f_t}{f_y}\right\} = \max\{0.2\%, 0.196\%\} = 0.2\%$$

$$\rho = \frac{A_s}{bh} = \frac{754}{1200 \times 170} = 0.37\% > 0.2\%$$

满足最小配筋率要求。

2）平台板的设计

（1）荷载计算（取 1m 板宽计算）

恒荷载标准值：

平台板自重：$0.12 \times 1.0 \times 26 = 3.12 \text{kN/m}$

面层重：$1.0 \times 0.65 = 0.65 \text{kN/m}$

砂浆抹灰：$0.02 \times 1.0 \times 17 = 0.34 \text{kN/m}$

活荷载标准值：$q_k = 3.5 \text{kN/m}$

恒荷载标准值：$g_k = 3.12 + 0.65 + 0.34 = 4.11 \text{kN/m}$

设计值：

$$P_1 = \gamma_G g_k + \psi_c \gamma_Q q_k = 1.3 \times 4.11 + 1.5 \times 0.7 \times 3.5 = 9.02 \text{kN/m}$$

$$P_2 = \gamma_G g_k + \gamma_Q q_k = 1.3 \times 4.11 + 1.5 \times 3.5 = 10.59 \text{kN/m}$$

取 $P = 9.83 \text{kN/m}$。

（2）内力计算

水平投影计算跨度：

$$l_0 = 1.37 + 0.1 + 0.1 = 1.57 \text{m}$$

$$M = \frac{1}{10} P l_0^2 = \frac{1}{10} \times 9.83 \times 1.57^2 = 2.42 \text{kN} \cdot \text{m}$$

$$h_0 = 120 - 20 = 100 \text{mm}$$

$\alpha_1 = 1.0$，$\gamma_0 = 1.0$

$$\alpha_s = \frac{\gamma_0 M}{\alpha_1 f_c b h_0^2} = \frac{1.0 \times 2.42 \times 10^6}{1.0 \times 16.7 \times 1000 \times 100^2} = 0.0145$$

$$\xi = 1 - \sqrt{1 - 2\alpha_s} = 0.0146$$

$$A_s = \frac{\alpha_1 f_c b h_0 \xi}{f_y} = \frac{1.0 \times 16.7 \times 1000 \times 100 \times 0.0146}{360} = 67.73 \text{mm}^2$$

根据《混规》9.1.3条：板中受力钢筋的间距，当板厚不大于 150mm 时，不宜大于

200mm；当板厚大于150mm时，不宜大于板厚的1.5倍，且不宜大于250mm。

选配钢筋ϕ10@200，实配面积为393mm^2。

$$\rho_{min}=\max\left\{0.2\%,0.45\frac{f_t}{f_y}\right\}=\max\{0.2\%,0.196\%\}=0.2\%$$

$$\rho=\frac{A_s}{bh}=\frac{393}{1000\times120}=0.33\%>\rho_{min}，满足最小配筋率的要求。$$

3）平台梁的设计截面尺寸

（1）荷载计算

梯段板传来的荷载：

$$17.98\times4.62\times\frac{1}{2}\div1.2=34.61kN/m$$

平台板传来的荷载：

$$9.83\times1.37\times\frac{1}{2}\div1.0=6.73kN/m$$

梁自重：

$$0.2\times(0.4-0.12)\times26+0.02\times(0.4-0.12)\times17=1.55kN/m$$

恒荷载设计值：

$$P=34.61+6.73+1.3\times1.55=43.36kN/m$$

（2）内力计算：

$$1.05l_n=1.05\times2.6=2.73m，取l_0=2.73m$$

跨中弯矩：

$$M=\frac{1}{8}Pl_0^2=\frac{1}{8}\times43.20\times2.73^2=40.25kN\cdot m$$

支座剪力：

$$V=\frac{1}{2}Pl_n=\frac{1}{2}\times43.20\times2.6=56.16kN（取支座边缘截面处剪力）$$

（3）配筋计算

纵向钢筋计算（按倒L形截面计算）：

翼缘宽度：

$$b_f'=\frac{1}{6}l_0=\frac{2.73}{6}=0.455m$$

$$b_f'=b+\frac{s_n}{2}=0.2+\frac{1.37}{2}=0.89m，取b_f'=0.455m$$

$$h_0=400-40=360mm$$

判断截面类型：

$$\alpha_1f_cb_f'h_f'\left(h_0-\frac{h_f'}{2}\right)=1.0\times16.7\times0.455\times120\times\left(360-\frac{120}{2}\right)=273.546kN\cdot m$$

$$>M=40.25kN\cdot m$$

属于第一类T形截面。

$$\alpha_s = \frac{M}{\alpha_1 f_c b_f' h_0^2} = \frac{40.25 \times 10^6}{1.0 \times 16.7 \times 455 \times 360^2} = 0.0408$$

$$\xi = 1 - \sqrt{1 - 2\alpha_s} = 0.0417$$

$$A_s = \frac{\alpha_1 f_c b_f' h_0 \xi}{f_y} = \frac{1.0 \times 16.7 \times 455 \times 360 \times 0.0417}{360} = 316.86 \text{mm}^2$$

根据《混规》9.2.1条：梁的纵向受力钢筋应符合下列规定：①伸入梁支座范围内的钢筋不应少于2根。②梁高不小于300mm时，钢筋直径不应小于10mm；梁高小于300mm时，钢筋直径不应小于8mm。③梁上部钢筋水平方向的净间距不应小于30mm和1.5d；梁下部钢筋水平方向的净间距不应小于25mm和d。当下部钢筋多于2层时，2层以上钢筋水平方向的中距应比下面2层的中距增大一倍；各层钢筋之间的净间距不应小于25mm和d，d为钢筋的最大直径。

故选用2Φ16（$A_s = 402\text{mm}^2$）。

验算最小配筋率：

$$\rho_{min} = \max\left\{0.2\%, 0.45 \frac{f_t}{f_y}\right\} = \max\{0.2\%, 0.196\%\} = 0.2\%$$

$$\rho_1 = \frac{A_s}{bh} = \frac{402}{200 \times 400} = 0.50\% > \rho_{min}，满足最小配筋率的要求。$$

腹筋计算：

$$0.25\beta_c f_c bh_0 = 0.25 \times 1.0 \times 16.7 \times 200 \times 360 = 300.6\text{kN} > V = 55.47\text{kN}$$

截面尺寸满足要求。

$$0.7 f_t bh_0 = 0.7 \times 1.57 \times 200 \times 360 = 79.13\text{kN} > V = 55.47\text{kN}$$

按构造配筋。

根据《混规》9.2.9条：截面高度大于800mm的梁，箍筋直径不宜小于8mm；对截面高度不大于800mm的梁，不宜小于6mm。梁中配有计算需要的纵向受压钢筋时，箍筋直径尚不应小于$d/4$，d为受压钢筋最大直径。最大间距宜符合表9.2.9，箍筋的最大间距为300mm。

选Φ8@200双肢箍。

验算配筋率：

$$\rho_{sv} = \frac{nA_{sv1}}{bs} = \frac{2 \times 50.3}{200 \times 200} = 0.25\% > 0.45 \frac{f_t}{f_y} = 0.196\%$$

满足要求。

二、模型中考虑了楼梯整体刚度

当模型中考虑了楼梯整体刚度时，模型与楼梯之间的相互作用很难手算。在考察这一项时，需要在建模时就把楼梯建入模型当中，并参与计算，由此得出一个楼梯参与整体模型计算的电算结果。对单独手算设计楼梯的计算配筋和电算考虑楼梯刚度的计算配筋进行比较，计算配筋取两者大值即可。

第十七节　挡土墙计算

一、计算原理

挡土墙是防止土体坍塌的构筑物。

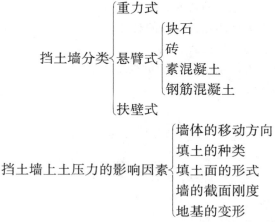

（1）主动土压力E_a，当挡土墙向离开土体方向偏移至土体达到极限平衡状态时，作用在墙上的土压力称为主动土压力。

（2）被动土压力E_p，当挡土墙向土体方向偏移至土体达到极限平衡状态时，任用在挡土墙上的土压力称为被动土压力。

（3）静止土压力E_0，当挡土墙静止不动，土体处于弹性平衡状态时，土对墙的压力称为静止土压力。

挡土墙的计算如下：

$$\text{计算法} \begin{cases} \text{初步拟定截面尺寸（凭经验）} \\[4pt] \text{挡土墙验算} \begin{cases} \text{倾覆稳定性验算} \\ \text{滑动稳定性验算} \\ \text{地基承载力验算} \\ \text{墙身强度验算} \end{cases} \\[4pt] \text{如不行，重新改变尺寸，再验算} \end{cases}$$

（1）倾覆稳定性验算

抗倾覆安全系数：

$$k_t = \frac{\text{抗倾覆力矩}}{\text{倾覆力矩}} \geqslant 1.5$$

$$\text{即：} k_t = \frac{ax_0 + E_{az}x_f}{E_{ax}z_f} \geqslant 1.5 \tag{5-69}$$

其中：$E_{az} = E_a \cos(\alpha' - \delta)$

$$E_{ax} = E_a \sin(\alpha - \delta)$$
$$x_f = b - z \cos\alpha'$$
$$z_f = z - b \tan\alpha_0$$

式中　　E_{az}、E_{ax}——主动土压力E_a的垂直、水平分量（kN/m）；

　　　　　　G——自重（线荷载 kN/m）；

　　　　　　x_0——挡土墙重心至墙趾的水平距离（m）；

　　　　　　α'——挡土墙墙背与水平面的倾角；

　　　　　　α_0——挡土墙基府的倾角；

　　　　　　δ——土对挡土墙墙背的摩擦角；

　　　　　　z——土压力任用点至墙踵的高度；

　　　　　　b——基底的水平投影宽度；

　　　　　　z_f——土压力任意点至O点的高度。

（2）滑动稳定性验算

抗滑安全系数：

$$k_a = \frac{抗滑力}{滑动力} \geq 1.3$$

$$即：k_a = \frac{(G_n + E_{an})}{E_{at} - G_t} \geq 1.3 \tag{5-70}$$

（3）地基承载力计算

（4）墙身强度验算

二、算例

某工程需设计挡土墙，初步拟定尺寸进行如下验算。

取某段墙体进行计算，如图 5-99 所示。

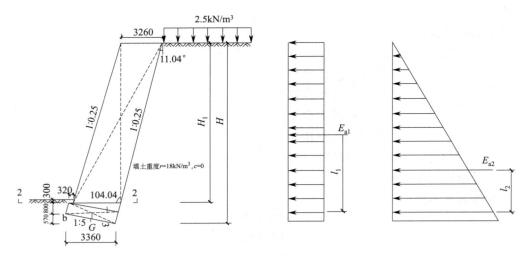

图 5-99　计算简图

斜长 11.23m（实测值）

$h_3 = 300$mm（图中实测值）

$h_2 = 800$mm，$h_1 = 670$mm（图中标注）

$$H_{\mathrm{I}} = 11.23 \times \frac{4}{\sqrt{4^2+1}} + h_3 = 11.2\text{m}$$

$$H = H_{\mathrm{I}} + h_2 + h_3 = 12.67\text{m}$$

计算参数：

①挡土墙采用 MU40 毛石砌体（依芯样强度试验推定），砂浆强度为 0；

②砌体重度 $\gamma = 22$kN/m³；

③地面荷载取行人荷载 $q = 2.5$kN/m²；

④基础置于强风化泥质粉砂岩上，地基承载力特征值 $f_a = 300$kN/m²；

⑤取填土与挡土墙背间外摩擦角，$\delta = \alpha$，$\tan\alpha = 0.25$，$\alpha = 14.04°$，为负值，即 $\delta = \alpha = 14.04°$。

已知：填土内摩擦角 $\varphi = 35°$，基底摩擦系数 $\mu = 0.3$。取填料重度 $\gamma = 18$kN/m³，黏聚力 $c = 0$。

1）计算主动土压力 E_a（以下计算取 1m 宽挡土墙）

将地面荷载换算成土层重，其厚度：$h_0 = \dfrac{q}{r} = \dfrac{2.5}{18} = 0.139$m

因为 $\beta = 0$，$\delta = 14°$，$\varphi = 35°$，$\alpha = -14°$，$c = 0$，

$$k_a = \frac{\cos^2(\varphi - \alpha)}{\cos^2\alpha\cos^2(\delta+\alpha)\left[1 + \sqrt{\dfrac{\sin(\delta+\varphi)\sin(\varphi-\beta)}{\cos(\delta+\alpha)\cos(\delta-\beta)}}\right]^2} = 0.1642$$

（1）挡土墙顶土压力强度

$$q_0 = rh_0 k_a = 18 \times 0.139 \times 0.1642 = 0.41\text{kN/m}^2$$

换算土压力：

$$E_{a1} = H \times q_0 \times 1 = 12.67 \times 0.41 = 5.195 = 5.2\text{kN}$$

E_{a1} 到墙趾 b 点的竖向距离：

$$l_1 = \frac{1}{2}H - 0.67 = 5.67\text{m}$$

（2）填料引起的土压力

$$E_{a2} = \varphi_c \frac{1}{2}rH^2 k_a = 1.2 \times 18 \times \frac{1}{2} \times 12.67^2 \times 0.1642 = 284.68\text{kN}$$

E_{a2} 到墙趾 b 点的竖向距离：

$$l_2 = \frac{1}{3}H - 0.67 = 3.55\text{m}$$

2）计算挡土墙自重（可将挡土墙分为三部分计算 G_1，G_2，G_3）

挡土墙自重计算简图如图 5-100 所示。

（1）G_1

已知：$H_1 = 11.2$m

$$G_1 = r_0 b H_{\mathrm{I}} = 22 \times 3.26 \times 11.2 = 803.26\text{kN}$$

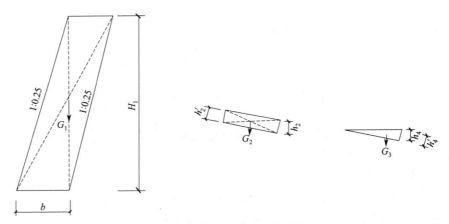

图 5-100　挡土墙自重计算简图

G_1 到挡土墙趾 b 点的水平距离：

$$e_1=b_2+\frac{b}{2}+b'_{h_f}+h_2\times\frac{1}{5}=0.32+\frac{3.26}{2}+\frac{H_I}{2}\times0.25+0.16=3.51\text{m}$$

（2）G_2

$$h_2=800\text{mm},h'_2=h_2\times\frac{\sqrt{5^2+1}}{5}=0.816\text{m}$$

$$h'_3=(h_1+h_2)\times\frac{\sqrt{5^2+1}}{5}=1.5\text{m},b'=b\times\frac{\sqrt{5^2+1}}{5}=3.43\text{m}$$

$G_2=rb'h'_2=22\times3.43\times0.816=61.58\text{kN}$（由于基地坡度与墙身坡度接近，近似取 G_2 断面为矩形）

G_2 到挡土墙趾 b 点的水平距离：

$$e_2=\frac{b'}{2}+b'_{h_2}=\frac{3.43}{2}+\frac{h_2}{2}\times\frac{1}{5}=1.795\text{m}$$

（3）G_3

$$h'_4=h'_3-h'_2=1.5-0.916=0.684\text{m}$$

$G_3=r\times\frac{1}{2}\times Bh'_4=25.81\text{kN}$（由于基地坡度与墙身坡度接近，近似取 G_2 断面为直角三角形）

G_3 到挡土墙趾 b 点的水平距离：

$$e_3=\frac{2}{3}b'+\frac{2}{3}\times\frac{1}{5}h_4=2.173+0.0912=2.26\text{m}$$

3）抗滑移验算

$$k_s=\frac{(G_n+E_{an})^\mu}{E_{at}-G_t} \tag{5-71}$$

$\alpha_0=11.3°$，$\tan\alpha_0=0.2$，$G_n=G\cos\alpha_0$，$G_t=G\sin\alpha_0$，

$$E_{at}=E_a\sin(\alpha'-\alpha_0-\delta) \tag{5-72}$$

$$E_{an}=E_a\cos(\alpha'-\alpha_0-\delta) \tag{5-73}$$

$$G = G_1 + G_2 + G_3 = 890.65 \text{kN}, \quad E_{ab} = E_{a1} + E_{a2} = 289.88 \text{kN}$$

由《坡规》11.2.3 条：

$$G_t = 890.65 \times \sin 11.3° = 174.52 \text{kN}$$

$$G_n = 890.65 \times \cos 11.3° = 873.38 \text{kN}$$

$$E_{at} = 289.88 \times \sin 11.3° = 56.8 \text{kN}$$

$$E_{an} = 289.88 \times \cos 11.3° = 284.26 \text{kN}$$

$$K_s = \frac{0.3(873.38 + 47.50)}{237.73 - 174.52} = 4.36 > 1.3, \text{满足要求。}$$

4) 抗倾覆验算

由《坡规》4 节

$$M_b = G_1 e_1 + G_2 e_2 + G_3 e_3 = 803.26 \times 3.51 + 61.58 \times 1.71 + 25.81 \times 2.26 = 2983.07 \text{kN/m}$$

$$M_b' = E_{a1} I_1 + E_{a2} I_2 = 5.2 \times 5.67 + 284.68 \times 3.35 = 983.16 \text{kN/m}$$

$$K_t = \frac{M_b}{M_b'} = 3.03 > 1.6, \text{满足要求。}$$

5) 基地承载能力验算：

合力 N 到挡土墙趾 b 点的水平距离 c，如图 5-101 所示。

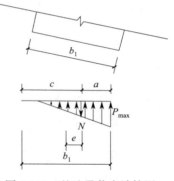

图 5-101 基地承载力计算图

$$c = \frac{\sum M}{\sum V} = \frac{M_b - M_b'}{\sum G_n} = \frac{2859.56 - 983.16}{873.38} = 2.15 \text{m}$$

合力 N 对基底中心偏心距：

$$e = \frac{b_1}{2} - c = 0.435 \text{m}$$

由图可见，$a = \dfrac{b_1}{2} - e = 1.28 \text{m}$

因为 $e > \dfrac{b_1}{6} = 0.572 \text{m}$，此时，

$$P_{kmax} = \frac{2\sum V}{3 l_a} = \frac{2 \times 873.38}{3 \times 1 \times 1.28} = 454.89 \text{kPa} > 1.2 f_a = 360 \text{kPa}, \text{不能满足。}$$

6) 墙身自身强度验算

取变截面 2-2 验算，如图 5-102 所示。

$H_I = 11.2 \text{m}$；同理：$q_1 = 0.41 \text{kN/m}^2$，

$$E_{aI1} = 0.41 H_I = 4.59 \text{kN}$$

E_{aI1} 到 o' 的竖直距离：

$$I_{I1} = \frac{H_I}{2} = 5.6 \text{m}$$

$$E_{aI2} = \varphi_c \frac{1}{2} q_2 H_I = 1.2 \times \frac{1}{2} r H_I^2 k_a = 222.46 \text{kN}$$

E_{aI2} 到 o' 的竖直距离：

$$I_{I2} = \frac{H_I}{3} = 3.73 \text{m}$$

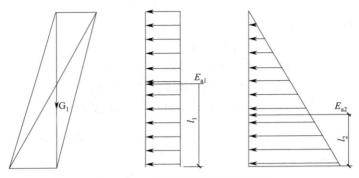

图 5-102　挡土墙墙身强度计算图

墙身自重：$G_I = G_1 = 803.26\text{kN}$

G_1 到 o' 的水平距离：

$$e_{I1} = \frac{H_I}{2} \times 0.25 + \frac{3.26}{2} = 3.03\text{m}$$

合力 N 对 o' 的距离

$$c = \frac{803.26 \times 3.03 - (4.59 \times 5.6 + 222.46 \times 3.73)}{803.26} = 1.96\text{m}$$

$$e = \frac{b}{2} - c = 0.33\text{m}, e < \frac{b}{6} = 0.54\text{m}$$

（1）抗压强度计算

由《砌规》表 3.2.1-7 知 $f = 0.21\text{MPa}$；

由《砌规》6.1.1 条，$\beta = 1.5\frac{H_I}{h} = 1.5 \times \frac{11.2}{3.26} = 5.15 > 3$，$\frac{e}{h} = 0.101$；

查表 D.0.1 取 $\varphi = 0.59$。

$$N = 1.3G_1 = 963.91\text{kN}$$

$$N_u = \varphi f A = 0.59 \times 0.21 \times 10^3 \times 3.26 = 403.9 < N，不能满足。$$

（2）抗剪强度验算

由《砌规》5.5.1 条得剪力：

$$Q = 1.5 \times 0.7 \times E_{a1} + 1.3E_{a12} = 1.5 \times 0.7 \times 4.59 + 1.3 \times 222.46 = 294.02\text{kN}$$

由于砂浆强度为 0，取 $f_v = 0$

$$\sigma_0 = \frac{G_0}{A} = \frac{803.26}{3.26} = 246.4\text{kN/m}^2$$

$$\frac{\sigma_0}{f} = 0.8, \alpha^\mu = 0.12$$

$$V_u = (f_v + \alpha^\mu \sigma_0)A = (0 + 0.12 \times 246.4) \times 3.26 = 96.39\text{kN} < Q = 304.9\text{kN}，不满足要求。$$

综合上述计算，该挡土墙基地承载力和墙体自身强度不能满足要求，应增大挡土墙尺寸，并重新按上述步骤进行验算，直到满足要求为止。

第六章　毕业设计答辩指导

第一节　办公楼案例的设计

问题 1. 本模型适合按楼层无限刚整体模型输入考虑吗？

答：本模型为凹形排列，不适合按整体无限刚考虑，一定要整体模型输入，可考虑凹形的三边分缝，然后在模型中划分为三个塔块计算。

问题 2. 什么是主梁，什么是次梁，主梁一定能支撑次梁吗？

答：两端直接搭接到柱的梁为主梁，两端搭接到梁上的梁为次梁；当一边柱一边梁时，一般当主梁，特殊情况不作框架梁时可为次梁。若主梁跨度很大，导致主梁本身变柔，有可能不能支撑住其上的次梁。

问题 3. 为什么要进行周期折减？

答：由于模型并没有把填充墙当作构件输入，而只是当作荷载输入，这就导致了填充墙的刚度没有考虑，实际算得的结构刚度小，故进行周期折减。

问题 4. 框架结构的周期折减系数应如何填写？

答：框架结构的周期折减系数填 0.7。

问题 5. 跨层柱应注意什么？

答：跨层柱的计算长度应该按跨层长度计算，此处要特别注意只有一个方向跨层的跨层柱，该方向应按跨层计算，当另一方向有板约束时，两层层高作为计算长度，仍应按层计算。

问题 6. 基础计算是用到了哪几种内力组合，分别用于什么计算？

答："标准组合"用于基础承载力设计；"基本组合"用于正截面计算（如纵筋计算）和斜截面计算（如箍筋计算和冲切剪切）；"准永久组合"用于挠度裂缝计算和基础沉降计算。

问题 7. 计算梁板的挠度时，应采用什么内力组合？

答：准永久组合。

问题 8. 柱底钢筋一定比柱顶钢筋大吗？

答：不一定，边柱的顶部承受梁传来的弯矩，有可能导致大偏压，配筋可能大于底部。此时，轴力越大越有利。

问题 9. 按独立基础设计时，中柱的基础底面积是否一定比边柱大？

答：不一定，边柱的梁传来的弯矩需要柱自身平衡，则基础有可能承担一定的弯矩，弯矩会使基础应力部分受拉，为克服拉力往往会增大基础面积（自重和基础上填土重都增大了）。

问题 10. 多柱作一个独立基础，需注意什么问题？

答：当柱之间距离较远，需注意防止基础在柱之间的反拱。

第二节　学校教学楼案例的设计

问题 1. 本模型中间楼层中空，不满足楼层无限刚，你是如何考虑这个问题的?

答：模型中走廊一侧比较薄弱，可将走廊的板指定为壳元，同时其他部位仍为刚性板来计算；风荷载在按无限刚自动导荷的基础上，手工在走廊一侧补充一些风荷载；想不清楚可全楼指定弹性楼板再计算，对洞口周边的梁柱予以加强。

问题 2. 本模型若采用混凝土柱钢梁模型，计算风荷载和地震的阻尼比应取多少?

答：理论上应取 2%（钢结构）～5%（混凝土结构）的一个中间值。目前，广厦软件中只能自行估算。

问题 3. 柱箍筋有加密区，非加密区，节点核心区验算的箍筋，该如何理解它们的关系?

答：柱子抗剪内力计算的配筋适用于柱子全长，一般柱中无剪力变换，则一般计算配筋应全柱一样大（包括加密区和非加密区）；根据规范，梁柱连接处，箍筋应加密：《混规》11.4.14 条规定：框架柱的箍筋加密区长度，应取柱截面长边尺寸（或圆形截面直径）、柱净高的 1/6 和 500mm 中的最大值；一、二级抗震等级的角柱应沿柱全高加密箍筋。底层柱根箍筋加密区长度应取不小于该层柱净高的 1/3；当有刚性地面时，除柱端箍筋加密区外尚应在刚性地面上、下各 500mm 的高度范围内加密箍筋；当梁柱偏心时，梁柱相交处，即节点核心区验算的箍筋往往很大，超过加密区箍筋，此范围比加密区小，应在图纸上注明。广厦软件中当节点区箍筋大于加密区箍筋时，以打括号的箍筋（F10@100）来表示。

问题 4. 请列举柱全高箍筋加密的情况。

答：（1）柱净高与柱截面宽（或高）之比小于或等于 4（异形柱取最大肢长为截面宽度）；（2）一级和二级抗震等级的角柱；（3）层数大于 7 层的角柱；（4）剪跨比不大于 2 的柱；（5）框支柱。

问题 5. 当设定板为单向板时，板为单向导荷；是按板周边的长边的梁导荷，还是按短边的梁导荷?

答：按长边导荷，同时也是沿着短跨方向导荷。短跨方向刚度大，内力总是趋向于刚度大的地方传递。

问题 6. 学校为乙类建筑，有什么需要注意的地方?

答：需提高一度设防烈度来处理抗震措施，即按提高一度设防烈度来查表确定抗震等级。

问题 7. 本工程为装配式工程，采用单向预制板设计，单向板向外伸出的钢筋如何处理？

答：单向板侧向无钢筋伸出，板间并缝拼接。端部钢筋按照规范要求需要伸过支座中线，即梁中线。至于面筋属于现浇，按常规板面筋现浇要求即可。

问题 8. 预制板与柱相连之处该如何处理？

答：预制板与柱相连之处应沿柱边切出缺口，并注意尺寸为伸入柱边 10mm。板边缘应加附加筋加密。

第三节　医院医技楼案例的设计

问题 1. 什么是轴压比，轴压比不满足怎么办？

答： 柱（墙）的轴压力设计值与柱（墙）的全截面面积和混凝土轴心抗压强度设计值乘积之比值。墙轴压比采用重力荷载代表值 1.2（恒＋0.50 活），柱采用考虑地震组合的基本组合轴力，如果轴压比不满足，根据公式，可增大柱截面、增大柱混凝土强度等级，或者改变地震作用分布，减小地震作用。

问题 2. 框架结构中验算轴压比的内力组合是柱的最大标准轴力组合吗，是最大设计轴力组合吗？

答： 不是，是含震内力设计组合下的最大设计轴力组合。对于低震区，或者风控区的结构，有可能含震最大设计组合不是柱子的最大设计轴力组合。

问题 3. 本结构可按底部剪力法计算吗？

答： 是否可按底部剪力法计算，要看第 1、2 周期是否就是结构两个方向的主震方向，且能量基本集中在这两个振型（振型参与质量 2 个周期就已接近 90%）。另外，还应考虑一些局部振动，例如，现行规范规定，框架结构中，楼梯通常要考虑其抗震作用，而楼梯输入整体模型后，局部并不满足无限刚，势必有很多局部振动，这些局部振动势必造成楼梯周边构件的地震作用增大很多。从这个观点上看，在考虑楼梯抗震设计的时候，底部剪力法通常是无法保证楼梯设计的安全的。

问题 4. 什么时候框架可不考虑楼梯的抗震设计？

答： 非抗震结构，但现行规范中全国已经没有了非抗震区，故只能是一些临时性结构可不考抗震时，也可不考虑楼梯的抗震设计；另外，如果楼梯可做成滑动支座，这样地震来时，楼梯和主体结构各自运动而不互相影响，此时可不考虑楼梯的抗震设计。

问题 5. 如果楼梯不考虑抗震设计，则楼梯应如何在模型中予以体现？

答： 可将楼梯折算为荷载，输入在楼梯间四周的梁或墙上。楼梯间的板可按 0 厚度板设计，0 厚度板虽然不会计算，但是能起到导荷板荷载的作用。

问题 6. 模型是否考虑了活荷载不利布置？活荷载不利布置能否包络所有可能的活荷载布置情况？

答： 模型应考虑活荷载不利布置，由于活荷载的布置组合数繁多，事实上无法穷举，故只能考虑常见的单、双数跨以及稍微复杂一点的情况。更无法考虑跨层的活荷载不利组合，故当柱间梁跨较多时（常见于地下室井字梁结构），可简单放大跨中内力来近似处理活荷载不利布置。GSSAP 计算考虑 10 跨荷载间的不利布置，井字梁结构一跨内 5 段梁时已自动考虑了不利布置。一般不用放大跨中内力。

问题 7. 试举例梁配筋可能的控制因素？

答：梁上直接加的荷载，例如梁上板传来的恒、活荷载，水浮力，人防荷载等；两端墙柱传来的地震作用，常见于连梁；裂缝和挠度限值，当梁为大跨度梁时，有可能是挠度控制梁配筋。

问题 8. 列举独立基础的计算内容？

答：承载力设计、抗冲切剪切设计、局部受压验算、抗浮计算，沉降验算等。

问题 9. 独立基础的沉降计算的方法是什么？

答：分层总和法的角点法。但注意，压缩模量是实验环境测得，实际使用时，由于土层压实之后沉降系数会提高，故在计算时应考虑修正。

问题 10. 为何在计算梁的时候可考虑对梁的扭矩进行折减？

答：因为整体模型中板一般不进入模型分析，此时没有考虑板对梁的约束，故高估了梁的扭矩。

第四节　医院门诊楼案例的设计

问题 1. 本模型中间楼层中空，不完全满足楼层无限刚，如何考虑这个问题？

答：本模型虽然中间楼层中空，但考虑病房的进深都比较大，有 8m 之多，楼层仍然是连于一体的，因此将整个楼层看作整体考虑结构的运动，仍然具有较高的可信度。另外为确保安全，按照全楼弹性楼板计算了整个结构，经计算发现，除了结构连体之处计算结果与无限刚相比有一定出入之外，其他是大体一致的，因此，对连体的地方做了包络设计，确保了结构的安全。

问题 2. 本模型为乙类建筑，说一说乙类建筑的抗震等级如何设定？

答：按照规范规定，学校、医院等乙类建筑应提高一度进行设计，即按当前结构所在地查表得到的设防烈度，提高一度查对应的抗震等级来设定。

问题 3. 为何框架结构应将楼梯输入模型以考虑楼梯的抗震影响？

答：由于楼梯的刚度要比柱大得多，因此楼梯在框架结构中的布置很容易造成整个结构的刚度不均匀分布，导致结构产生不均匀内力，造成破坏。归纳起来应考虑：（1）楼梯对整体结构的影响；（2）楼梯对周边梯梁梯柱的影响；（3）楼梯自身需抗震设计。

问题 4. 为何计算时要考虑中梁刚度放大？

答：由于整体计算时板通常不进入模型分析，但板对梁的刚度贡献确实存在，即按 T 形梁考虑梁的受弯刚度更为合理，故要考虑中梁刚度放大。

问题 5. 若中梁刚度放大系数是 1.8，边梁刚度放大系数是多少？当楼板按全楼弹性楼板考虑时，中梁刚度放大系数填多少？

答：1.4；当楼板按全楼弹性楼板考虑时，不应考虑中梁刚度放大。

问题 6. 本模型计算风荷载是否要考虑顺风振？是否要考虑横风振甚至扭转风振？

答：如果模型是高层，需考虑顺风振，否则不考虑。本模型不是高耸结构，不需要考虑横风振甚至扭转风振。

问题 7. 如果本模型采用独立基础，则独立基础的设计承载力组合一定是最大轴力组合吗？

答：不一定，如果采用独立基础的柱是边柱，弯矩有可能使得基础有较大的负应力区，为避免负应力区，则可能采用更大的基础底面积。

问题 8. 两桩承台应如何设计？

答：根据规范要求，两桩承台应按深梁设计，此时承台主要呈现梁的受力状态，应考虑桩-柱之间的剪力破坏，而不是板的受力状态下的冲切破坏。

问题 9. 地梁一般如何设计？

答：地梁常落于承台上，此时通常在上部结构模型中多做一层，为的是把地梁荷载导荷到基础上。如果地梁高于承台，则要注意地梁下柱到基础之间可能有短柱效应。

第五节　学校宿舍楼案例的设计

问题 1. 本模型中间楼层中空，如何考虑这个问题？

答： 模型虽然中空，但四周的房间进深都较大，可按无限刚模拟，并按弹性楼板验算，看洞口四周是否要加强。

问题 2. 说明振型数应如何取值，规范有什么要求？

答： 由于通常结构只需要算水平地震，在假定楼层无限刚情况下，一层为一个质点，一个质点有两个平动加一个转动，故一般初估时取层数的 3 倍。规范对振型数的要求为振型参与质量满足总质量的 90%。若计算得到的振型参与质量不够，则需要增加振型数直到满足为止。

问题 3. 为什么有的时候振型数远小于楼层 3 倍，有的时候又超过楼层 3 倍？

答： 一个楼层一块刚性板，每块刚性板有 3 个自由度：X 平动、Y 平动和 Z 向扭转，一般 3 倍楼层数为最大振型数，楼层 3 倍的概念在于假定质点的运动互相独立，而实际上是相关的，当结构比较规则，整体性较好，质点之间相关性较强，振型数就会少；如果将楼层按弹性楼板计算，或者楼层有很多局部突出构件，质点数大于层数，则有可能振型数需要超过楼层 3 倍。

问题 4. 如何判断楼层为薄弱层？

答： 刚度比不满足规范要求；楼层抗侧承载力之比不满足规范要求；转换层也属于薄弱层。

问题 5. 为什么要算偶然偏心？为什么要算双向地震？偶然偏心计算与双向地震计算可同时考虑吗？

答： 高层需要算偶然偏心，主要是考虑活荷载不均匀布置，按均匀布置的活荷载计算的重心有可能不符合实际情况；当质量和刚度分布明显不对称时，需考虑双向地震。偶然偏心和双向地震可同时考虑，软件中对二者取包络。

问题 6. 列举表征结构扭转程度的计算指标。

答： 位移比，周期比，质心刚心的偏心率。

问题 7. 梁哪些钢筋起抗扭作用？

答： 箍筋，底筋，面筋，腰筋。

问题 8. 梁底筋可以在支座处断开吗？

答：可以部分断开，因为通常支座处底部不受拉，不需钢筋。

问题 9. 基础中的柱最大设计轴力与上部结构的柱最大设计轴力一定能对得上吗？

答：不一定，当基础条件较好，可不考虑基础的抗震作用，此时读入的基础设计内力不含地震，自然有可能对不上。

问题 10. 本结构首层 4m，其余 3.3m，若首层刚度比不满足规范要求，增加什么构件可迅速增加刚度？

答：剪力墙、斜撑、楼梯。

第六节 医院住院楼案例的设计

问题 1. 解释重力二阶效应，本模型需要考虑重力二阶效应吗？

答： 所谓重力二阶效应，是指结构在水平作用下（风、地震）发生侧移，竖向荷载不经过结构形心而产生了附加弯矩的现象。本模型为高层，按照规范，应考虑重力二阶效应。但实际上有无考虑，还需要按规范计算稳定性，满足要求即可不计算。具体软件中应指定考虑重力二阶效应，软件将先验算稳定性，若不满足则会自动考虑重力二阶效应。

问题 2. 本模型为乙类建筑，应注意什么问题？

答： 按照规范规定，学校、医院等乙类建筑应提高一度进行设计。

问题 3. 试说明底部剪力法、振型分解反应谱法、时程分析法在计算地震时的优缺点。

答： 底部剪力法简单，有利于手算，《抗规》5.1.2 条规定高度不超过 40m、以剪切变形为主且质量和刚度沿高度分布比较均匀的结构，及近似于单质点体系的结构，此时地震能量主要集中在第 1、2 主震；振型分解反应谱法，按规范反应谱计算，包络了已知地震的最大响应，适合绝大多数模型计算，但由于把所有地震看作同概率地震波，实际上地震波是非平稳的，故有可能低估长周期下的地震响应，计算复杂，不便手算；时程分析法，准确计算地震作用过程每一步骤的地震响应，计算繁琐，不便手算，但依赖于找到合适的地震波计算，否则计算结果会被反应谱算得的结果小，且由于计算量巨大，几乎无法穷举已知地震波来包络设计。

问题 4. 试说明规范对于时程分析法补充计算的要求。

答： 《抗规》5.1.2 条规定，应按建筑场地类别和设计地震分组选用实际强震记录（天然波）和人工模拟的加速度时程曲线（人工波），其中实际强震记录的数量不应少于总数的 2/3，多组时程曲线的平均地震影响系数曲线应与振型分解反应谱法所采用的地震影响系数曲线在统计意义上相符，其加速度时程的最大值可按《抗规》表 5.1.2-2 采用。弹性时程分析时，每条时程曲线计算所得结构底部剪力不应小于振型分解反应谱法计算结果的 65%，多条时程曲线计算所得结构底部剪力的平均值不应小于振型分解反应谱法计算结果的 80%。

问题 5. 地震周期比如何计算？

答： 周期比是第一扭转主震和第一平动主震之比，一般周期输出时是按从大到小输出，对于无局部振动的结构，第一平动或扭转主震一般都排在前面，一般都是平动或扭转比例占当前振型比例最大的周期。当结构输入了较多局部构件，局部振动较多，局部振动的周期较大，有可能虽然周期值排在前面，显然此时并不能作为第一主震，因此复杂情况需要观察三维振动的运动来判断是否是第一主震，判断对了第一主震才能正确计算周期比。

问题 6. 考虑风振效应时，风振计算对应的周期应如何填写？

答：应取地震振型计算得到的周期，并乘以周期折减系数。如果不乘周期折减系数，根据公式，结果更为保守。更准确的做法是分地震计算方向查找该方向的第一主震，并乘以周期折减系数。

问题 7. 试说明什么是首层柱，对于首层柱试列举规范有什么规定？

答：首层柱一般从基础底算起到达二层楼面。《抗规》6.2.3 条规定，一、二、三、四级框架结构的底层，柱下端截面组合的弯矩设计值，应分别乘以增大系数 1.7、1.5、1.3 和 1.2；《抗规》6.2.10 条规定，一、二级框支柱的顶层柱上端和底层柱下端，其组合的弯矩设计值应分别乘以增大系数 1.5 和 1.25。底层柱纵向钢筋应按上下端的不利情况配置；另外，图集中对于首层柱的首层加密区为 1/3 首层净高，还有首层柱的顶端要进行净高 1/6、500mm、柱的长边尺寸三者取最大值来加密。以上几条都说明了加强首层的重要性。

问题 8. 若本模型做筏形基础，则因为有一个剪力墙内筒，有无考虑剪力墙的整体对基础的冲切？

答：对于筏形基础，应计算柱、墙对筏板的冲切，还应计算剪力墙的整体对基础的冲切。

问题 9. 请问本模型是否要考虑基础的局部受压验算？

答：如果底层柱墙的混凝土强度等级大于基础的混凝土强度等级，需要做基础的局部受压计算。

问题 10. 本模型由于中间为核心筒，四周为框架，预计结构的扭转位移比很难满足，如何克服？

答：可在模型的外侧加一些剪力墙来克服结构的扭转。

第七节 某企业总部案例的设计

问题 1. 模型有无做框架剪力调整？什么是框架剪力调整？如果做了，调整系数在广厦软件中如何填？

答：作为一个框架剪力墙核心筒结构，应该做框架剪力调整。所谓框架剪力调整是指框架剪力墙结构中，由于剪力墙刚度常远大于柱，按照内力按刚度分配的原则，大部分水平地震作用将由剪力墙核心筒承担。但是当结构受到首次地震的破坏后遭受二次地震时，由于结构已经受到损伤，地震在框架-剪力墙之间的分配比例发生了改变。就算二次地震的能量小于一次地震，但框架受到的地震作用仍有可能超过首次地震的地震作用，这就有可能造成严重的破坏。故规范规定了柱子能承受地震作用的最小比例不小于结构总剪力的 20％。

作为框架剪力调整，在广厦软件中是通过框架剪力调整段数和层号来填的，就本题而言，由于地面主体结构与地下相比发生了较大收缩，故应填 2 段，剪力 V_0 所在的层号分别是 1、3，就是调整每一次收缩层的底部剪力。

问题 2. 若地下室按无梁楼盖设计，无梁楼盖的设计方法并查看有无单独柱帽的施工图。

答：无梁楼盖没有梁，所以不能按常规导荷方法设计，应将梁设为虚梁（广厦软件中宽为 0），并指定板为壳元计算。计算结果中要重点关注柱对板的冲切验算，若不满足，需加柱帽并重算，也可以加宽 1000mm 高度等于板的暗梁。

问题 3. 若地下室按无梁楼盖设计，无梁楼盖的配筋要手画，无梁楼盖的配筋应如何配？

答：可按板带的概念去配筋，例如柱位置的板的水平筋，可按柱上下开间各取 1/4 跨，跨范围的配筋值取平均值作为该位置的板配筋值。如是选出板带支座和跨中的配筋，然后类似梁的方法配筋；至于板跨中钢筋，则和通常板的配筋方法差不多。

问题 4. 若地下 2 层地下室顶板受到地下水作用，考虑应如何设计？

答：地下室顶板受到地下水作用，首先要多考虑反向水压力内力组合控制的情况，即 1.0 的重力恒＋1.2 反向水压力与风或者地震组合中的大值，使得梁或板发生了反拱；此时配筋应和常规状态下的配筋反过来。取二者包络后的配筋结果；另外，地下室顶板若有水荷载作用，则裂缝控制应该按 0.2 而不是 0.3 控制，因此配筋值有可能更大一些。

问题 5. 如果基础出现了不均匀沉降，该如何处理？

答：勘察报告中有说明：其措施可采用设置砂石褥垫层、结构缝、沉降缝、后浇带等，也可在结构上进行补强，以抵抗其不均匀沉降对上部结构的影响。

问题 6. 基础的承载力验算需要用到什么内力组合？沉降计算需要用到什么内力组合？抗冲切计算需要用到什么内力组合？

答：标准组合、准永久组合、基本组合。

问题 7. 模型是否可按楼层无限刚设计？

答：本模型顶层外围为造型，无板，不满足楼层无限刚；其他楼层满足楼层无限刚，故不可强制按楼层无限刚设计，而应选按"实际"判断，该有无限刚的地方按无限刚设计，有局部运动的不按强制无限刚设计；整体指标按无限刚设计，内力配筋不按强制无限刚设计。否则顶层外围梁柱的内力可能会被低估。

问题 8. 规范中说角柱、边柱需做双向验算，为什么？是否一定是角柱、边柱才需要做双向验算？

答：由于角柱，边柱需要平衡梁端弯矩，这就造成柱两个方向同时有弯矩，此时柱的中和轴并非平行于对称轴的直线，而是斜线，按照单边内力计算的配筋有可能不满足真实的内力。故应做双向验算，确保两个方向弯矩同时存在时，柱的配筋仍然满足要求；不一定，双向验算的本质条件是 x、y 向同时有弯矩，有的结构中，中柱两个方向的梁都有大小跨，则也有可能同时出现双向弯矩，应该要做双向验算。

问题 9. 本结构是否宜考虑时程分析补充计算？

答：《高规》3.5.9 条规定，结构顶层取消部分墙、柱形成空旷房间时，应进行弹性动力时程分析计算并采取有效构造措施。故本模型可考虑用时程分析补充计算。

问题 10. 如果发现某根梁超筋，如何定位超筋的原因？

答：先从超筋结果输出中查找超筋对应的内力组合，根据内力组合上涉及的工况（恒荷载、活荷载、地震、风），分析是哪一个工况起主要作用。如果是恒、活荷载，则有可能是截面尺寸不足，如果是地震，则要分析为何传给了梁这么大的地震作用，并思考解决方法，可以增大截面去抵抗，也可以改变地震作用的分布，使得该梁的地震作用减小。

第八节　高层住宅楼案例的设计

问题 1. 为什么需要对连梁刚度进行折减?

答：连梁，两侧连接着剪力墙，剪力墙的刚度很大，根据内力按刚度分配的原则，剪力墙承担的地震作用也很大，容易遭到破坏。此时将连梁的刚度主动折减。连梁的钢筋会放得少，连梁首先遭到破坏，连梁破坏起了耗能作用，从而保护了两侧的剪力墙。

问题 2. 连梁的刚度对任何工况都可以折减吗?

答：错误，连梁刚度折减主要目的是在地震来临时耗能，保护两侧的剪力墙。故只能在地震工况中折减。正常使用状态下，连梁不能破坏，例如恒、活荷载与风的组合下不能折减。

问题 3. 主次梁相交处的支座是否存在的依据是什么? 它会影响挠度计算吗?

答：主梁能否抬次梁，不仅仅取决于主梁尺寸，也取决于主梁跨度和主梁两端的支撑。故主观希望主梁抬次梁，由于设计不合理，有可能达不到时间效果。此时应调整模型，尽量满足力学要求；如果主梁支撑次梁之处不能形成支座，则它影响主梁的跨度判断，而挠度的计算直接与梁跨相关。

问题 4. 连梁的面筋选配要注意什么问题?

答：连梁的面筋选配要考虑连梁两侧剪力墙钢筋的放置，因为按照 200mm 宽的梁的面筋放置间距要求（1.5 倍直径），原先可以单排放 3 根钢筋。但考虑钢筋要插入剪力墙，3 根钢筋往往放不下要改为 2 根。

问题 5. 什么时候结构计算要考虑横风振影响?

答：高耸结构才需考虑，普通高层不需考虑。

问题 6. 什么是舒适度计算?

答：《高规》第 3.7.6 条，小于 150m 的高层混凝土建筑结构应满足风振舒适度要求。舒适度基本风压取 10 年一遇的基本风压。第 3.7.7 条，楼盖（一般是大面积楼盖会有）应满足竖向振型下的舒适度。

问题 7. 如何满足楼盖在竖向振型下的舒适度?

答：将楼板指定壳元，并在计算地震时考虑竖向地震且考虑竖向振型。

问题 8. 考虑竖向地震和考虑竖向振型有什么区别？

答：考虑竖向地震，不一定要考虑竖向振型。根据《抗规》第5.3.1条，9度时的高层建筑，其竖向地震作用标准值应按式（5.3.1）确定；楼层的竖向地震作用效应可按各构件承受的重力荷载代表值的比例分配，并宜乘以增大系数1.5。以上即静力法。也可以计算竖向振型，按竖向振型分解反应谱方法计算或者竖向振型时程分析法计算。

问题 9. 装配式结构的装配率是如何计算的？

答：预制率为结构构件采用预制混凝土构件的混凝土用量占全部混凝土用量的体积比；装配率为各个装配构件的规范评价分和除以（100－缺失的装配构件的评分）。

问题 10. 装配式设计中脱模计算的作用是什么？

答：装配式构件在模具中浇筑，将构件从模具中揭下来，需克服吸附力，故应计算，以合理的荷载脱模，避免构件开裂。

第九节　某保障房案例 1 的设计

问题 1. 剪力墙上的连梁能搭接次梁吗？

答：原则上连梁不能搭接次梁，因为连梁起耗能作用时会破坏，这样搭接在其上的次梁也会出问题。

问题 2. 当连梁超筋时应如何调整模型？

答：连梁超筋，一般是在地震组合下抗剪超筋，此时加大连梁截面，虽然抗剪能力提升了，但是其上作用的地震作用增加更快，故一般调整方法是：①减小截面；②加长；③做多连梁；④使用对角斜筋、交叉斜筋等更有效的箍筋形式。

问题 3. 假设含震组合算出的设计内力是 100，非含震组合算出的设计内力 90，则含震组合算出的配筋更大吗？

答：不是，含震组合算出的设计内力还需乘以 γ_{RE}，要小于 90。广厦软件输出的配筋对应的含震内力的组合已经乘过了 γ_{RE}，倒可直接拿来用。若自行计算设计内力组合，就要注意不要忘了乘 γ_{RE}。

问题 4. 针对小震不倒，中震可修，大震不倒的设计概念。一般对于中震有可能按中震不屈服设计，或者按中震弹性设计。那么，小震计算的配筋一定比中震小吗？

答：不一定。所谓中震，即基本设计加速度的荷载约是小震的 2.8 倍。如果是中震弹性计算，内力组合系数不变，但取消内力调整。因此就要看小震的内力调整系数是否大于 2.8；如果是中震不屈服计算，则内力按中震内力（小震的 2.8 倍）标准值计算、材料按标准值计算，取消设计组合系数，也取消内力调整系数，取消 γ_{RE}。因此对于一级抗震的构件，常会出现小震配筋大于中震不屈服配筋的情况。

问题 5. 有时同样的结构尺寸布置，只不过首层加高，会导致首层刚度比不满足，这是为什么？需要怎么调整？

答：构件的刚度是线刚度。加大层高将使结构变柔，从而导致首层刚度比不满足。此时可适当增加剪力墙，如果是框架结构，可以布置一些斜撑或楼梯。

问题 6. 试想如何优化筏形基础降低其造价？

答：筏形基础一般都比较厚，并且放很多钢筋。因此，降低厚度和减少钢筋是降低造价的方法。厚度主要是抗冲切问题，因此可以采取局部加厚的方法，即在荷载大的地方布置柱墩。钢筋主要是抗弯钢筋，抗弯钢筋的产生主要在两柱之间，柱子由于上部荷载压实而下沉，柱中的筏板被地面顶住不能下沉，这样筏板产生了弯曲，弯曲的应力需要加钢筋克服。为减少钢筋梁，可适当考虑在柱中板带布置一些压重，抵消板的曲率。特别是当有地下水压力的时候，多加一些荷载，使得整个筏板均匀受压是比较合理的。

问题 7. 本模型所在区域有较大地下水，试考虑一些手段，使其在施工阶段克服水浮力。

答：基础加抗浮锚杆；基坑内设置环形排水沟及集水井，用抽水设备将集水井内的水及时排走；截水，基坑四周采用桩间高压旋喷桩、搅拌桩形成止水帷幕。

问题 8. 简述板的几种计算类型：刚性板、壳单元、膜单元、板单元的意义。

答：默认板为刚性板，此时板不进行整体模型分析。板按一定边界条件和设计手册的经典公式计算，而板需假定导荷方式以决定荷载如何传递到周边的梁墙上；膜单元，适用于板开大洞，不满足平面无限刚的模型；板单元，适用于板托柱、板托墙这种转换情形；壳单元，即膜单元＋板单元，就是说既考虑面内也考虑面外。

问题 9. 简述模拟施工的原理。

答：模拟施工是模拟结构找平的过程，即由于楼层荷载差异，结构各个部位的竖向变形是不一样的。如果每一层的竖向变形差累计起来，是一个不小的效应，但由于施工过程中要对结构进行找平，一定程度上抹平了由于荷载导致的竖向变形差。结构计算就是模拟这一个过程，这是更真实的情况。

第十节　某保障房案例 2 的设计

问题 1. 连梁的混凝土材料和普通梁一样吗？

答：连梁是剪力墙的一部分，其混凝土强度等级应和梁一致。

问题 2. 连梁和连续梁是一回事吗？

答：连梁是指两端有剪力墙同向的梁，连梁实质是建立墙的一部分。连续梁是指梁有多个支撑，内力呈波浪起伏变化。

问题 3. 规范规定了好几种刚度比，试说明区别。

答：①抗规中层剪力/层间位移，可用于框架结构；②《高规》中层剪力/层间位移角（即考虑层高修正刚度比），可用于剪力墙结构；③转换层上下刚度比，按转换层上下取相同楼层做单独模型来计算对比，只在转换层中输出；④剪切刚度比，转换层为 1 层可用，或者在判断地下室顶板可不可设为嵌固端时可用。

问题 4. 悬挂结构适合于模拟施工吗？

答：如果悬挂结构整体只在一层输入，则没有影响，如果分层输入就有问题。此时部分原先为拉力的构件将算不出拉力。此时可将所有有关构件的模拟施工号指定在一个结构层计算。

问题 5. 虚梁能否导荷？

答：如果板为刚性板，虚梁不能导荷。例如悬挑阳台板，当板的外沿为虚梁时，并不能将周边的栏杆荷载导荷给板。此时若还按刚性板计算，则可折算栏杆荷载为面荷载加载板上；如果板为壳单元，则虚梁可以导荷。

问题 6. 规范的梁挠度计算公式和材料力学的公式有何区别？

答：规范的梁挠度公式是考虑了梁的短期刚度和长期刚度的计算公式。公式的边界条件是简支，因此对于真实工程中的两端固接梁只能近似计算。另外规范公式是实配钢筋再验算，这往往导致最终实配钢筋值等于计算钢筋值。

问题 7. 板支座筋的长度如何确定？

答：《混规》9.1.6 条，钢筋从混凝土梁边、柱边、墙边伸入板内的长度不宜小于短跨计算长度的 1/4，砌体墙支座处钢筋伸入板内的长度不宜小于 1/7；《钢筋混凝土构造手册（第四版）》中规定，当板的荷载均为均布荷载，相邻跨度相差≤20%，活荷载不大于恒荷载的 3 倍时，板取 1/4；当活荷载大于恒荷载的 3 倍时，板应取 1/3。《混规》9.1.4

条，支座负弯矩钢筋向跨内延伸的长度应根据负弯矩图确定，并满足钢筋锚固的要求。综上所述，应满足计算负弯矩长度＋锚固长度、1/4 净短跨或 1/3 净短跨的要求。

问题 8. 试举例施工图中梁省钢筋的方式。

答：贯通筋可采用小直径贯通；贯通筋与支座筋取不同直径，采用焊接连接；大梁的部分梁底筋不伸入支座等。

问题 9. 试举例施工图中墙省钢筋的方式。

答：暗柱纵筋采用角筋非角筋差一级；暗柱箍筋和套箍差一级；纯为拐角的剪力墙小墙肢不考虑其受力，即仅按构造配筋；墙水平筋部分计入暗柱箍筋等。

问题 10. 试举例施工图中板省钢筋的方式。

答：采用原位标注，少贯通；计算配筋时公式采用塑性板公式等。

第十一节　某住宅楼 1 号塔楼案例的设计

问题 1. 剪力墙的轴压比计算方法和柱的轴压比计算方法有何不同，为何有这样的不同？

答：柱的轴压比由含震内力设计组合的最大轴力计算，剪力墙的轴压比由剪力墙上的分配到的重力荷载代表值计算，出现以上两者的区别是由于剪力墙在承担地震水平力时有可能部分受拉、部分受压，考虑合力就有可能低估了剪力墙受到的轴力。故用重力荷载代表值代替。

问题 2. 为什么可以做墙柱活荷载折减？并且柱上层数越多，可折减比例越高？

答：由于活荷载不可能同时发生，层数越大，不同时发生的活荷载比例越大。

问题 3. 板的计算一般是假定其边界条件，按设计手册简化公式计算，试说明一般情况下广厦软件输入的楼板的板边界条件是如何设定的？

答：板边有板，为固接；板边无板有梁，为简支；板边无板无梁，为自由边。另外虽然是边板，但板边是较厚的剪力墙时，可在平法配筋中设固接。

问题 4. 什么是框支柱？什么是转换柱？

答：梁抬柱，支撑梁的柱为转换柱；梁抬墙，支撑梁的柱为框支柱。

问题 5. 若计算得到的最不利地震方向大于 15 度怎么办？

答：若最不利地震方向与结构主体结构方向大于 15 度，应增加该最不利地震方向，加上最不利地震方向＋90 度方向做地震计算。本模型为 Y 形布置的剪力墙结构，结构主体结构方向不清晰，更容易出现最不利地震角与输入的 0 度和 90 度方向大于 15 度的情况。

问题 6. 施工图中自动出的图纸，如果出现跨层柱，会在每层都出一个加密区和非加密区，要如何修改？

答：虽然广厦软件跨层柱的内力和配筋计算已经考虑了跨层的情况，但施工图是按层出的。因此需要自行修改图纸，去掉中间的加密部分；另外，如果是单边跨层，仍然需要每层都出加密区。

问题 7. 有伸缩缝的建筑可以一起建模吗？如何处理？

答：可以一起建模，注意将伸缩缝分开的建筑设为不同的塔块。同时在计算总信息中楼层无限刚设定应该选择"实际"而不是"强制"。选择"实际"，程序将会自动按照分塔情况分成几块无限刚板，这样总体指标分塔块统计，构件指标也能保证正确。分缝一起建模还可避免单独分模型建模风荷载多算。

问题 8. 多柱基础，或者多片墙基础，计算冲切、剪切时的内力组合一定是最大轴力组合吗？

答：不一定，因为各个柱最大轴力发生的内组合不一定是同一个组合，即所谓的所有柱同时发生最大轴力有可能不会发生。

问题 9. 结构计算的基本思路是小震不坏，中震可修，大震不倒。在设计时如何保证"大震不倒"？

答：通常结构在小震不坏的基础上按规范的概念设计做一些保障；重要、超高工程可按弹塑性计算，验证结构倒塌的破坏过程，对首先破坏的重要部位进行加强，或者采用隔震减震措施。

问题 10. 为验证大震不倒，常通过弹塑性分析来验证。举例可以用的计算方法和其适用条件？

答：①静力推覆计算，将动力问题转化为静力推倒过程，常用于结构层数较少的、规则的、结构主震为第一周期的情况；②弹塑性动力时程分析，适合于一切结构的动力弹塑性分析，但计算量大，花费时间多。

第十二节　某住宅楼 2 号塔楼案例的设计

问题 1. 什么是连梁？

答：两端与剪力墙同向相连的梁为连梁，当梁跨高比大于或等于 5 为弱连梁（长连梁），小于 5 的为强连梁，规范和软件中的关于连梁的表述一般是指强连梁。

问题 2. 跨高比大于或等于 5 的为弱连梁，应该如何设计？

答：弱连梁，图集标注名为 LLK，按框架梁来设计。

问题 3. 若题目出了将地下室设计为人防地下室，则考察广厦软件人防设计的要点。

答：将地下室底顶部板、外围墙体加上人防荷载，板指定为壳元计算。计算时，广厦软件将自动包络人防和常规计算的配筋计算结果。人防配筋设计时，钢筋材料强度和常规计算不同。广厦软件计算已经自动调整。

问题 4. 单桩基础需要验算冲切和剪切吗？

答：单桩基础，一般桩径较大，例如人工挖孔桩。此时，柱墙完全落在桩径范围内，理论上不需要承台来分散荷载到各个桩上，故也就不需要针对承台的冲切、剪切验算。

问题 5. 剪力墙结构采用桩基时，经常一个 L 形或 T 形剪力墙做一个承台，那么作为计算承载力的最大轴力，是每片墙肢的最大轴力和吗？

答：不一定，每片墙肢的最大轴力不一定发生在同一个内力组合。此时有个误解是标准组合就是恒＋活，实际上还有恒＋活＋风或者恒＋活＋地震，当然地震工况经常不参与基础设计。

问题 6. 刚度比不满足规范要求，程序已经自动按规范放大了内力，这就可以了吗？

答：当刚度比严重不满足规范要求。放大内力，多放钢筋也是无济于事的，此时应该修改模型尺寸。

问题 7. 剪重比不满足规范要求，程序已经自动按规范放大了内力，这就可以了吗？

答：当剪重比偏小且与规范限值相差较大时，宜调整增强竖向构件，加强墙、柱等竖向构件的刚度。

问题 8. 模型的施工图中可看出有很多附加箍，试说明吊筋和附加箍的区别。

答：吊筋和附加箍都是主梁支撑次梁的箍筋形式。一般民用结构荷载较小，用附加箍，工业结构荷载较大，或者转换结构梁托柱，要用吊筋。

问题 9. 什么是短肢墙？

答： 各肢横截面高度与厚度之比的最大值大于 4 但不大于 8 的剪力墙，为短肢墙。

问题 10. 试举例说明短肢墙规范有什么构造要求？

答：

（1）结构的最大适用高度 H 比剪力墙适当降低，且抗震 7 度设防 $H \leqslant 100\text{m}$、8 度设防 $H \leqslant 60\text{m}$。

（2）短肢墙承受的第一振型底部地震倾覆力矩不大于结构总底部地震倾覆力矩的 50%。

（3）短肢剪力墙的抗震等级应比一般剪力墙提高一级。

（4）短肢剪力墙的轴压比：抗震等级为一、二、三级时分别不宜大于 0.5、0.6、0.7。无翼墙或端柱时其轴压比限值降低 0.1。

（5）抗震设计时，短肢剪力墙除底部加强部位外的各层剪力设计值增大系数：一级 1.4、二级 1.2。

（6）抗震设计时，短肢剪力墙截面的全部纵筋的最小配筋率：底部加强部位 1.2%，其他部位 1.0%。

（7）短肢剪力墙的最小截面厚度为 200mm。

（8）7 度和 8 度抗震设计时，短肢剪力墙宜设置翼缘。一字形短肢剪力墙平面外不宜布置与之单侧相交的楼面梁。

（9）《高规》7.1.3 条强调了 B 级高度高层建筑和 9 度抗震设计的 A 级高度高层建筑，不应采用短肢剪力墙结构体系。

第十三节　某住宅楼案例的设计

问题 1. 跨高比满足，但一端为墙、一端为柱，是连梁吗？

答： 从概念上说，柱一般较墙为柔，地震发生以后，柱的一端容易侧向变形，使得连梁起不到耗能的结果（梁受挤压才会变形、破坏）。这就不算连梁。但如果柱子的尺寸已经很大，比方说有 1～2m 宽，那连梁的概念是成立的。反之，如果两侧的剪力墙只是小墙垛，也不一定能起到约束连梁的作用。所以，特定情况需要具体判断。可以试试用弹塑性分析软件分析构件在大震下的破坏次序来判断。

问题 2. 连梁和连续梁分别在施工图上怎么表述？

答： 连梁标注为 LL1，连续梁有可能是主梁，有可能是次梁，通常以集中标注体现，例如 L3（4）或者 KL3（4）。

问题 3. 为什么说尽量在模型中避免短肢墙或者一字墙？

答： 短肢墙或者一字墙的轴压比限值要比普通剪力墙小 0.1，而同时为短肢一字墙，轴压比限值要小 0.2，更加严格。因此从经济性角度，常规的剪力墙结构中短肢墙和一字墙要尽量少。

问题 4. 规范限制轴压比的目的是什么？

答： 限制轴压比主要是为了控制结构在抗震下的延性。所以，轴压比用到的设计内力为含震组合下的轴力（柱）或者重力荷载代表值（墙）。

问题 5. 为调整结构扭转，通常采用的办法是什么？

答： 削弱中间核心筒区域的刚度，加强四周剪力墙的刚度。

问题 6. 为什么底部加强区范围内仍有可能出现构造边缘构件？

答： 是否做约束边缘构件还和轴压比有关，《抗规》6.4.5 条规定，底层墙肢底截面的轴压比不大于表 6.4.5-1 规定的一、二、三级抗震墙及四级抗震墙，墙肢两端可设置构造边缘构件。

问题 7. 桩承台的设计计算中应包括哪些部分？

答： 柱墙对承台的冲切或剪切；桩对承台的冲切；柱对承台的局部受压；承台的受弯计算。

问题 8. 桩筏基础中，关于筏板的冲切计算有哪些？

答：柱墙对筏板的冲切；有柱墩是为柱墙对柱墩的冲切，柱墩对筏板的冲切；桩对筏板的冲切；核心筒筒体对筏板的冲切。

问题 9. 多柱桩基础设计和单柱桩基础设计有什么区别？

答：多柱桩基础一般等效为单柱桩基础计算及计算多柱的合力点，以合力点为中心计算。但此算法假定了承台是无限刚的，因此要注意是否能满足这个条件。例如，当柱距较远，柱间承台就有可能发生反拱。此时，应补充计算，得到柱间承台的面筋。

问题 10. 板的计算中，短跨的配筋一定比长跨要大吗？

答：短跨的配筋大于长跨，是因为没有变形就没有弯矩，板的短跨曲率比长跨大，弯矩就大。但这个概念有一个前置条件，即板四周的边界条件是一致的。例如，全部都是固接。一般来说，板周边的梁高远大于板厚，即梁的刚度足以约束住板，但如果梁为宽扁梁，甚至是暗梁，则板的边界无法约束板。板的短跨真实有可能不那么短，短跨的长度要跨过梁，短跨方向板的曲率反而没有长跨大，此时短跨钢筋就有可能比长跨小。此种情况有可能出现在井字梁，且肋梁高度不大的结构中，或者出现在梁筏中，因为梁筏中的梁还有一个不同的情况是梁和板都是放在地面的，周边并无外部约束，梁端也没有柱之类的约束。

第七章 相关工具软件操作流程

第一节 MATLAB 的安装

MATLAB 是美国 MathWorks 公司出品的商业数学软件，用于算法开发、数据可视化、数据分析以及数值计算的高级技术计算语言和交互式环境，主要包括 MATLAB 和 Simulink 两大部分。

本书只需要用到 MATLAB 基础即可满足相应的手算内容。

一、获取 MATLAB

使用搜索引擎搜索"MATLAB"，进入 MATLAB 官网，如图 7-1 所示。

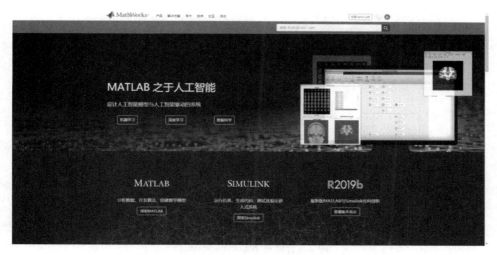

图 7-1　MATLAB 官网图

滚动至页面最下方，找到"试用软件"并点击，如图 7-2 所示。

进入如图 7-3 所示界面，输入工作电邮或大学电邮之后，点击"继续"。

填写电子邮箱、所在地、最接近的职业及勾选是否年满 13 岁，填写完毕之后点击"创建"（图 7-4）。

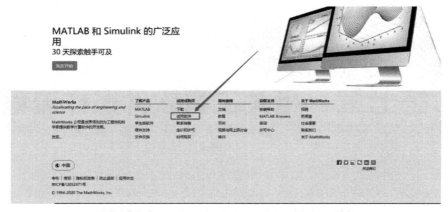

图 7-2　操作示意图

图 7-3　输入电邮操作

图 7-4　创建 MathWorks 账户

这里确认自己填写的邮箱，可为个人 QQ 邮箱，也可为企业、学校电子邮箱（图 7-5）。

之后，会要求验证电子邮件地址，请注意查收邮箱里的收件箱，在收到 MATLAB 官方发出的邮件后，点击邮件里的"验证电子邮件地址"（图 7-6）。

跳转到信息填写的界面，每一项按要求填写完毕之后，勾选下方的"我同意"，然后点击"继续"（图 7-7）。

图 7-5　确认电子邮件地址

图 7-6　验证电子邮件地址

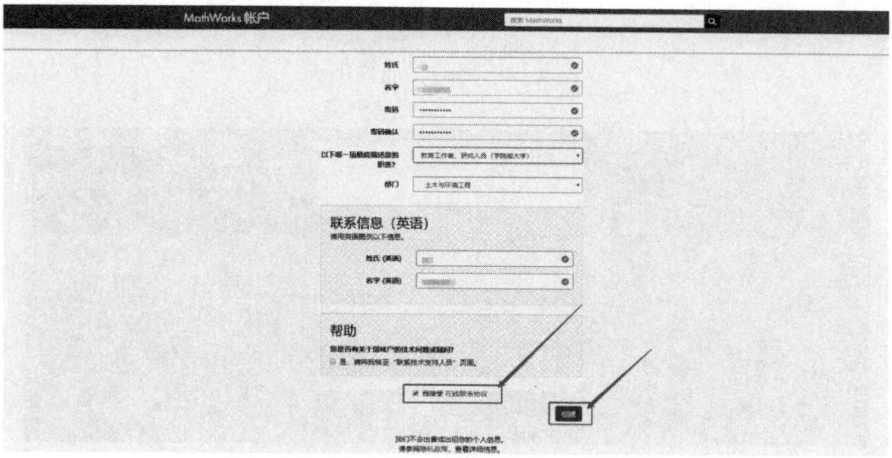

图 7-7　填写信息

接着填写相关信息获取 MATLAB 软件 30 天免费试用。填写完毕后，点选"我同意"，并点击"提交"（图 7-8）。

选择"MATLAB 基本内容"（图 7-9）。

在弹出的窗口当中选择"选择并继续"（图 7-10）。

图 7-8　提交信息

图 7-9　选择产品操作

图 7-10　选择并继续示意图

进入如图 7-11 所示界面，根据电脑系统选择相应的系统，微软系统选择"Windows"。

选择之后浏览器会自动下载 MATLAB 的 exe 文件。若浏览器提示"该文件可能有害"，请选择"保留"（图 7-12）。

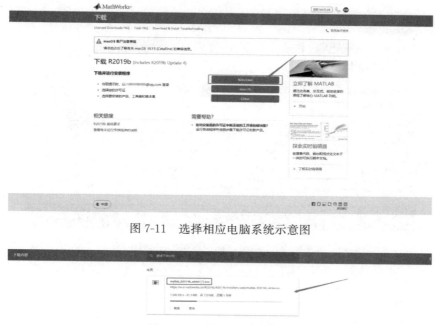

图 7-11　选择相应电脑系统示意图

图 7-12　下载安装包示意图

二、安装 MATLAB

找到下载好的 exe 文件，并双击之后会生成一个安装包文件夹。同时，会自动启动安装程序（图 7-13）。

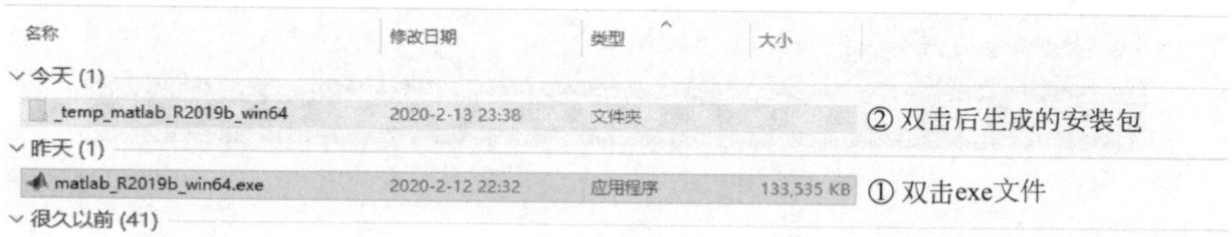

名称	修改日期	类型	大小	
∨今天 (1)				
_temp_matlab_R2019b_win64	2020-2-13 23:38	文件夹		② 双击后生成的安装包
∨昨天 (1)				
matlab_R2019b_win64.exe	2020-2-12 22:32	应用程序	133,535 KB	① 双击exe文件
∨很久以前 (41)				

图 7-13　解压安装包

在安装程序中选择"使用 MathWorks 账户登录"，并点击"下一步"（图 7-14）。

点选"是"，然后点击"下一步"（图 7-15）。

填写之前在网页上注册的电子邮件地址，并输入密码，点击"下一步"（图 7-16）。

选择许可证，并点击"下一步"（图 7-17）。

选择安装的文件夹，并点击"下一步"（图 7-18）。

接下来勾选产品，此处请注意，默认是全部勾选了所有产品。若只使用 MATLAB 用于雅可比矩阵计算，则勾选"MATLAB"这项即可。然后，点击"下一步"（图 7-19）。

此处根据自身需求进行选择安装选项，然后点击"下一步"（图 7-20）。

点击"安装"，如图 7-21 所示。

软件开始安装，文件稍大，此处花的时间会较久（图 7-22）。

安装完毕后点击"下一步"（图 7-23）。

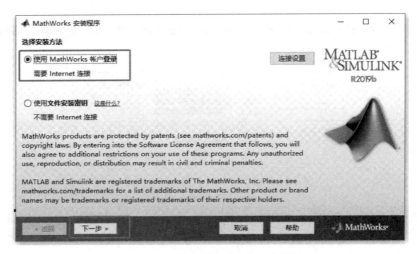

图 7-14　选择"账户登录"示意图

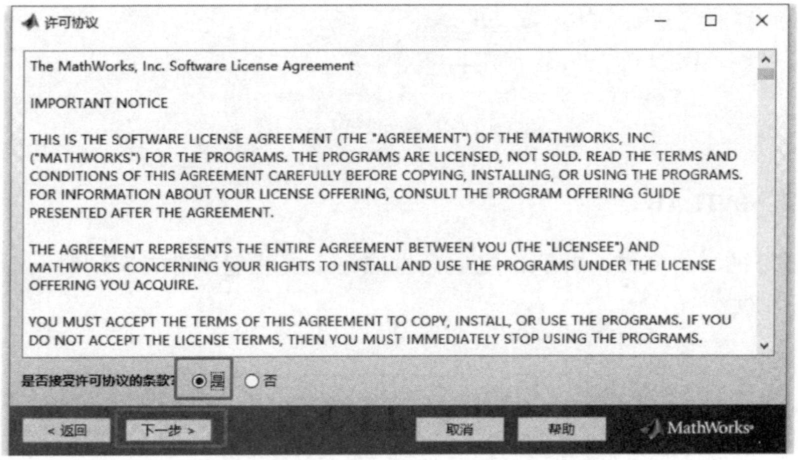

图 7-15　操作示意图

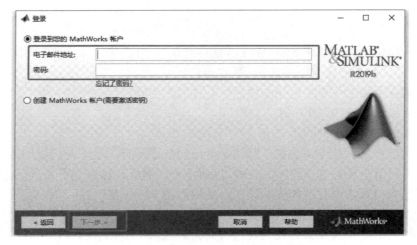

图 7-16　输入电子邮件地址及密码

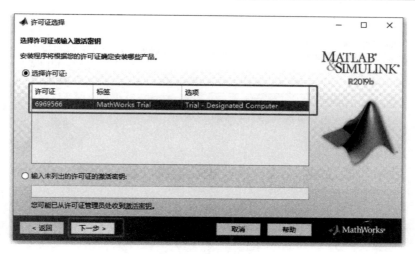

图 7-17 选择许可证

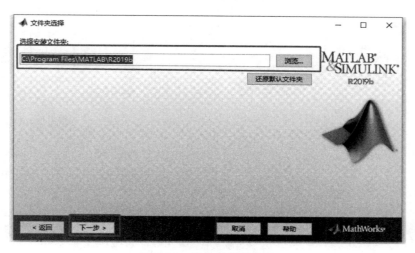

图 7-18 选择安装文件夹

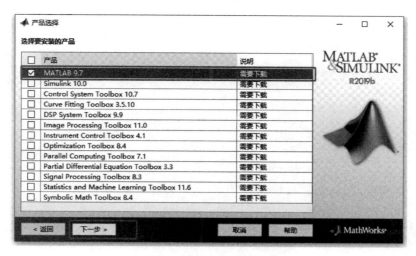

图 7-19 勾选 MATLAB

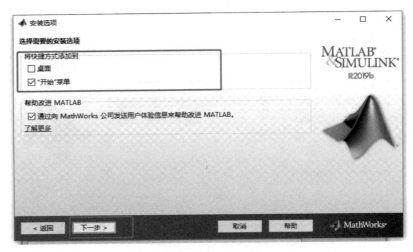

图 7-20 选择需要的安装选项

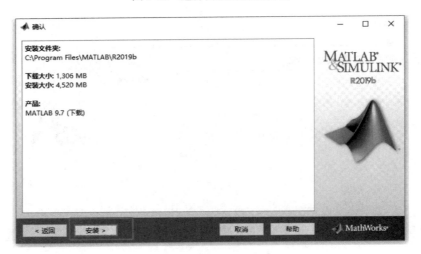

图 7-21 安装示意图

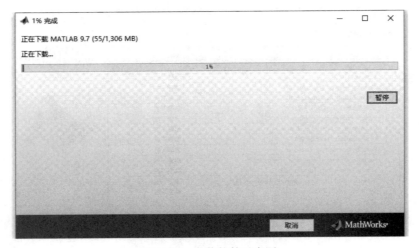

图 7-22 安装软件示意图

图 7-23　完成安装

弹出软件激活的窗口，点击"下一步"。软件会检测软件激活许可（图 7-24、图 7-25）。

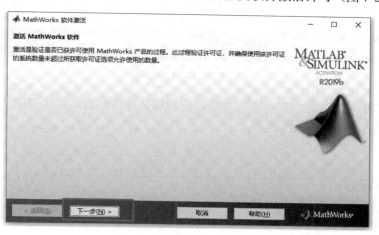

图 7-24　激活 MathWorks 软件

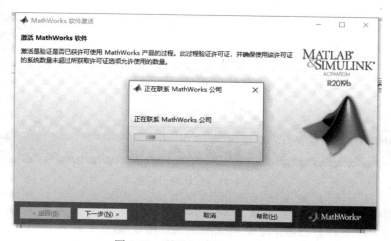

图 7-25　联系 MathWorks 公司

此时可能会出现"连接错误"的警告，点击"确定"关闭警告窗口，然后继续点击"下一步"（图 7-26）。

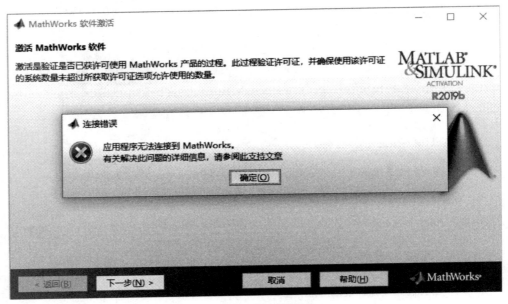

图 7-26　连接错误图

上方窗口再一次点击"下一步"之后，成功确认许可信息，点击"确认"（图 7-27）。

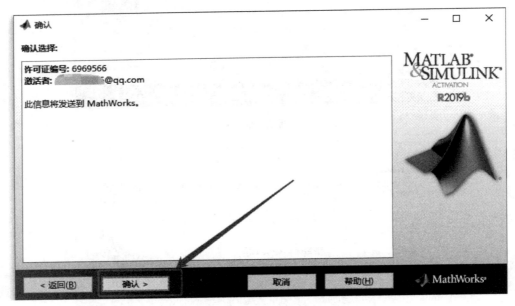

图 7-27　确认许可信息

提示"激活完成"，点击"完成"（图 7-28）。

打开软件为以下界面，可正常使用（图 7-29、图 7-30）。

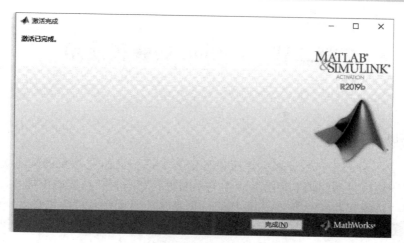

图 7-28　激活完成

图 7-29　MATLAB 启用界面

图 7-30　MATLAB 软件界面

第二节　Python 安装和使用

一、Python 安装

Python 是一种跨平台的计算机程序设计语言，是一种面向对象的动态类型语言，最初被设计用于编写自动化脚本，随着版本的不断更新和语言新功能的添加，越多被用于独立的、大型项目的开发。由于 Python 语言的简洁性、易读性及可扩展性，Python 也十分适合科学计算使用。例如，十分经典的科学计算扩展库：NumPy、SciPy 和 matplotlib，它们分别为 Python 提供了快速数组处理、数值运算以及绘图功能。因此，Python 十分适合工程技术、科研人员处理实验数据、制作图表。如果说优秀的土木工程人员应当具备一定的数据处理能力，那么掌握 Python 是很好的途径。

1. 获取 Python

Python 的官方网站如图 7-31 所示。

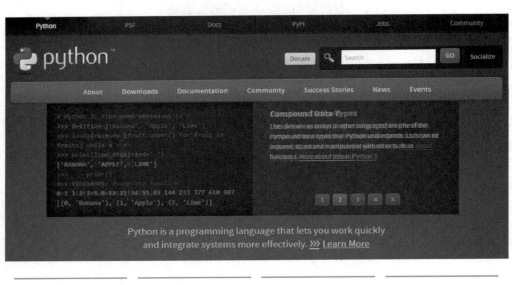

图 7-31　Python 官网图

最新版本是 3.8.1，点击之后进入滚动界面，如图 7-32 所示。

滚动页面到最下面，找到"Files"节，选择 64 位安装版本下载。因为安装版本会设置环境变量，方便使用（图 7-33）。

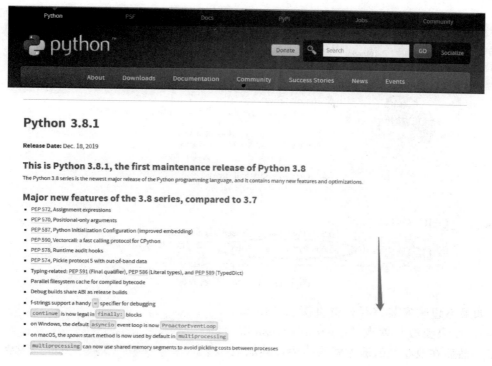

图 7-32　滚动界面

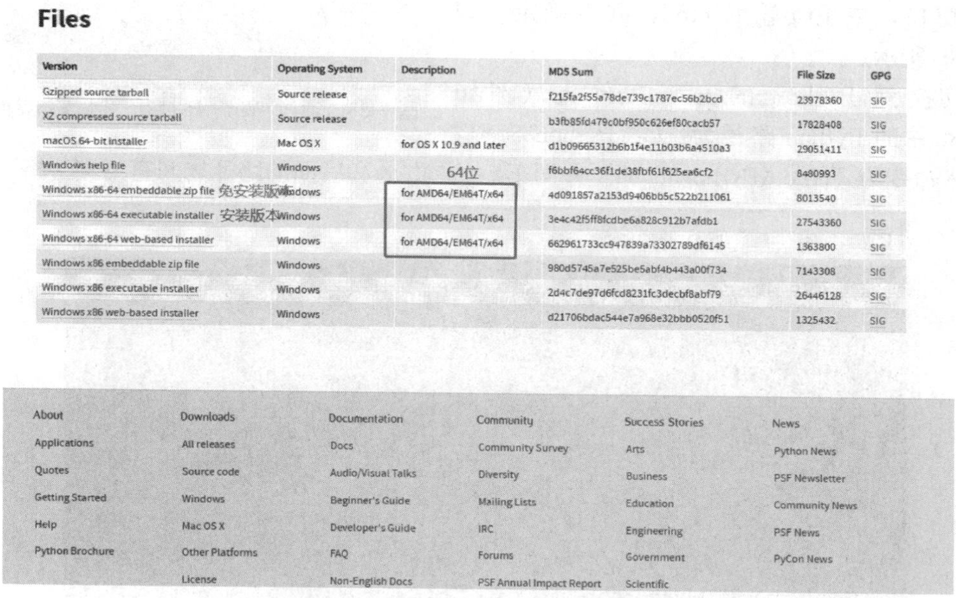

图 7-33　找到 Files 节并选择 64 位软件进行下载示意图

2. 安装 Python

找到下载好的 python-3.8.1-amd64.exe 文件，并双击之后会如图 7-34 所示显示安装界面。

图 7-34　Python 安装界面

　　如果不想改安装路径，就直接点"Install
Now"，如果要改，就点"Customize installa-
tion"，然后在改路径的地方修改路径，其他地
方按默认选项安装，一直到安装完毕。

　　下面安装常用的扩展包。Win＋R，打开
运行窗口，在里面输入 cmd，并点确定。如
图 7-35 所示。

　　切换到 Python 的安装文件夹（例如
图 7-36 中的 Python 路径为：C:\Python38_64，

图 7-35　通过 Win＋R 打开"运行"界面图

则输入命令为"cd c:\Python38_64"并回车）（注意 cd 和后面的路径之间有英文空格）。

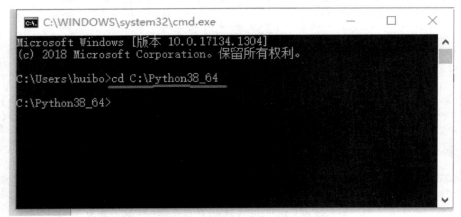

图 7-36　输入 Python 安装文件夹路径

　　然后，输入命令"pip install numpy"并回车，如图 7-37 所示，numpy 将自动下载直
至安装完毕。同理，安装 SciPy 和 matplotlib。

图 7-37　输入命令下载常用扩展包

二、采用 Python 进行内力图绘图的操作方法

无论采用什么编程语言来画图，其步骤都可以归类于三步：准备数据，绘图和保存。其中，准备数据阶段可能是花费时间最多的。因为有规律的数据是有效处理的前提。所谓准备数据，即是有规律地获取数据，常见的获取办法有：

①通过软件提供的 API 接口获取数据；

②用记事本或者 Excel 整理数据，例如整理地震波时，按时间和加速度排成两列；

③从数据文件中读取数据；

④最简单的就是自己输入数据。

绘图工具即采用前面安装的 matplotlib，这个库提供了很多方便的函数绘制各种各样的数据图。学习时可就自己想画什么图先在百度上提问，然后在网站中查找用到的函数的用法。

下面就以手工输入数据为例讲述用 Python 绘图的方法。

例：绘制某工程第一结构层梁 3 在恒荷载下的弯矩图

1. 准备数据

在广厦软件主菜单选中某个算完的工程后，点图形方式，如图 7-38 所示。

此时打开了图形方式程序，点击图 7-39 中的望远镜图标。

出现查找构件对话框，如图 7-40 所示，输入要找的梁 3。

点击确定后，梁 3 将停在窗口中央，双击右下角状态栏的梁号，可以显示出梁号，如图 7-41 所示。

再次双击梁号，关闭梁号显示。然后点击左侧菜单中的梁内力，在弹出的对话框中选择恒荷载，如图 7-42 所示。

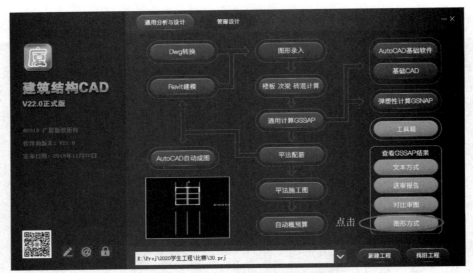

图 7-38　点击"图形方式"示意图

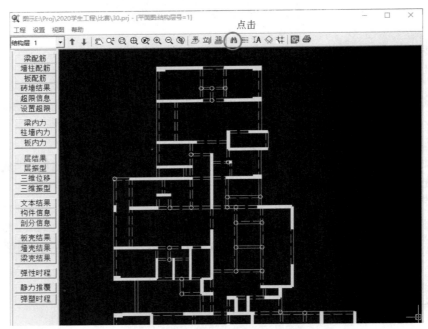

图 7-39　蓝色望远镜图标示意图

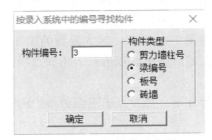

图 7-40　查找构件示意图

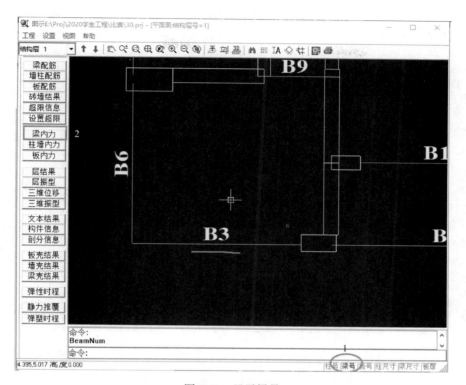

图 7-41　显示梁号

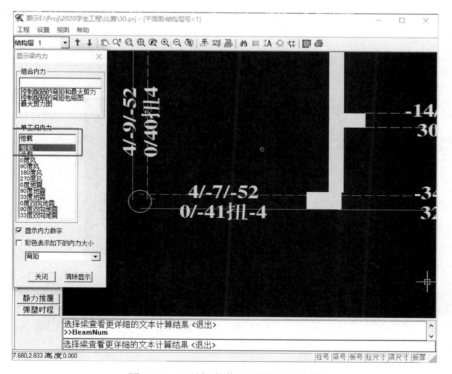

图 7-42　显示恒载作用下的梁内力图

图中只有三个值，画出来不好看。此时，鼠标点击一下梁 3，会弹出梁 3 的内力输出文本，如图 7-43 所示。

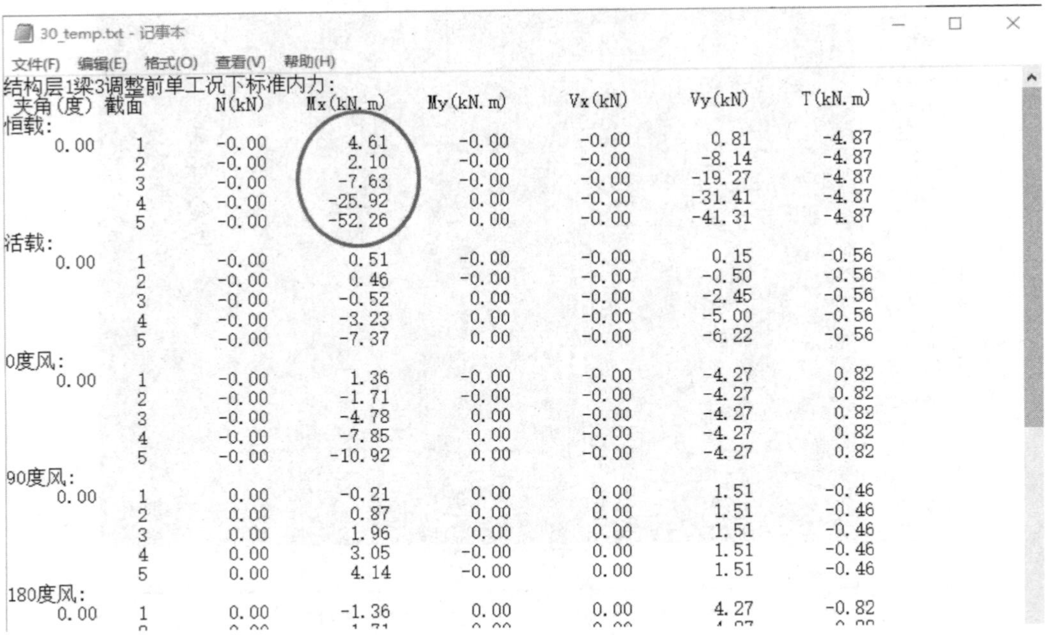

30_temp.txt - 记事本

文件(F) 编辑(E) 格式(O) 查看(V) 帮助(H)

结构层1梁3调整前单工况下标准内力:

夹角(度)	截面	N(kN)	Mx(kN.m)	My(kN.m)	Vx(kN)	Vy(kN)	T(kN.m)
恒载:							
0.00	1	-0.00	4.61	-0.00	-0.00	0.81	-4.87
	2	-0.00	2.10	-0.00	-0.00	-8.14	-4.87
	3	-0.00	-7.63	-0.00	-0.00	-19.27	-4.87
	4	-0.00	-25.92	0.00	-0.00	-31.41	-4.87
	5	-0.00	-52.26	0.00	-0.00	-41.31	-4.87
活载:							
0.00	1	-0.00	0.51	-0.00	-0.00	0.15	-0.56
	2	-0.00	0.46	-0.00	-0.00	-0.50	-0.56
	3	-0.00	-0.52	0.00	-0.00	-2.45	-0.56
	4	-0.00	-3.23	0.00	-0.00	-5.00	-0.56
	5	-0.00	-7.37	0.00	-0.00	-6.22	-0.56
0度风:							
0.00	1	-0.00	1.36	-0.00	-0.00	-4.27	0.82
	2	-0.00	-1.71	-0.00	-0.00	-4.27	0.82
	3	-0.00	-4.78	0.00	-0.00	-4.27	0.82
	4	-0.00	-7.85	0.00	-0.00	-4.27	0.82
	5	-0.00	-10.92	0.00	-0.00	-4.27	0.82
90度风:							
0.00	1	0.00	-0.21	0.00	0.00	1.51	-0.46
	2	0.00	0.87	0.00	0.00	1.51	-0.46
	3	0.00	1.96	0.00	0.00	1.51	-0.46
	4	0.00	3.05	-0.00	0.00	1.51	-0.46
	5	0.00	4.14	-0.00	0.00	1.51	-0.46
180度风:							
0.00	1	0.00	-1.36	0.00	0.00	4.27	-0.82

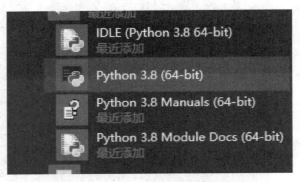

图 7-43　点击梁线显示梁内力文本结果图

可知梁始端到末端的弯矩为 4.61kN·m，2.10kN·m，−7.63kN·m，−25.92kN·m，−52.26kN·m。

2. 绘图，启动 Python。

在开始菜单中找到 Python，如图 7-44 所示。

图 7-44　打开 Python

点击运行 Python 3.8（64-bit），启动 Python 环境如图 7-45 所示。

依次输入代码如图 7-46 所示（图中右侧＃号开头的是代码注释，不用输入）。

绘图结果如图 7-47 所示。

3. 保存

点击图 7-47 中的保存按钮，即可选择一个文件名保存生成的图。

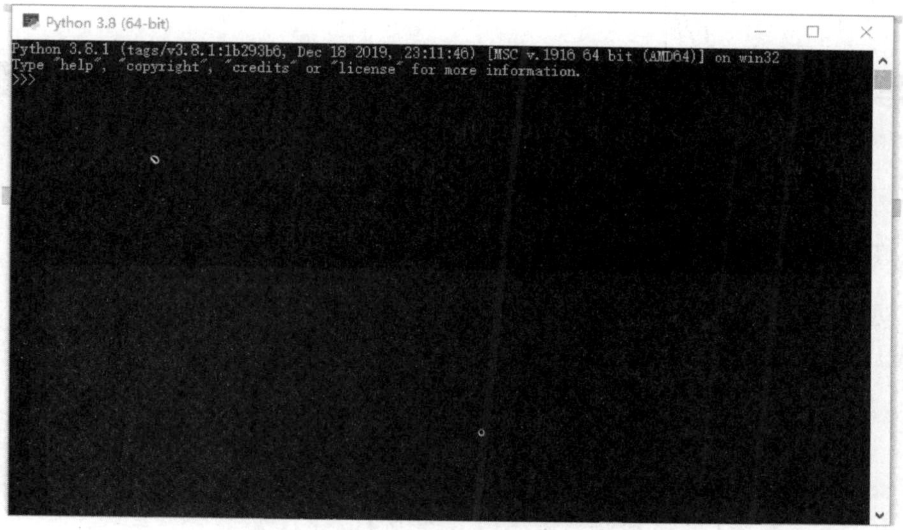

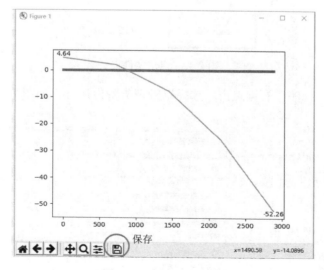

图 7-45 Python 运行环境

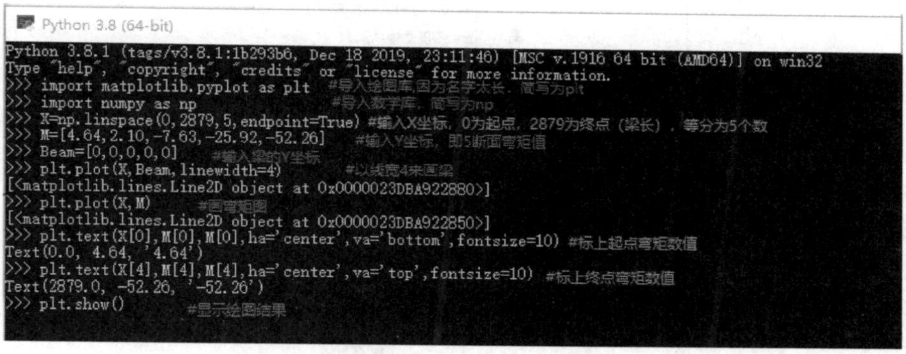

图 7-46 输入代码

图 7-47 保存绘图结果

第三节　广厦结构 CAD 软件安装和绘制施工图

一、广厦结构 CAD 软件安装

以广厦 gs23.0 版本软件进行安装步骤操作示范。

下载压缩包，右键点击解压到 gs23.0，如图 7-48 所示。

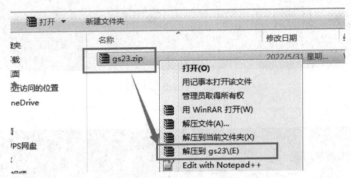

图 7-48　解压安装包

双击 gs23.0 文件夹，如图 7-49 所示。

图 7-49　点击文件夹

找到 setup.exe 程序，右键点击，选择以管理员身份运行，如图 7-50 所示。

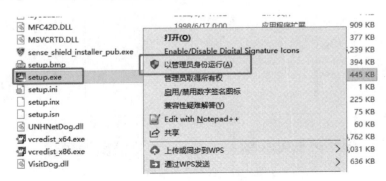

图 7-50　管理员身份运行

选择升级已安装的广厦结构 CAD，点击"下一步"，如图 7-51 所示。

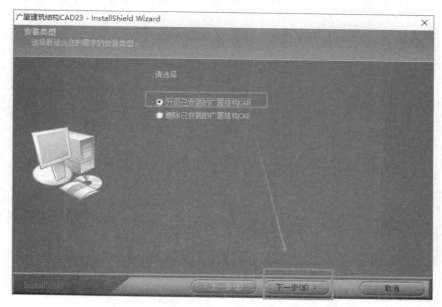

图 7-51　升级已安装的广厦结构 CAD 示意图

安装中，整个过程大概持续 1 分钟。

安装完成，点击"否，稍后再重新启动计算机"，点击完成（图 7-52）。

图 7-52　安装完成示意图

在桌面上找到广厦结构 CAD 图标，双击启动，查看软件界面版本是否为 V23.0 正式版（图 7-53）。

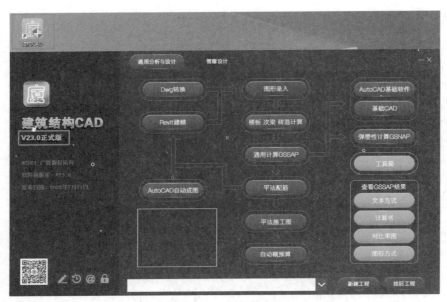

图 7-53　软件版本查看

找到桌面上 Virbox 用户工具图标，双击启动，找到服务设置。

①如果是单机版用户，请将服务模式改为第一个本地模式，点击"保存 & 重启"即可，如图 7-54 所示。

图 7-54　本地模式选择

②如果是网络版用户，请将服务模式改成第二个客户端模式，点击添加 IP 地址，输入网络锁所在的主机 IP 地址，输入完毕后点击确定，再点击保存重启即可，如图 7-55 所示。

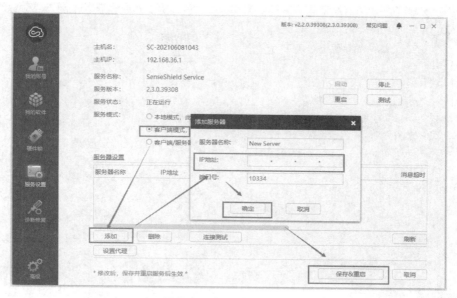

图 7-55　客户端模式选择

③如果是网络版用户，且锁所在的位置为服务器，请将服务模式改成第三个客户端/服务器模式，点击保存重启，如图 7-56 所示。其余电脑按照上一步设置对应服务模式即可。

图 7-56　服务器模式选择

重新回到电脑桌面，双击广厦结构 CAD 图标启动软件，此时软件已经安装并设置完成可以正常使用了。

二、采用广厦结构 CAD 绘制结构施工图

1. 采用 AutoCAD 自动成图绘制结构施工图基本步骤

第一步：在模型计算完毕后，在广厦软件主菜单点击"平法配筋"。进行相关参数设置，如图 7-57 所示。

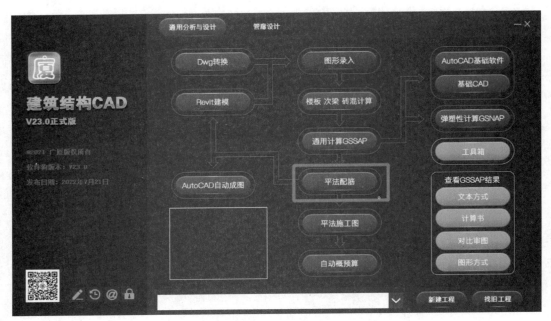

图 7-57　在广厦软件主菜单点击"平法配筋"

　　第二步：在弹出的窗口中，根据模型使用的计算程序在左侧选择对应的计算模型，如使用广厦建筑结构 CAD 软件建模并计算的模型，请选择 GSSAP；在窗口右侧的"参数控制"中可设置各构件的程序选筋方案，进一步让程序自动选取符合要求的配筋。完成设置后，点击"生成施工图"（图 7-58）。

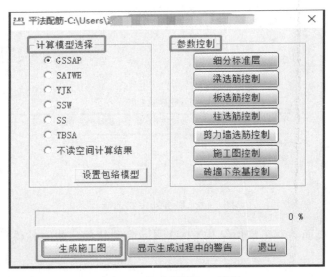

图 7-58　平法配筋窗口界面

　　第三步：在生成施工图过程中，若有警告生成，需要根据警告信息做相应的修改（警告界面参考图 7-59）。常见警告及修改方法见表 7-1。

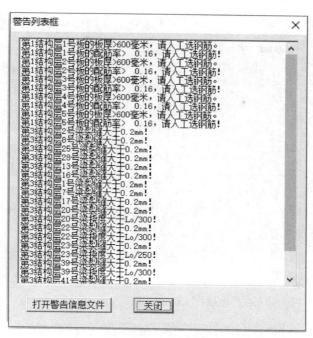

图 7-59　平法配筋

平法警告修改　　　　　　　　　　　　　　　　　　　　　　　表 7-1

警告提示	处理方法
"请人工选钢筋"	在 DWG 图中人工检查,根据计算结果修改绘制钢筋,然后校核审查(校核审查若没有警告即可)
"人工选择吊筋密箍"	集中力太大,在 DWG 图中人工根据交叉梁剪力布置吊筋密箍,然后校核审查(校核审查若没有警告即可)
"裂缝大于××"	在 DWG 图中修改梁板钢筋,查看自动重新计算的裂缝是否满足要求
"挠度大于××"	在 DWG 图中修改梁板钢筋,查看自动重新计算的挠度是否满足要求(校核审查若没有警告即可)
"梁支座宽减保护层厚度应≥$0.4L_a$"	在 DWG 图中改小梁纵筋直径,或加大支座宽度重新计算,或调整结构布置减小梁内力重新计算
"梁贯通筋小于底筋/4"	在 DWG 图中增大贯通筋直径(校核审查若没有警告即可)
"梁底筋和面筋配筋量比值<"	在 DWG 图中增大底筋(校核审查若没有警告即可)
"超筋"	修改计算模型中的截面或结构方案
"轴压比超限"	增大构件截面或刚度,或减小内力,然后重新计算
"梁长度小于<0.3"	梁太短(非必需情况下应避免布置短梁)
"面/底筋第一排间距不应小于"	说明梁纵筋间距太小,不满足构造要求,在自动成图里手动修改钢筋布置,可分两排放置

　　第四步:平法配筋后,在广厦软件主菜单点击"AutoCAD 自动成图",选择电脑上已安装好的相应的 AutoCAD 软件启动,如图 7-60、图 7-61 所示。

253

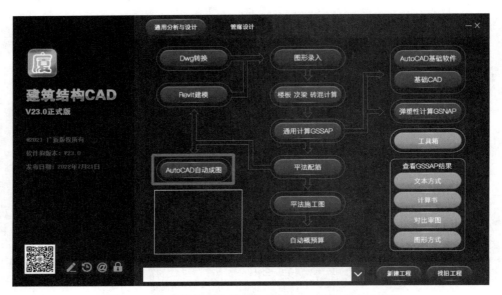

图 7-60　在广厦软件主菜单点击"AutoCAD 自动成图"

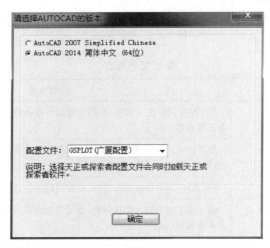

图 7-61　选择电脑上已安装的 AutoCAD 软件

第五步：进入"AutoCAD 自动成图"界面后，点击左侧菜单栏"出图习惯设置"，在弹出的窗口中可根据个人习惯或院校要求设置各构件类型的出图习惯（图 7-62）。

第六步：接着点击左侧菜单栏的"生成 DWG 图"后，会显示弹窗，弹窗界面如图 7-63 所示。可在此窗口中选择是否自动归并板梁柱构件、生成 DWG 的构件类型、生成 DWG 图类型、生成图纸对应建筑层号及图纸大小等。完成设置后点击"确定"，程序将自动生成结构施工图（图 7-64）。

第七步：等待程序完成自动出图后，通过切换左侧不同构件的菜单栏，可查看不同构件的施工图（图 7-65）。

第八步：在"工程"菜单栏下点击"校核审查"，在弹出的窗口中点击需要校核的构件及内容，然后点击"确定"，程序将自动对已生成的施工图进行校核审查（图 7-66）。

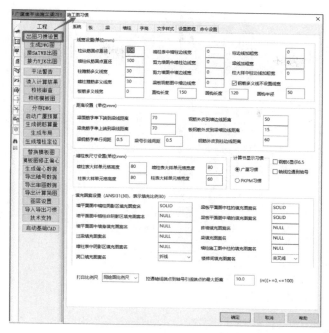

图 7-62 设置施工图习惯

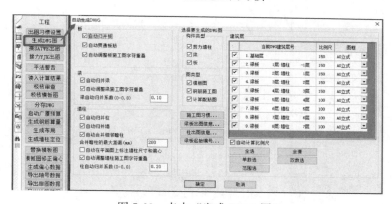

图 7-63 点击"生成 DWG 图"

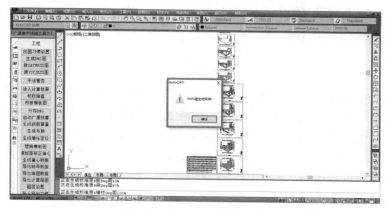

图 7-64 DWG 图生成成功

图 7-65 不同构件施工图切换

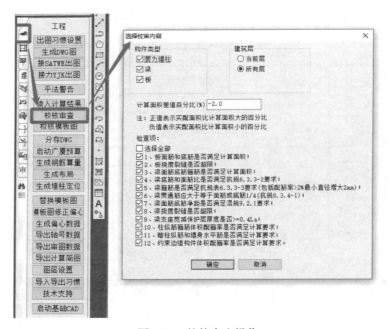

图 7-66 校核审查操作

第九步：完成校核审查后将弹出"警告列表框"，点击对应的警告鼠标将自动定位到对应的构件位置并显示相应的警告内容。可切换到对应构件的菜单栏下，使用相应的修改构件/钢筋的命令修改施工图。完成修改后重新校核审查，若修改无误，警告将消失。若校核审查中无警告，则说明施工图已满足规范要求（图 7-67）。

2. 绘制某工程的结构施工图

1）示例项目基本资料介绍

项目为某大学校园配套宿舍装配式建筑设计。建筑面积约 6500m^2，建筑高度

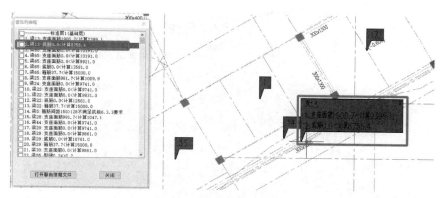

图 7-67　校核审查警告

25.8m，地上 6 层（主体结构），地下 1 层，层高 5.0m，首层建筑平面图见图 7-68。地下为框架结构，地下室及首层为现浇钢筋混凝土结构，地上为混凝土装配整体式框架结构。

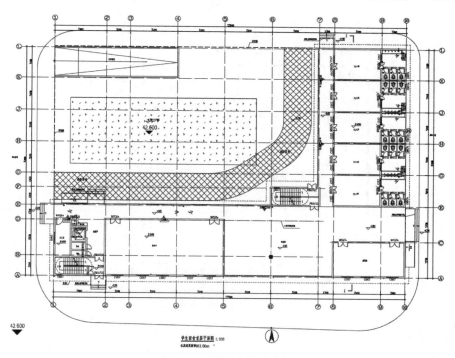

图 7-68　首层建筑平面图

2）结构施工图操作流程

在进行绘制施工图步骤之前，该工程已进行完整建模、计算等前期操作，计算已无警告，模型如图 7-69 所示。下面以该工程为例，讲解生成结构施工图流程。

（1）平法配筋

在通用 GSSAP 计算完毕后，进行平法配筋。点击主菜单栏中"平法配筋"，弹出窗口。因为本工程采用广厦 GSSAP 有限元计算，所以在图 7-70 左侧的"计算模型选择"选择"GSSAP"；在右侧的参数控制栏中，应根据工程情况或出图要求设置相关参数。

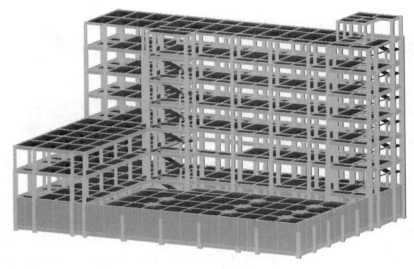

图 7-69　建模完成

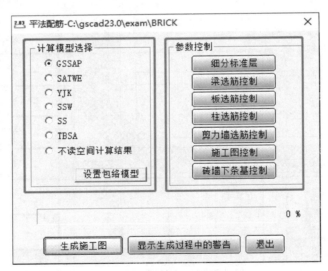

图 7-70　平法配筋参数设置

①梁选筋控制

在梁选筋控制中，一般常用调整"纵筋直径"改变配筋方案以及"地下天面最大裂缝"，"地下天面最大裂缝"控制工程中地下室及屋面处的裂缝。这两个参数位置如图 7-71 所示。

"纵筋直径"：在此勾选所需的钢筋直径，自动生成的施工图中的纵筋直径范围来自此处的设置。选择的纵筋直径越多，钢筋配置方案越多。

"地下天面最大裂缝"：地下室底板层、建筑天面层的梁板最大裂缝宽度限值，当裂缝宽度验算超出该限值时则提示警告，自动增加钢筋时也采用此设置。《混规》表 3.4.5 注释 2 中提到"对钢筋混凝土屋面梁和托梁，其最大裂缝宽度限值应取为 0.3"。可在满足规范限制的前提下，自行决定是否需要更严格的裂缝控制。本工程存在两层裙房，建筑三层处有屋面板。将板指定为屋面板后，建筑三层的屋面板和屋面梁都将按照此参数进行裂缝控制。

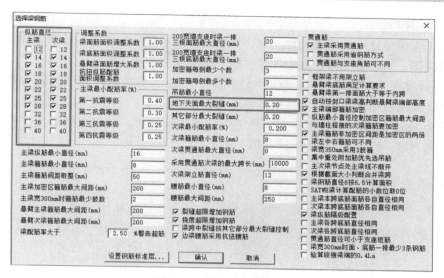

图 7-71　梁选筋控制界面

②板选筋控制

在板选筋控制中一般常调整"常规钢筋级配表"和"面筋贯通最近距离"这两个参数，参数位置如图 7-72 所示。

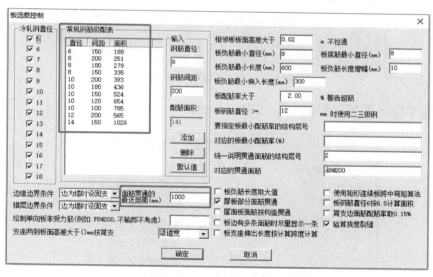

图 7-72　板选筋控制界面

"常规钢筋级配表"：在此进行板钢筋直径、间距以及面积的选取。板钢筋直径和间距越多，程序可选取的配筋方案越多。若在"平法配筋"过程中生成的警告有"请人工选筋"，说明选筋库中无合适的配筋方案选用，可先在此处多增加几种钢筋直径和间距后重新平法配筋。

"面筋贯通最近距离"：当板两对边面筋端部最近距离小于或等于设定值时，两面筋贯通。此参数的设置可让程序自动生成的图纸更符合出图要求。

③施工图控制

因本工程模型建有地梁层及地下室，为了让程序更精确判断第一标准层柱的长度以及正确绘制柱图，需在施工图控制中设置"第一标准层为地梁层"。

"第一标准层为地梁层"：当结构模型中第 1 结构层梁是承台间拉接的地梁层时，勾选该选项，梁编号前加 J 符号，此层柱将不出钢筋图，按上一层柱钢筋图施工。本工程地梁层层高为 1m，地梁层的柱子在实际施工中应为基础承台，因此地梁层的柱子无需出柱图，需勾选"第一标准层为地梁层"（图 7-33）。

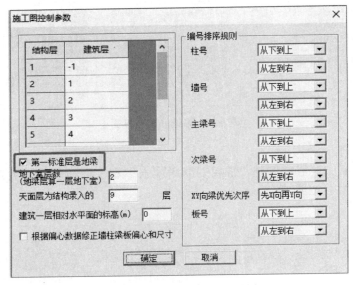

图 7-73　第一标准层是地梁层

设置完毕后，点击生成施工图，如图 7-74 所示。

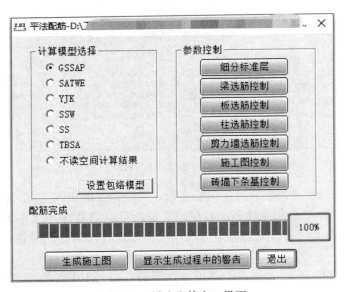

图 7-74　平法配筋窗口界面

（2）修改平法配筋生成的警告

生成施工图过程中，若有警告生成，需根据警告提示进行相应修改。该模型在平法配筋中出现的警告弹窗如图 7-75 所示，修改方法见表 7-1。

图 7-75　弹窗

此处以"第一结构层 73 号梁配筋率＞0.14，请人工选筋"为例，进行修改方法讲解。

需要进行"人工选筋"的主要原因是钢筋库中的钢筋无法满足软件计算出的配筋面积。对此，可根据以下方法进行修改：

①在梁选筋控制中增加纵筋直径

打开平法配筋页面，点击"梁选筋控制"，弹出梁钢筋设置对话框。在左侧"纵筋直径"中适当再勾选几种钢筋直径，纵筋直径选择位置如图 7-76 所示。

完成勾选后，应在平法配筋中重新点击"生成施工图"。在重新点击"生成施工图"后，若警告消失了，可认为是钢筋库中钢筋选择不够而导致的警告。

在进行以上操作后，若警告仍然存在，则继续以下步骤。

②手动修改施工图

打开 AutoCAD 自动成图，生成施工图后，点击左侧菜单栏中"梁设计"，再点击"计算面积"，以此查看梁计算配筋面积，如图 7-77 所示。

根据查看到的配筋面积，进行对应梁的钢筋修改。在"梁设计"菜单中，选择"改梁钢筋"，然后点击需要修改钢筋的梁线，在弹出"梁集中标注对话框"中进行修改即可，如图 7-78 所示。需要注意的是，在 AutoCAD 自动成图中手动修改施工图后，平法配筋中的警告并不会消失，需手工验算是否已满足计算要求，满足即可。

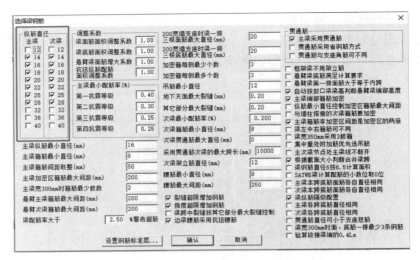

图 7-76　梁纵筋选择

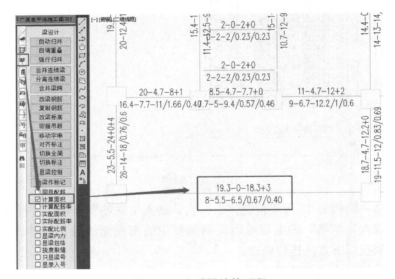

图 7-77　查看梁计算面积

（3）施工图相关参数设置

将平法配筋中生成的警告全部改完后（如若是在 AutoCAD 中人工修改钢筋，平法配筋中该警告不会消失，需自行核对，无误即可），点击"AutoCAD 自动成图"，进入界面。先点击左侧菜单栏中"出图习惯设置"。

施工图习惯参数控制栏中需自行根据出图需求进行设置（图 7-79）。按照一般院校及国家图集的要求，本工程在"板施工图习惯"中设置以下参数：

"16G101 平法表示"：若在板设置界面勾选"16G101 平法表示"，板配筋按 16G101 板平法表示，否则采用大样法。建议当板底筋按字串标注时，选择 16G101 板平法表示，当板底筋画 PLine 线时，采用大样法。本工程需按照图集要求出施工图，此处应勾选"16G101 平法表示"。

"板平法表示中面筋带弯钩"：当选择"16G101 板平法表示"时，勾选该选项，则板

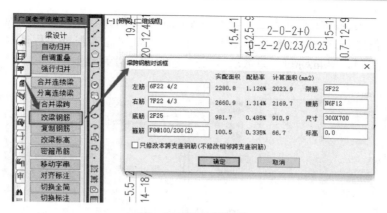

图 7-78　修改梁钢筋

图 7-79　板施工图习惯设置

面筋带弯钩。

"钢筋按直径和间距编号"：若勾选该选项，板钢筋按不同直径和间距进行顺序编号，原位只标注编号，编号对应钢筋显示在图面右侧。建议 16G101 平法表示时选择。本工程板钢筋类型较多，根据 16G101 图集可勾选此选项。

"面筋显示长度从"：标注面筋向板内伸出长度时，选择从梁墙边到弯钩处，面筋长度标注值为梁或墙边到弯钩处距离。标注面筋总长度时，选择从梁墙保护层到弯钩处，面筋长度标注值为总长度。16G101 板平法表示时，选择从梁墙中到弯钩处。

（4）生成施工图

点击左侧 GSPLOT 菜单栏中的"生成 DWG 图"，在弹出的窗口中，可在左侧设置各构件的归并系数，如图 7-80 所示。归并系数表示施工图中构件配筋相同的个数。若归并系数设置太小，则构件配筋方案过多，不便于施工；若归并系数设置太大，则大部分构件的配筋按最大值进行选取，不经济。因此，归并系数的确定需根据工程情况及毕设要求进行设置。本工程中，梁自动归并系数取 0.10，柱自动归并系数取 0.20。

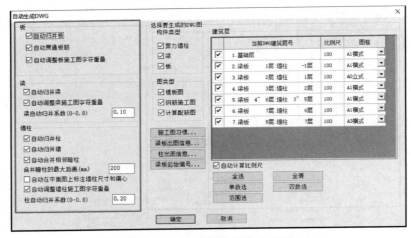

图 7-80　设置各构件的归并系数

完成设置后，点击"确定"按钮，程序即开始自动生成施工图，生成完毕后会弹出相应的提示，如图 7-81 所示。

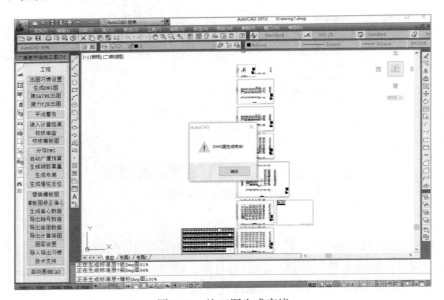

图 7-81　施工图生成完毕

施工图生成完毕后，可在左侧梁、板、柱构件菜单栏分别查看不同构件的施工图。如图 7-82 所示为二层梁钢筋图。

（5）校核审查警告修改

施工图生成完毕后，选择左侧"工程"菜单栏中"校核审查"，选择需要校核的构件及内容后软件自动进行校核。校核审查完毕，若有警告内容生成，需根据警告内容进行相

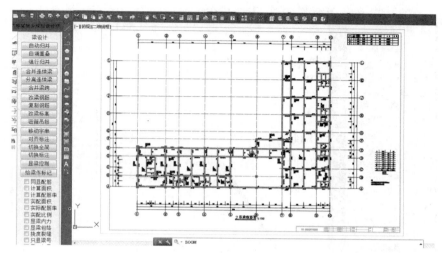

图 7-82 二层梁钢筋图

应修改。本工程的警告如图 7-83 所示。

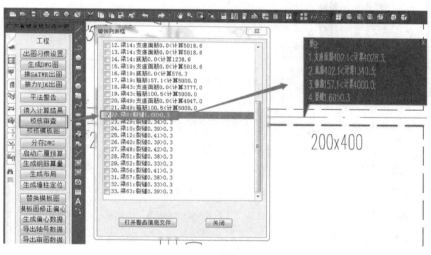

图 7-83 校核审查修改

此处以图 7-83 中"梁 9 裂缝超限"为例，进行修改方法的讲解。

在警告框点击"梁 9"的警告，鼠标会自动定位到对应的构件。点击构件的号码框，即可查看该构件所有警告内容。其中梁 9 显示：裂缝 1.6＞0.3。可以看出裂缝明显超出限值，需要对该梁修改配筋。具体步骤如下。

a. 可在"梁设计"中勾选挠度裂缝，查看梁的挠度裂缝情况。如图 7-84 所示，1.21 为梁左支座裂缝，0.15 为梁右支座裂缝，1.60 为跨中裂缝，11.04 为跨中挠度。校核审查显示"裂缝 1.60＞0.3"可知，是跨中裂缝的超限，需修改底筋。

b. 点击左侧菜单栏中"梁设计"，选择"改梁钢筋"，弹出图 7-85 所示的对话框。将底筋修改为 2F24 后，点击"确认"。

c. 修改完毕后，重新进行校核审查，此时可见该标准层梁 9 的裂缝超限警告已消失，

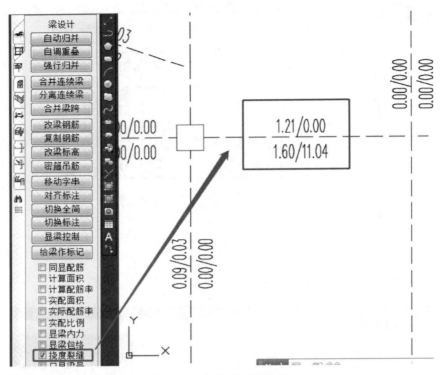

图 7-84　梁挠度裂缝查看

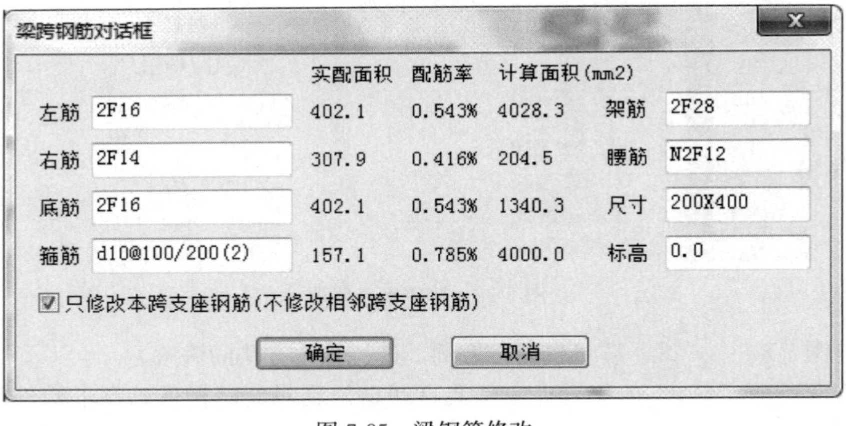

图 7-85　梁钢筋修改

如图 7-86 所示。

d. 按照相同方法，采用 GSPLOT 菜单栏中修改各类构件钢筋的命令对施工图进行修改，直至重新校核审查后无警告即可。

（6）整理施工图纸

当校核审查警告全部修改完毕后，即施工图绘制完成。可在 AutoCAD 中将已修改好的施工图打印生成 PDF 文件，生成完毕的二层梁钢筋图如图 7-87 所示。

图 7-86　校核审查警告内容（无梁 9 裂缝超限警告）

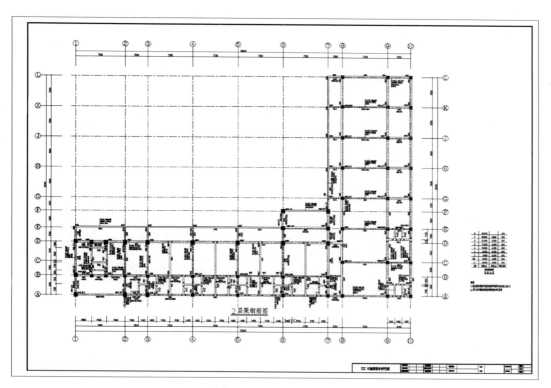

图 7-87　二层梁配筋图